Fördern im Mathematikunterricht der Primarstufe

Mathematik Primar- und Sekundarstufe

Herausgegeben von
Prof. Dr. Friedhelm Padberg
Universität Bielefeld

Bisher erschienene Bände:

Didaktik der Mathematik

P. Bardy: Mathematisch begabte Grundschulkinder - Diagnostik und Förderung (P)
M. Franke: Didaktik der Geometrie (P)
M. Franke: Didaktik des Sachrechnens in der Grundschule (P)
K. Hasemann: Anfangsunterricht Mathematik (P)
K. Heckmann/F. Padberg: Unterrichtsentwürfe Mathematik Primarstufe (P)
G. Krauthausen/P. Scherer: Einführung in die Mathematikdidaktik (P)
G. Krummheuer/M. Fetzer: Der Alltag im Mathematikunterricht (P)
F. Padberg: Didaktik der Arithmetik (P)
P. Scherer/E. Moser Opitz: Fördern im Mathematikunterricht der Primarstufe (P)

G. Hinrichs: Modellierung im Mathematikunterricht (P/S)

R. Danckwerts/D. Vogel: Analysis verständlich unterrichten (S)
G. Greefrath: Didaktik des Sachrechnens in der Sekundarstufe (S)
F. Padberg: Didaktik der Bruchrechnung (S)
H.-J. Vollrath/H.-G. Weigand: Algebra in der Sekundarstufe (S)
H.-J. Vollrath: Grundlagen des Mathematikunterrichts in der Sekundarstufe (S)
H.-G. Weigand/T. Weth: Computer im Mathematikunterricht (S)
H.-G. Weigand et al.: Didaktik der Geometrie für die Sekundarstufe I (S)

Mathematik

F. Padberg: Einführung in die Mathematik I – Arithmetik (P)
F. Padberg: Zahlentheorie und Arithmetik (P)

K. Appell/J. Appell: Mengen – Zahlen – Zahlbereiche (P/S)
S. Krauter: Erlebnis Elementargeometrie (P/S)
H. Kütting/M. Sauer: Elementare Stochastik (P/S)
F. Padberg: Elementare Zahlentheorie (P/S)
F. Padberg/R. Danckwerts/M. Stein: Zahlbereiche (P/S)

A. Büchter/H.-W. Henn: Elementare Analysis (S)
G. Wittmann: Elementare Funktionen und ihre Anwendungen (S)

P: Schwerpunkt Primarstufe
S: Schwerpunkt Sekundarstufe

Weitere Bände in Vorbereitung

Petra Scherer / Elisabeth Moser Opitz

Fördern im Mathematikunterricht der Primarstufe

Autorinnen:
Prof. Dr. Petra Scherer
Universität Bielefeld
Fakultät für Mathematik

Prof. Dr. Elisabeth Moser Opitz
Universität Zürich
Institut für Erziehungswissenschaft
Lehrstuhl Sonderpädagogik

Wichtiger Hinweis für den Benutzer

Der Verlag, der Herausgeber und die Autoren haben alle Sorgfalt walten lassen, um vollständige und akkurate Informationen in diesem Buch zu publizieren. Der Verlag übernimmt weder Garantie noch die juristische Verantwortung oder irgendeine Haftung für die Nutzung dieser Informationen, für deren Wirtschaftlichkeit oder fehlerfreie Funktion für einen bestimmten Zweck. Der Verlag übernimmt keine Gewähr dafür, dass die beschriebenen Verfahren, Programme usw. frei von Schutzrechten Dritter sind. Die Wiedergabe von Gebrauchsnamen, Handelsnamen, Warenbezeichnungen usw. in diesem Buch berechtigt auch ohne besondere Kennzeichnung nicht zu der Annahme, dass solche Namen im Sinne der Warenzeichen- und Markenschutz-Gesetzgebung als frei zu betrachten wären und daher von jedermann benutzt werden dürften. Der Verlag hat sich bemüht, sämtliche Rechteinhaber von Abbildungen zu ermitteln. Sollte dem Verlag gegenüber dennoch der Nachweis der Rechtsinhaberschaft geführt werden, wird das branchenübliche Honorar gezahlt.

Bibliografische Information der Deutschen Nationalbibliothek
Die Deutsche Nationalbibliothek verzeichnet diese Publikation in der Deutschen Nationalbibliografie; detaillierte bibliografische Daten sind im Internet über http://dnb.d-nb.de abrufbar.

Springer ist ein Unternehmen von Springer Science+Business Media
springer.de

© Spektrum Akademischer Verlag Heidelberg 2010
Spektrum Akademischer Verlag ist ein Imprint von Springer

10   11   12   13   14   5   4   3   2   1

Planung und Lektorat: Dr. Andreas Rüdinger, Barbara Lühker
Herstellung: Crest Premedia Solutions (P) Ltd, Pune, Maharashtra, India
Satz: Autorensatz

ISBN 978-3-8274-1962-0

Vorwort

Im Unterricht finden sich immer Schülerinnen und Schüler, denen das Lernen allgemein oder speziell das Mathematiklernen schwerfällt. Dies hat sich nach wie vor in den nationalen und internationalen Leistungsüberprüfungen wie z. B. PISA 2006 bestätigt: »Trotz des insgesamt positiven Trends bleibt unverkennbar, dass in Deutschland nach wie vor ein erheblicher Anteil (15 bis 20 % der Schülerinnen und Schüler) in den verschiedenen Domänen zu den sogenannten Risikoschülern gezählt werden muss. [...] Die berichteten Befunde zeigen trotz der erfreulichen Fortschritte, dass die Länder gezielte Förderungen insbesondere der leistungsschwächeren Schülerinnen und Schüler mit höchster Priorität angehen müssen« (Möller/Prasse 2009, 37).

In diesem Zusammenhang stellt sich die zentrale Frage, wie diese Schülerinnen und Schüler geeignet gefördert werden können. Außerschulische Angebote sind manchmal notwendig, überzeugen jedoch nicht immer hinsichtlich ihrer Qualität. Der wichtigste Förderort ist nach wie vor der Unterricht, und zwar bezogen auf Prävention und Förderung. Wir konzentrieren uns deshalb in unseren Ausführungen auf Fördermaßnahmen innerhalb des regulären Mathematikunterrichts bzw. innerhalb der Schule. Diese werden vorrangig von der Lehrperson vorgenommen, d. h., die Lehrperson hat hier eine zentrale Aufgabe.

Erforderlich sind neben einer angemessenen Einstellung und Grundhaltung gegenüber lernschwachen Schülerinnen und Schülern Kompetenzen aus verschiedenen Disziplinen: Zur Anwendung kommen vor allem fachliche und fachdidaktische Kenntnisse aus dem Bereich der Mathematik, idealerweise ergänzt durch pädagogisches und psychologisches Wissen. Die Lehreraus- und -fortbildung hat also zentrale Bedeutung, und zu diesem Auftrag will das vorliegende Buch einen Beitrag leisten. Wir betrachten die Thematik unter verschiedenen Aspekten und verdeutlichen dabei deren Vielschichtigkeit. Die Beleuchtung zentraler Bereiche mathematischer Lernprozesse und konkrete Beispiele sollen Hinweise sowohl für die Diagnose mathematischer Leistungen als auch für die Gestaltung von Förder- und Unterrichtssituationen geben. Damit verbunden ist das Anliegen, möglichst viele lernschwache Schülerinnen und Schüler bei der Bewältigung ihrer Schwierigkeiten zu unterstützen und ihnen erfolgreiche mathematische Lernprozesse zu ermöglichen.

Die Entstehung dieses Buches wurde von verschiedenen Seiten unterstützt. Wir möchten an dieser Stelle Frau Barbara Lühker für die angenehme Zusammenarbeit mit dem Springer Verlag danken. Ein herzlicher Dank gilt auch Frau Tanja Seyfarth, die uns in der Endphase der Manuskripterstellung hervorragend unterstützt hat.

Bielefeld/Zürich, März 2010   Petra Scherer/Elisabeth Moser Opitz

Inhaltsverzeichnis

1 Forschungsergebnisse zur Situation des Mathematikunterrichts

Im vorliegenden Kapitel wollen wir zunächst einen Blick ›von außen‹ auf den Mathematikunterricht werfen, um die Ausgangssituation für die Thematik ›Förderung‹ zu klären. Wir werden dazu Ergebnisse nationaler wie internationaler Vergleichsstudien heranziehen, da diese einerseits einen allgemeinen Eindruck geben, andererseits in großem Maße die Bildungspolitik und Prozesse in Schule und Unterricht beeinflussen. Hinsichtlich der mathematischen Inhalte steht im Folgenden der Primarstufenbereich im Fokus, da dort die Grundlagen für viele mathematische Lernprozesse geschaffen werden und darüber hinaus die fehlenden Grundlagen für viele Schwierigkeiten im Sekundarstufenbereich verantwortlich sind (vgl. u. a. Kap. 6).

1.1 Ergebnisse aus Vergleichsstudien

Der Mathematikunterricht der Grundschule steht seit geraumer Zeit im Zentrum von Forschung und sich verändernder Unterrichtspraxis. Dabei geht es häufig um Leistungen der Grundschülerinnen und -schüler sowohl im internationalen als auch nationalen Vergleich (vgl. etwa Walther et al. 2003; 2004; 2008a) sowie um Fragen der Qualitätsentwicklung und -sicherung bzw. verbindlicher Standards oder tragfähiger Grundlagen (vgl. z. B. Bartnitzky et al. 2003; KMK 2005; Walther et al. 2008b).

Die Diskussionen um die Leistungen von Grundschulkindern wurden und werden allerdings längst nicht so ausführlich geführt wie bspw. die der Sekundarstufenschüler nach TIMSS und PISA (vgl. etwa Klieme et al. 2001), da hier vermeintlich geringerer Handlungsbedarf besteht: Im Rahmen der IG-LU/E-Studie lagen die Leistungen der deutschen Grundschülerinnen und -schüler deutlich oberhalb des internationalen Mittelwerts (vgl. Walther et al. 2003, 207), und auch in der TIMSS-Studie[1] 2007 erreichten die deutschen Viert-

---

[1] Seit 2003 steht das Akronym TIMSS für *Trends in International Mathematics and Science Study* (vgl. Walther et al. 2008a, 50).

klässlerinnen und Viertklässler einen Platz im oberen Drittel der Rangreihe (vgl. Walther et al. 2008a, 59 f.). Bezogen auf die Leistungsstreuung zeigte Deutschland sowohl bei IGLU/E als auch bei TIMSS 2007 im internationalen Vergleich ein eher homogenes Bild, während bspw. die PISA-Studie zeigte, dass im Bereich der mathematischen Grundbildung Deutschland zu den Ländern mit besonders großer Streuung gehört (vgl. Klieme et al. 2001, 176).

Bei diesen positiven Befunden für den Grundschulbereich ist jedoch zu berücksichtigen, dass bei der IGLU/E-Studie etwa 19 % der deutschen Grundschülerinnen und -schüler am Ende des 4. Schuljahres größere Defizite im Fach Mathematik aufweisen (vgl. Walther et al. 2003, 216). Sie befinden sich lediglich auf den ersten beiden von fünf Kompetenzstufen (unterste Kompetenzstufe I: 2 %; Kompetenzstufe II: 17 %). In der aktuellen TIMSS-Studie 2007 fällt das Ergebnis noch etwas schlechter aus (vgl. Walther et al. 2008a, 72): 4 % der Viertklässlerinnen und Viertklässler erreichen lediglich Kompetenzstufe I, 18 % das Niveau von Kompetenzstufe II.

Diese Ergebnisse zu solchen heterogenen Leistungen decken sich mit zahlreichen nationalen wie internationalen Untersuchungen zu Mathematikleistungen bei Schuleintritt (vgl. etwa Grassmann et al. 2002; van den Heuvel-Panhuizen 1994; für einen Überblick Krauthausen/Scherer 2007, 175 ff.), aber auch zu anderen Zeitpunkten der Grundschulzeit (vgl. etwa Ratzka 2003, 221). Bei Schulanfängerinnen und Schulanfängern wurden zwar einerseits Kompetenzen festgestellt, die deutlich höher waren als erwartet. Andererseits zeigten sich eine große Heterogenität und ein nicht unbeträchtlicher Anteil an eher leistungsschwachen Schülerinnen und Schülern. Anzumerken ist, dass eine eher niedrige Lernausgangslage noch keine Festlegung auf ein niedriges Leistungsniveau bedeuten muss: In einer Studie von Grassmann et al. (2003), in der sowohl zu Schulbeginn als auch am Ende des 1. Schuljahres mathematische Leistungen erhoben wurden, zeigte sich, dass die Klassen, die am Anfang durch besonders gute Vorkenntnisse auffielen, nicht identisch sein müssen mit denen, die am Ende der 1. Klasse die besten Leistungen zeigten. Das heißt, einer angemessenen Unterrichtsgestaltung und geeigneten Förderangeboten kommt eine zentrale Bedeutung zu.

Für den Bereich der Förderschulen können keine Vergleiche zu den genannten Vergleichsstudien herangezogen werden. Festzuhalten ist jedoch, dass einerseits das Fach Mathematik eines der Fächer ist, welches häufig für die Förderschulüberweisung verantwortlich ist (vgl. z. B. Langfeldt 1998, 108). Andererseits konnte in Studien für diese Schulform festgestellt werden, dass innerhalb einzelner Klassen große Leistungsunterschiede existieren (vgl. z. B. Moser Opitz 2008; Scherer 1999a; Scherer 2003a) und mitunter ein eher niedriges Leistungsniveau in Kombination mit einer großen Streuung (vgl. Scherer 2003a, 15).

1.2   Geschlechterdifferenzen, Migrationshintergrund, Sozialstatus

Die in Vergleichsstudien diagnostizierten heterogenen Leistungen lassen verschiedene Einflüsse erkennen, die im Folgenden kurz beleuchtet werden:

Geschlecht

Die Ergebnisse der Vergleichsstudien legen den Schluss nahe, dass im Gegensatz zum Bereich Lesen in Mathematik eher die Mädchen benachteiligt sind (vgl. Klieme et al. 2001; Frein/Möller 2004, 198). Im Rahmen von IGLU/E, aber auch von PISA war der Anteil der Mädchen innerhalb der Risikogruppe größer als der der Jungen (vgl. Walther et al. 2004, 133; Frein/Möller 2004). Im Rahmen von TIMSS 2007 zeigte der internationale Mittelwert keine Unterschiede zwischen Jungen und Mädchen, während sich die Leistungen der deutschen Viertklässlerinnen und Viertklässler durchaus unterschieden: Deutschland gehört »zu einer Gruppe von 12 Staaten [...], in denen die Mathematikleistung der Jungen signifikant besser ist als die der Mädchen« (Walther et al. 2008a, 64). Die Befunde der IGLU-Studie wiesen für die Schülerinnen und Schüler am Ende der 4. Klasse ein ausgeglicheneres Bild auf als im Sekundarstufenbereich. Dies deckt sich mit verschiedenen Forschungsbefunden, wonach sich geschlechtsspezifische Unterschiede hinsichtlich der Mathematikleistungen mit zunehmendem Alter vergrößern bzw. entwickeln (vgl. Grassmann et al. 2002; Ratzka 2003; Tiedemann/Faber 1994).

Beeinflusst wurden die geschlechtsspezifischen Unterschiede dabei bspw. von der Art der Aufgabe (z. B. Anderson 2002; Grassmann et al. 2002, 47 ff.; van den Heuvel-Panhuizen/Vermeer 1999) oder auch von der Erwartungshaltung und Einstellung der Lehrerinnen und Lehrer (vgl. Tiedemann 2000). Diese Faktoren werden in Kap. 3.2 ausführlicher dargestellt.

Migrationshintergrund und Sozialstatus

Eine Reihe von Studien beschäftigt sich mit der Frage, ob und in welchem Ausmaß Migrationshintergrund und soziale Herkunft Schulleistungen beeinflussen. Bei der IGLU-Studie konnte hinsichtlich der Abhängigkeiten der Leistungen von Migrationshintergrund und Sozialstatus gezeigt werden, dass diese vermutlich in der Grundschule schon angelegt sind, sich jedoch erst im Sekundarstufenbereich deutlich verstärken (Schwippert et al. 2003, 300). Demgegenüber zeigte eine Längsschnittuntersuchung (Kindergarten bis 1. Schuljahr) aus der Schweiz (Moser et al. 2008) bereits den Einfluss im Kindergarten: Die Ausgangsmittelwerte der sozial privilegierten Kinder im Bereich ›numerische Kenntnisse‹ waren höher als diejenigen der weniger privilegierten Kinder mit Deutsch als Zweitsprache. Obwohl die weniger privilegierten Kinder über drei Messzeitpunkte hinweg zum Teil größere Lernfortschritte machten als die anderen Kinder, unterschieden sich ihre Leistungen bei einer letzten Testung signifikant von denjenigen der privilegierteren Kinder.

Auch TIMSS 2007 zeigte einen bedeutsamen kombinierten Einfluss: »Betrachtet man die Kompetenzen der in Deutschland getesteten Grundschülerinnen und Grundschüler, so zeigen sich sowohl für die mathematische als auch für die naturwissenschaftliche Kompetenz jeweils stabile und in ihrer Größenordnung bedeutsame Effekte der sozialen Herkunft *und* eines möglichen Migrationshintergrunds« (Bos et al. 2008, 16; Hervorheb. i. Orig.). Weitere, z. T. größer angelegte bzw. internationale Studien zeigen immer wieder einen Zusammenhang zwischen unterdurchschnittlichen Leistungen und sozial benachteiligtem Milieu und/oder Migrationshintergrund (vgl. etwa Baumert et al. 2001; Grassmann et al. 2002; Lehmann/Peek 1997; Sowder/Waerne 2006, 287).

Dass unterschiedliche Leistungen der Schülerinnen und Schüler nicht unbedingt nur in ihrer Person, sondern immer auch im System Mathematik/Lehrperson/Unterricht zu suchen sind, versteht sich von selbst (vgl. etwa Moser Opitz 2007a; Scherer 1999b). Oftmals wird jedoch zu einseitig gedacht, und Verbesserungen zielen allein entweder auf die Person der Lernenden oder die der Lehrpersonen. Letztlich sind Veränderungen aber nur von den verschiedenen Seiten aus zu bewerkstelligen, auch wenn bisweilen die Kinder oder die Lehrerinnen und Lehrer mehr im Zentrum der Betrachtung stehen können.

1.3 Mathematische Inhaltsbereiche

Es stellt sich die Frage, ob sich die einzelnen Inhaltsbereiche des Mathematikunterrichts in ihrer Schwierigkeit unterscheiden, und hierzu ist ein differenzierter Blick erforderlich. In den größeren Vergleichsstudien, aber auch in vielen Leistungsüberprüfungen dominiert die Überprüfung arithmetischer Inhaltsbereiche. Dies trägt sicherlich dem größeren Anteil der Arithmetik im Vergleich zu den anderen Inhaltsbereichen der Grundschulmathematik, Geometrie und Sachrechnen, Rechnung.

Die Festlegung und Benennung der zu überprüfenden Inhaltsbereiche ist dabei nicht immer identisch: Während die IGLU/E-Studie nach ›kontextfreien Aufgaben‹, ›innermathematischen Kontexten‹ und ›außermathematischen Kontexten‹ differenziert (z. T. mit Überlappungen arithmetischer und geometrischer Strukturen; vgl. Walther et al. 2003, 197 f.), unterscheidet TIMSS 2007 die drei Bereiche ›Arithmetik‹ (*number*), ›Geometrie/Messen‹ (*geometric shapes and measures*) und ›Daten‹ (*data display*) (Walther et al. 2008a, 51). Wiederum eine andere Unterscheidung findet sich bei den zentralen Lernstandserhebungen VERA (Vergleichsarbeiten in der Grundschule), die überdies im Verlauf dieses Projekts geändert wurde (vgl. z. B. Helmke/Hosenfeld 2003a; 2003b). So startete VERA mit der Differenzierung in die Bereiche Arithmetik, Geometrie und Sachrechnen, ging aber dann über zur Orientierung an den Inhaltsbereichen bzw. inhaltsbezogenen Kompetenzen der Bildungsstandards ›Zahlen und Operationen‹, ›Raum und Form‹, ›Muster und Strukturen‹, ›Größen und Messen‹ sowie ›Daten, Häufigkeit und Wahrscheinlichkeit‹ (vgl. KMK 2005). VERA wählt in jedem Jahr für die Lernstandserhebung schwerpunktmäßig drei dieser Bereiche aus, im Jahr 2008 bspw. die Bereiche ›Zahlen und Operationen‹, ›Raum und Form‹ sowie ›Muster und Strukturen‹ (vgl. MSW 2008a).

Exemplarisch seien einige Ergebnisse hinsichtlich der unterschiedlichen Bereiche aufgeführt. So ergab sich in TIMSS 2007, dass die Leistungen im Bereich ›Arithmetik‹ etwas unterhalb des Mittelwerts Mathematik lagen, während die Leistungen im Bereich ›Geometrie/Messen‹ wie auch im Bereich ›Daten‹ über dem Mittelwert lagen (Walther et al. 2008a, 74).

In der Lernstandserhebung VERA 2008 schnitten die Drittklässlerinnen und Drittklässler insgesamt recht erfolgreich ab, es zeigten sich jedoch Unterschiede in den verschiedenen Bereichen (vgl. MSW 2008a). Insbesondere der Bereich ›Raum und Form‹, aber auch der Bereich ›Muster und Strukturen‹ wurde von rund einem Drittel der Schülerinnen und Schüler sicher bewältigt, d. h., sie waren in der Lage, auch anspruchsvolle Aufgaben der höchsten Niveaustufe zu lösen. Der Bereich ›Zahlen und Operationen‹ dagegen wurde weniger erfolgreich bearbeitet.

In diesem Zusammenhang ist zu beachten, dass sich bei verschiedenen Messungen unterschiedliche Leistungen zeigen können. So war etwa beim Vergleich der VERA-Ergebnisse 2007 und 2008 eine deutliche Verschlechterung im Bereich ›Zahlen und Operationen‹ erkennbar (vgl. Abb. 1.1). Allerdings wird kommentiert, dass die VERA-2008-Aufgaben deutlich anspruchsvoller waren als die Aufgaben des Jahres 2007 (vgl. MSW 2008a, 5). Dies macht eine generelle Problematik deutlich: Die Leistungen der Schülerinnen und Schüler sowie die Aussagen über schwierige oder leichtere Inhaltsbereiche lassen sich nicht immer direkt vergleichen, sondern erfordern relativierende Aussagen und Betrachtungen. So wurden die fast immer eher schwächer ausfallenden Leistungen im Bereich des ›Sachrechnens‹ bzw. ›Größen und Messen‹ didaktisch mehrfach kritisch reflektiert, sowohl hinsichtlich der gewählten Kontexte oder der Aufgabenkonstruktion an sich als auch bezüglich der Rahmenbedingungen des Tests, die u. U. konträr zu üblichen wünschenswerten Arbeitsweisen im Bereich des Sachrechnens stehen: Eine kritische Reflexion des Realitätsgehalts einer gestellten (eher unrealistischen) Aufgabe oder auch das eigentlich wünschenswerte Validieren des erhaltenen Resultats (vgl. Kap. 6.2.2) konnten u. U. zu Fehllösungen (im Sinne der Testkonstruktion) und erhöhtem Zeitaufwand führen (vgl. z. B. Ratzka 2003; Scherer 2004a; Schwätzer 2007).

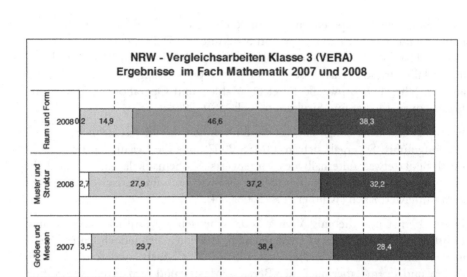

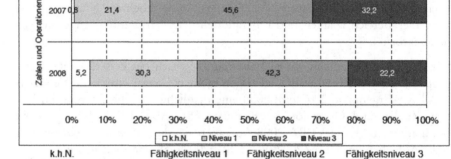

Abbildung 1.1 Ergebnisse VERA 2007 bzw. 2008 für den Bereich Mathematik (MSW 2008a, 6)

Diese genannten Schwierigkeiten, einen Inhaltsbereich insgesamt hinsichtlich der Anforderungen einzustufen, verdeutlichen, dass eine differenzierte und detaillierte Betrachtung einzelner Bereiche und spezieller Themen erforderlich ist, um Schülerinnen und Schüler mit Schwierigkeiten angemessen zu fördern.

1.4 Folgerungen für mathematische Förderprozesse

Auch wenn die genannten Studien zur Evaluation der Schülerleistungen oftmals wenige Hinweise auf individuelle Probleme der Schülerinnen und Schüler geben, sind sie als Anhaltspunkt und Zielorientierung hilfreich und können zumindest Trends anzeigen. Dies betrifft im Einzelnen die folgenden Aspekte:

- Erforderlich ist eine kritische Reflexion von Test- und Diagnoseinstrumenten sowie der entstehenden Ergebnisse (vgl. Kap. 4).

- Die Sensibilität für eine heterogene Schülerschaft, bei der eine Risikogruppe besondere Aufmerksamkeit benötigt, muss erhöht werden. Allerdings dürfen weder Schülerinnen und Schüler im mittleren Leistungsbereich noch die besonders Begabten aus dem Blick geraten, denn die Nichtberücksichtigung des jeweiligen Potenzials kann Desinteresse, Motivationsverlust und in der Folge auch Lernschwächen entstehen lassen (vgl. z. B. Bardy 2007, 93 ff.).

- Auch die Gruppe der ›Risikokinder‹ ist differenziert zu betrachten, denn es existiert kein klar definiertes Profil (Kap. 2).

- Die unterschiedlichen inhaltlichen Bereiche des Mathematikunterrichts und auch spezifische Inhalte eines Bereichs stellen unterschiedliche Anforderungen (vgl. auch Kap. 6).

- Nicht zuletzt sind die Kompetenzen der Lehrperson (u. a. fachlich und fachdidaktisch) entscheidend, was in Kap. 3 ausgeführt wird.

2 Personenkreis

2.1 Lernschwäche, Rechenschwäche, Rechenstörung, Dyskalkulie?

Wenn von besonderer Förderung im Mathematikunterricht die Rede ist, muss geklärt werden, wer besondere Förderung erhalten soll bzw. wer auf besondere Förderung angewiesen ist. Sind es Kinder mit erheblichen Schwierigkeiten beim Mathematiklernen, lernschwache Kinder, Kinder mit einer mathematischen Lernstörung, mit einer Rechenstörung oder Dyskalkulie oder Kinder mit einer Lernbehinderung bzw. Schülerinnen und Schüler mit besonderem Förderbedarf? Bezeichnen die verschiedenen Begriffe unterschiedliche Gruppen von Schülerinnen und Schülern, und benötigen diese auch unterschiedliche Fördermaßnahmen? Diese Fragen sind nicht einfach zu beantworten, da Schwierigkeiten beim Mathematiklernen viele Namen haben und die Bezeichnungen je nach Quelle und Sichtweise auch unterschiedlich verwendet werden. Das trifft nicht nur auf die deutschsprachige, sondern auch auf die englischsprachige Literatur zu. Dort sind die Begriffe *mathematical disabilities, learning disabilities in mathematics, learning difficulties in mathematics, academically low achieving students in mathematics, mathematically disabled children* oder *slow learners* gebräuchlich. Auch diese Begriffe werden uneinheitlich verwendet (Mazzocco 2005, 319).

Traditionell wurde (und wird) eine Unterscheidung gemacht zwischen Schülerinnen und Schülern, die beim Lernen umfängliche, lang andauernde und schwerwiegende Beeinträchtigungen aufweisen, und Kindern, die eine sogenannte Teilleistungsstörung bzw. eine partielle Lernstörung zeigen und nur in einem Lernbereich zurückbleiben (Dilling et al. 2005). Erstere wurden früher als lernbehindert bezeichnet, die Schule war die ›Sonderschule für Lernbehinderte‹. Heute wird von ›Schülerinnen und Schülern mit sonderpädagogischem Förderbedarf im Förderschwerpunkt Lernen‹ gesprochen, und die Schule heißt ›Förderschule mit dem Förderschwerpunkt Lernen‹ oder ›Schule für Lernhilfe‹ (Kretschmann 2007, 6). Die KMK (1999) formuliert, dass sonderpädagogischer Förderbedarf dann gegeben ist, wenn die Lern- und Leistungsentwicklung von Kindern und Jugendlichen erheblichen Beeinträchtigungen unterliegt und auch mit zusätzlichen Lernhilfen der allgemeinen Schulen keine entsprechende Förderung gewährleistet werden kann. Diese Schülerinnen und Schüler sollen sonderpädagogische Unterstützung erhalten, und es erfolgt eine Zuweisung an eine Förderschule mit dem Förderschwerpunkt Lernen oder zu besonderen Maßnahmen innerhalb des ›Gemeinsamen Unterrichts‹ (z. B. MSW 2009, § 20). Dort werden die Kinder und Jugendlichen nach speziellen Lehr- oder Bildungsplänen des Förderschwerpunkts und mit entsprechenden Lehrmitteln unterrichtet. Das diesen zugrunde liegende Lehr- und Lernverständnis unterscheidet sich oft von demjenigen des Regelunterrichts. An Regelschulen hat sich in den letzten Jahrzehnten die Konzeption des aktiv-entdeckenden und sozialen Lernens weitgehend durchgesetzt (Krauthausen/Scherer 2007, 111 ff.; Wittmann 1995; Wittmann/Müller 1990, 1992). Kennzeichen dieser Konzeption sind die Konzentration auf die Grundideen des Fachs und die allgemeinen Lernziele, die Sparsamkeit in den Anschauungs- und Arbeitsmitteln, die ganzheitliche Erarbeitung von Zahlenräumen und produktive Übungsformen (Wittmann 1995). Diese Konzeption ist gerade auch für Schülerinnen und Schüler mit Beeinträchtigungen hilfreich, da diese durch die Fokussierung auf ›das Wesentliche‹ die Verwendung von strukturierten Arbeitsmitteln und durch das produktive Üben Unterstützung durch Strukturen ›von der Sache her‹ erhalten (Ezawa 2002; Moser Opitz/Schmassmann 2007; Scherer 1999a; 2003b; 2005a; 2005b; Schmassmann/Moser Opitz 2008a; 2008b). Trotz empirischer Nachweise, die dafür sprechen, aktiv-entdeckenden Mathematikunterricht auch an Förderschulen mit dem Förderschwerpunkt Lernen zu verwirklichen bzw. für Schülerinnen und Schüler mit Problemen beim Mathematiklernen einzusetzen (Ahmed 1987; Moser Opitz 2008; Scherer 1999a; van den Heuvel-Panhuizen 1991; Walter et al. 2001), hat sich der Ansatz noch wenig durchgesetzt. In der Praxis dominieren Vorgehensweisen, in denen der Lernstoff drastisch reduziert und kleinschrittig und langsamer erarbeitet wird (Scherer 1999a).

Es ist unbestritten, dass der Mathematikunterricht für Schülerinnen und Schüler mit Förderbedarf im Förderschwerpunkt Lernen angepasst und der Lernstoff gezielt ausgewählt werden muss. Dies darf jedoch nicht nach dem Prinzip ›dieselben Lerninhalte – nur langsamer und kleinschrittiger‹ geschehen, sondern muss sich an für den mathematischen Lernprozess zentralen Inhalten orientieren und auf der Grundlage von fachlichen Überlegungen und Erkenntnissen aus empirischen Untersuchungen geschehen (für Beispiele vgl. etwa Schmassmann/Moser Opitz 2008b, 57 f.).

Teilleistungs- bzw. Rechenstörungen werden in der Regel nach den Vorgaben der Weltgesundheitsorganisation definiert: »Diese Störung besteht in einer umschriebenen Beeinträchtigung von Rechenfertigkeiten, die nicht allein durch eine allgemeine Intelligenzminderung oder eine unangemessene Beschulung erklärbar ist. Das Defizit betrifft vor allem die Beherrschung grundlegender Rechenfertigkeiten wie Addition, Subtraktion, Multiplikation und Division, weniger die höheren mathematischen Fertigkeiten« (Dilling et al. 2005). Diagnostiziert wird eine Rechenstörung oft nach den Kriterien der Weltgesundheitsorganisation auf der Grundlage der Ergebnisse eines Intelligenztests und eines standardisierten Mathematiktests (Jacobs/Petermann 2005a), wobei auch hier die Testinstrumente nicht einheitlich und durchaus kritisch zu reflektieren sind (für detaillierte Angaben vgl. Kap. 4). Diese Autoren unterscheiden je nach Diskrepanz von IQ und Rechenleistung zwischen Rechenstörung und Rechenschwäche. Die Schwierigkeiten von Kindern, bei denen eine große Diskrepanz zwischen Rechenleistung und den allgemeinen kognitiven Grundfähigkeiten besteht, werden als Rechenstörung bezeichnet, bei einer kleineren Diskrepanz wird von Rechenschwäche gesprochen. Schülerinnen und Schüler, bei denen eine Rechenstörung oder eine Rechenschwäche festgestellt wird, verbleiben in der Regelklasse und erhalten manchmal besondere Förderung. Allerdings bestehen in den meisten Bundesländern keine rechtlichen Ansprüche auf solche Unterstützung (Marwege 2007), und so wird diese oft von den Eltern sowohl initiiert als auch finanziert und findet in der Regel außerhalb des Klassenunterrichts in Form von Lerntherapie statt. Dabei wird versucht, parallel zum aktuellen Schulstoff die bestehenden Lücken aufzuarbeiten. Dies geschieht in unterschiedlichen Formen und in unterschiedlicher Qualität: manchmal in Kooperation mit der Schule oder auch davon losgelöst; manchmal von ausgebildeten Fachpersonen oder aber von Personen ohne spezifische Ausbildung und ohne pädagogischen Bezug; manchmal auf der Basis von anerkannten und fachlich durchdachten Förderkonzepten oder aber auf der Grundlage von fragwürdigen Therapieformen, die wenig mit Mathematiklernen zu tun haben.

Die eben beschriebene Einteilung in verschiedene ›Typen‹ von Schülerinnen und Schülern mit Problemen beim (Mathematik-)Lernen und insbesondere daraus folgenden unterschiedlichen Unterstützungsmaßnahmen werden aus mehreren Gründen kritisiert. Erstens zeigte sich das IQ-Kriterium als wenig stabil und zuverlässig (Francis et al. 2005). Zweitens zeigen Untersuchungen, dass Kinder auf unterschiedlichen Intelligenzniveaus und auch Kinder mit und ohne kombinierte Störungen (Lese-Rechtschreib-Schwäche und Schwierigkeiten beim Mathematiklernen) bei den gleichen Aufgaben Schwierigkeiten zeigen bzw. dieselben Fehler machen (Moser Opitz 2007a; Parmar et al. 1994; van der Sluis et al. 2004). Damit wird das verbreitete Verständnis von Rechenschwäche als Teilleistungsstörung mit einer Diskrepanz zur Intelligenz und zur Lese-Rechtschreib-Leistung infrage gestellt. Allerdings scheinen sich die Schwierigkeiten bei Lernenden mit tieferen kognitiven Grundfähigkeiten bzw. bei Lernenden mit kombinierten Störungen deutlicher zu zeigen als bei solchen mit isolierten Problemen im Fach Mathematik (van der Sluis et al. 2004).

Eine weitere Schwierigkeit bezüglich der Definition von Problemen beim Mathematiklernen stellt die Diagnose von schwachen Mathematikleistungen dar (vgl. Kap. 4). Je nach Instrument und dem dort verwendeten Kriterium (Grenzwert) werden jeweils andere Kinder als ›lernschwach‹ bezeichnet. Die Abhängigkeit der Diagnose schwacher Mathematikleistungen von unterschiedlichen Grenzwerten lässt sich anhand einer Studie von Murphy et al. (2007) illustrieren. Sie untersuchten über den Zeitraum von drei Jahren (Kindergarten bis 2. Schuljahr) zwei Gruppen von Kindern mit Rechenschwäche, die eine Gruppe mit sehr schwachen Leistungen (bis zur 10. Perzentile in einem standardisierten Mathematiktest) und eine Gruppe mit etwas besseren Leistungen (zwischen der 11. und 25. Perzentile), sowie Kinder ohne Rechenschwierigkeiten. Zusätzlich zu den Mathematikleistungen wurden Daten zu den kognitiven Grundfähigkeiten, zum Lesen, zum Arbeitsgedächtnis und zu visuell-räumlichen Fähigkeiten erhoben. Es wurde vermutet, dass sich die drei Gruppen sowohl bezüglich der Ausgangsleistung als auch bezüglich der Fortschritte und hinsichtlich der verschiedenen anderen gemessenen Merkmale unterscheiden werden. Obwohl die schwächste Leistungsgruppe über einen Zeitraum von drei Jahren am wenigsten Fortschritte machte und auch nach dieser Zeit noch die schwächsten Mathematikleistungen zeigte, war es in dieser Studie nicht möglich, ein konsistentes Profil der unterschiedlich schwachen Rechnerinnen und Rechner in den beiden Gruppen der lernschwachen Schülerinnen und Schüler zu beschreiben.

Ein alternativer Ansatz versucht deshalb, nicht Gruppen von Schülerinnen und Schülern zu definieren, sondern zu untersuchen, welche Schwierigkeiten diese beim Mathematikerwerb haben. Dieses Vorgehen ist darum von Bedeutung, weil es möglich wird, die Schwierigkeiten der Schülerinnen und Schüler bezogen auf den mathematischen Inhalt zu beschreiben und dadurch Grundlagen für die Diagnostik und Förderung abzuleiten. Es geht dabei nicht mehr um das Feststellen einer Störung bei einzelnen Individuen, sondern um die Beschreibung von mathematischen Inhaltsbereichen, bei deren Erwerb (häufig) Schwierigkeiten auftreten. Lorenz/Radatz haben dies wie folgt formuliert: »Die aktuellen Forschungsansätze sehen in lernschwachen Schülern keine Gruppe, die sich in ihrem Lernverhalten qualitativ von ihren Klassenkameraden unterscheidet. Allerdings ist an ihnen in pointierter Weise zu beobachten, welche kognitiven Fähigkeiten der Mathematikunterricht fordert, bzw. welche Defizite zu Störungen im mathematischen Begriffserwerb führen und welche methodisch-didaktischen Fallstricke möglich sind, auch wenn ihnen die meisten Schüler nicht zum Opfer fallen« (Lorenz/Radatz 1993, 29). Einige Erkenntnisse zu solchen »Fallstricken« oder »fehleranfälligen Lernbereichen« (Krauthausen/Scherer 2007) werden im Folgenden dargestellt; die betroffenen Schülerinnen und Schüler bezeichnen wir als ›lernschwach‹, und zwar unabhängig von den Ursachen und dem Grad der Beeinträchtigung.

2.2   Schwierigkeiten beim Erwerb der Grundschulmathematik

2.2.1   Grundsätzliche Überlegungen

Schwierigkeiten beim Mathematiklernen zeigen sich immer in unterschiedlicher Form und auch in unterschiedlicher Ausprägung. Sie können bei einzelnen Schülerinnen und Schülern bei spezifischen Themen und nur temporär auftreten, sie können sich bei bestimmten Aufgaben zeigen oder aber sich in tiefgreifenden Problemen äußern, die zu großen stofflichen Lücken und damit verbunden zu einem großen Leistungsrückstand führen. Zuerst wird auf Lernbereiche eingegangen, bei denen sich oft Schwierigkeiten zeigen bzw. die fehleranfällig sind; anschließend folgen Ausführungen zu Untersuchungsergebnissen zu spezifischen Schwierigkeiten von Schülerinnen und Schülern mit Problemen beim Mathematiklernen.

Ein Themenbereich, der vielen Schülerinnen und Schülern Schwierigkeiten bereitet, ist das Dividieren (Cawley et al. 2001, 318; Moser Opitz 2007a, 250). Besonders anspruchsvoll ist die schriftliche Division, da drei verschiedene Operationen angewendet werden müssen: das Dividieren, das Multiplizieren (multiplikative Umkehraufgabe) und das Subtrahieren beim Ermitteln des Restes. Weitere Bereiche, die für viele Schülerinnen und Schüler anspruchsvoll sind, sind das Rechnen mit der Null (Kornmann et al. 1999), das Schätzen, Runden und Überschlagen (Blankennagel 1999; van den Heuvel-Panhuizen 2001, 173) und das Problemlösen (Montague/Appelgate 2000), insbesondere beim Bearbeiten von komplexen Textaufgaben (Stern 2005).

2.2.2   Spezifische Schwierigkeiten

Eine Reihe von Untersuchungen beschäftigt sich mit der Frage, ob es bestimmte mathematische Inhaltsbereiche gibt, bei denen Kinder mit Problemen beim Mathematiklernen besondere Schwierigkeiten haben. Dazu werden einige Forschungsergebnisse dargelegt.

Probleme beim Automatisieren und zählendes Rechnen

In einer großen Anzahl von Studien (z. B. Geary 2004; Jordan/Hanich 2000; Mabott/Bisanz 2008; Moser Opitz 2007a; Ostad 1998; Schäfer 2005) wird belegt, dass lernschwache Schülerinnen und Schüler Schwierigkeiten haben mit der Rechengeschwindigkeit bzw. beim Abrufen von Kopfrechenaufgaben. Viele dieser Kinder verwenden bis über das Grundschulalter hinaus Abzählstrategien (Finger, leises verbales Zählen, Hilfsmittel), um Rechenaufgaben zu lösen (vgl. Kap. 5.4).

Schwierigkeiten beim Zählen

Es wurde mehrfach nachgewiesen, dass lernschwache Schülerinnen und Schüler über geringere Zählkompetenzen verfügen als Kinder ohne Schwierigkeiten (Geary 2004; Moser Opitz 2007a; Murphy et al. 2007). Eine sichere Zählkompetenz ist wichtig, um die Anzahl der Objekte einer Menge zu bestimmen und den Anzahlbegriff (kardinales Zahlverständnis) zu erwerben (Krajewski 2008a, 2008b; Condry/Spelke 2008). Sie ist aber auch Grundlage für die Einsicht in den Aufbau der Zahlreihe (ordinaler Zahlaspekt). Moser Opitz (2007a) wies nach, dass lernschwache Schülerinnen und Schüler im 5. und 8. Schuljahr signifikant schlechter in Schritten größer als 1 (z. B. 185, 187 ...) zählen konnten als Kinder ohne Schwierigkeiten. In der Studie von Murphy et al. (2007) zeigte sich, dass die Kinder mit schwachen Mathematikleistungen die Zählfehler, die die Testleiterin absichtlich machte, weniger gut identifizieren konnten als Kinder ohne mathematische Lernprobleme.

Fehlende Einsicht ins dezimale Stellenwertsystem

Lernschwache Schülerinnen und Schüler zeigen oft Schwierigkeiten beim Verständnis des Dezimalsystems: beim Bündeln und Entbündeln, bei der Stellenwertschreibweise und beim Verständnis des Zahlenstrahls (Cawley et al. 2007, Moser Opitz 2007a, Schäfer 2005; vgl. Kap. 6.1.3). Damit fehlt ihnen eine zentrale Grundlage für den arithmetischen Lernprozess (van de Walle 2007). Das Dezimalsystem hilft, Beziehungen zwischen den Zahlen herzustellen sowie das ›Wie und Warum‹ von Rechenstrategien zu verstehen (Pedrotty Bryant et al. 2008). Wenn Kinder z. B. das Bündelungsprinzip (10 Einer werden zu einem Zehner umgetauscht, 10 Zehner zu einem Hunderter, 10 Hunderter zu einem Tausender usw.) nicht verstanden haben, fehlt ihnen die Einsicht in den Zahlaufbau und damit die Grundlage für Rechenoperationen. Kinder, die den Aufbau des Zahlenstrahls nicht verstanden haben, haben Schwierigkeiten im Umgang mit Messgeräten bzw. mit Skalen und scheitern in der Folge oft beim Erwerb von Größen und Maßen.

Mangelndes Operationsverständnis und Schwierigkeiten beim Problemlösen

Eine weitere Schwierigkeit von lernschwachen Schülerinnen und Schülern stellen das mangelnde Operationsverständnis und damit verbunden Probleme mit dem Mathematisieren dar. Die Mathematisierungsfähigkeit gehört zu den allgemeinen mathematischen Lernzielen, den prozessbezogenen Kompetenzen (vgl. KMK 2005), und es geht dabei darum, die ›Verbindung‹ zwischen Mathematik und Situationen in der Wirklichkeit und umgekehrt herzustellen (Krauthausen/Scherer 2007, 78). Viele lernschwache Schülerinnen und Schüler können diese Verbindung nicht bzw. nicht bei allen Operationen herstellen (Moser Opitz 2007a, 205 ff.). In der Folge scheitern sie beim Erarbeiten der Grundoperationen. Ein Beispiel kann dies veranschaulichen: Schülerinnen und Schüler in Klasse 5 und 8 hatten die Aufgaben 12:4 = 3 für ein anderes Kind mit einer Geschichte, einer Zeichnung oder an einem Arbeitsmittel zu veranschaulichen. Während dies den Schülerinnen und Schülern ohne Rechenschwierigkeiten gelang, scheiterten viele lernschwache Kinder.

Mangelnde Problemlösefähigkeiten gelten als eine Hauptschwierigkeit von vielen Schülerinnen und Schülern – nicht nur von denjenigen mit schwachen Mathematikleistungen – und können eine Folge der beeinträchtigten Mathematisierungsfähigkeit sein. Montague und Appelgate (2000) weisen darauf hin, dass Problemlösen grundsätzlich anspruchsvoll ist und komplexe Denkprozesse, d. h. das Durcharbeiten verschiedener Schritte, erfordert. Zudem spielen unterrichtliche Aspekte eine Rolle. Viele Textaufgaben, die in Schulbüchern vorkommen, erfordern keinen Mathematisierungsprozess, sind realitätsfern und dienen einseitig zum Üben eines bestimmten Aufgabentyps (vgl. zusammenfassend Krauthausen/Scherer 2007, 84 ff.; Kap. 6.2). Das führt dazu, dass Schülerinnen und Schüler sich an sogenannten Schlüsselwörtern wie ›mehr‹, ›weniger‹, ›zusammen‹ orientieren, ohne auf den Kontext zu achten (Xin/Jitendra 1999). Wenn die Aufgabe z. B. lautet,»Lukas hat 25 Comichefte, Katja hat 3 Hefte mehr als Lukas. Wie viele Hefte hat Lukas?«, führen die Kinder aufgrund des Wortes ›mehr‹ die Rechnung 25+3 = 28 aus. Die Komplexität der Sache, aber auch individuelle und unterrichtliche Aspekte führen somit zu Schwierigkeiten beim Problemösen.

2.3 Folgerungen

Vor dem Hintergrund der dargestellten Forschungsergebnisse kann die Personengruppe, die besondere Unterstützung beim Mathematiklernen braucht, wie folgt beschrieben werden: Es handelt sich dabei zum einen um Kinder und Jugendliche, die temporär und bei der Bearbeitung von spezifischen Inhalten Schwierigkeiten zeigen. Zum anderen geht es um Schülerinnen und Schüler, die im Vergleich zur Altersgruppe einen sehr großen Leistungsrückstand aufweisen. Dieser zeigt sich insbesondere daran, dass die betroffenen Schülerinnen und Schüler spezifische und zentrale Aspekte der Grundschulmathematik nicht verstanden haben bzw. beim Erwerb dieser Inhalte scheitern und bestimmte stoffliche Hürden nicht oder nur teilweise bewältigen können. Dies kann sowohl Schülerinnen und Schüler betreffen, die eine Förderschule mit dem Förderschwerpunkt Lernen besuchen, als auch Kinder und Jugendliche in Regelklassen. Als Ursache wird ein komplexes Zusammenspiel verschiedener Faktoren angenommen (Landerl/Kaufmann 2008, 143). So spielen individuelle Voraussetzungen eine Rolle (vgl. zusammenfassend Moser Opitz 2009a; auch

Moser Opitz 2007a). Es gibt jedoch auch eine Reihe von Hinweisen, die nahe-legen, dass Schwierigkeiten beim Mathematiklernen durch die Art und Weise, wie Mathematikunterricht gestaltet wird, mitbestimmt werden. Wenn im Ma-thematikunterricht z. B. einseitig das Auswendiglernen von nicht verstandenen Algorithmen oder der Abruf von Faktenwissen betont werden, verhindert dies Einsicht in zentrale mathematische Konzepte (vgl. Kap. 5.2). Es spielt auch eine Rolle, welche Hilfsmittel und Veranschaulichungen verwendet werden (vgl. Kap. 5.3). Zudem haben Hill et al. (2005) aufgezeigt, dass die Leistungen der Schülerinnen und Schüler auch vom Fachwissen der Lehrperson (z. B. der Ana-lyse verschiedener Vorgehensweisen bei den Rechenoperationen) abhängig sind (vgl. auch Kap. 3). Gerade diese unterrichtlichen Faktoren führen dazu, dass sich temporäre sowie große und andauernde Schwierigkeiten in identischer oder zumindest sehr ähnlicher Form zeigen können.

Auf unterrichtliche Möglichkeiten, Schwierigkeiten beim Mathematiklernen vorzubeugen bzw. Fördermaßnahmen zu ergreifen, wird in den folgenden Ka-piteln eingegangen.

3 Kompetenzen der Lehrenden

3.1 Aktiv-entdeckendes Lernen für alle Schülerinnen und Schüler

Das aktuelle Verständnis von Lernen und Lehren ist durch eine konstruktivistische Grundposition gekennzeichnet (vgl. von Glasersfeld 1994), bei der Eigenaktivität und -verantwortung sowie die Selbstorganisation im Vordergrund stehen. Diese Sichtweise betrifft dabei nicht nur den Mathematikunterricht, sondern kann als interdisziplinäres Paradigma gesehen werden (vgl. Schmidt 1987).

Ansätze zu dieser Position waren durchaus schon zu Beginn des letzten Jahrhunderts anzutreffen: Schon 1927 hielt Kühnel in seinem ›Neubau des Rechenunterrichts‹ fest: »Beibringen, darbieten, übermitteln sind vielmehr Begriffe der Unterrichtskunst vergangener Tage und haben für die Gegenwart geringen Wert. [...] Und das Tun des Schülers ist nicht mehr auf Empfangen eingestellt, sondern auf Erarbeiten. *Nicht Leitung und Rezeptivität, sondern Organisation und Aktivität* ist es, was das Lehrverfahren der Zukunft kennzeichnet« (Kühnel 1959, 70; Hervorheb. PS/EMO). Dennoch hat sich diese Position nicht durchgesetzt, sondern der Unterricht wurde in der Folgezeit in einer behavioristischen Orientierung als Ort der *Belehrung* und das Lernen eher *passiv* gesehen (vgl. Dewey 1976; Holt 2003). Es dominierten Belehrung, Kleinschrittigkeit bzw. der systematische Aufbau der Lerninhalte, verbunden mit einer extensiven Übungspraxis (vgl. hierzu Wember 1988; Winter 1987, 9; Wittmann 1990, 154 ff.).

In Anlehnung an den Konstruktivismus vollzog sich Mitte der 1980er Jahre ein Paradigmenwechsel: Der Erwerb von Wissen wird nun als konstruktive Aufbauleistung des Individuums verstanden, und Lernen vollzieht sich nicht durch *passive* Aufnahme und Reproduktion, sondern durch *aktive* Aufbauleistung und Rekonstruktion (vgl. Freudenthal 1991; Ginsburg/Opper 1991, 218; Piaget 1999, 180; Treffers 1991, 24). Winter (1991, 1) hält fest, dass das Lernen von Mathematik umso wirkungsvoller ist, je mehr es auf »selbständigen entdeckerischen Unternehmungen« beruht.

Eine präzise Definition von entdeckendem Lernen ist grundsätzlich schwierig, insbesondere wenn es gilt, Folgerungen für die unterrichtliche Gestaltung zu definieren. »Entdeckendes Lernen – oder Entdeckenlassen, Nacherfinden – ist eher eine umfassende Idee vom Lernen und Lehren und weniger ein eindeutig bestimmbarer, beobachtbarer Lernvorgang. Als Leitidee bedeutet es, dass Mathematik auf den Ebenen des Wissens und Könnens, des Verstehens und Anwendens durch aktives Tun und eigenes Erfahren wirkungsvoller gelernt wird als durch Belehrung und gelenktes Erarbeiten. Verstehen wird hier als ein individuell bestimmter Vorgang verstanden, den jedes Kind konstruktiv hervorbringt« (Hengartner 1992, 19). Zur Verdeutlichung dieser Leitidee findet sich bei Winter (1984a; 1991) bzw. Wittmann (1990, 152 ff.) eine Gegenüberstellung von ›Lernen durch Entdeckenlassen‹ einerseits und ›Lernen durch Belehrung‹ andererseits. Die Eigentätigkeit der Lernenden steht im Vordergrund, und zwar in allen Phasen des Lernprozesses (vgl. z. B. Winter 1991; Wittmann 1992). Dies hat Konsequenzen für die Gestaltung von Unterricht und Förderung: Insbesondere ist es erforderlich, den Kindern möglichst viele Gelegenheiten zum eigenständigen und entdeckenden Lernen zu bieten (vgl. auch Kap. 5.1). Auf den gerade für lernschwache Schülerinnen und Schüler wichtigen Bereich des ›produktiven Übens‹ werden wir in Kap. 5.2 detailliert eingehen.

Beachtet werden muss dabei natürlich, dass die Verbindung zwischen eigenen Wissenskonstruktionen und der Mathematik – den mathematischen Konventionen – vollzogen werden muss (Lampert 1990), der Weg vom ›Singulären zum Regulären‹ (Gallin/Ruf 1990). Dieser Weg gelingt umso besser, je mehr Anknüpfungspunkte im eigenen Wissen vorhanden sind. Das Fehlen derartiger Anknüpfungspunkte ist ein häufiger Grund für Lernschwierigkeiten im Mathematikunterricht (Ginsburg 1977, 125).

In Abgrenzung etwa zum Prinzip der Isolierung der Schwierigkeiten ist ein bedeutsamer Unterschied zu erkennen: Gemäß Piagets Äquilibrationstheorie (Assimilation und Akkommodation) ist Lernen nicht die Anhäufung isolierter Einzelfakten, sondern die Verbindung zwischen neuen Wissenselementen und bereits Gelerntem (vgl. Holt 1969, 91; Steffe 1991; Wittmann 1981, 77). So ist »Einsicht kein globales und endgültiges, sondern ein lokales (auf subjektive Erfahrungsbereiche eingeschränktes) und instabiles Ereignis. Man kann und muß ein Wissen durch beständiges Reaktivieren, Umwälzen, Neuordnen im Wege des entdeckenden Lernens ausbauen, festigen, verfeinern, vertiefen, verallgemeinern« (Winter 1984a, 9). Konkret beschränkt sich bspw. das Rechnen nicht nur auf das Auswendiglernen von Zahlenkombinationen oder das Einprägen von arithmetischen Gleichungen. Rechnen ist der Aufbau und das Erweitern, Abrufen und Anwenden numerischer Netzwerke (vgl. Jost 1989, 5 f.).

Ein derartiges Netzwerk aufzubauen, liegt einerseits in der Eigenverantwortung der Lernenden: »Dieses Wissen kann der Lehrer nicht ›vermitteln‹, und das Verstehen nicht lehren. Wissen kann nur vom Schüler selbst entwickelt, Verständnis nur vom Schüler aufgebaut werden« (Jost 1989, 8 f.). Dennoch kommt der Rolle der Lehrperson entscheidende Bedeutung zu, was wir in den folgenden Abschnitten genauer darstellen wollen.

3.2   Rolle der Lehrpersonen

Das Thema ›Förderung‹ ist nicht nur für den konkreten Unterricht, d. h. für die konkrete Gestaltung von Lern- und Förderprozessen zentral, sondern auch für den Bereich der Lehrerbildung. Es geht hierbei u. a. um die Klärung notwendiger Kompetenzen von Lehrpersonen, und so wird die Thematik in den Standards für die Lehrerbildung (KMK 2008) in verschiedenen Zusammenhängen betont: »Differenzierung, Integration und Förderung« sowie »Diagnostik, Beurteilung und Beratung« werden als inhaltliche Schwerpunkte der bildungswissenschaftlichen Ausbildung hervorgehoben und für entsprechende Kompetenzbereiche konkretisiert (ebd., 11). Des Weiteren wird etwa als mathematikspezifisches Kompetenzprofil gefordert, Mathematikunterricht mit heterogenen Lerngruppen auf der Basis fachdidaktischer Konzepte analysieren und planen zu können. Konsequenterweise sollten »fachdidaktische Diagnoseverfahren und Förderkonzepte« sowie »mathematikbezogene Lehr-Lernforschung« (etwa zur Fehleranalyse) zu den Studieninhalten zählen (ebd., 43). Diese Forderungen betreffen alle Schulformen und -stufen. Für den Bereich der Förderung von Kindern mit speziellen Leistungsschwächen im Bereich Mathematik der Grundschule wird dies jedoch noch einmal explizit formuliert (ebd., 61).

Im Folgenden werden exemplarische Aspekte der fachwissenschaftlichen wie auch der fachdidaktischen Kompetenz von Lehrpersonen diskutiert.

3.2.1   Konstruktivistische Grundhaltung der Lehrenden

Wie in Kap. 3.1 ausgeführt, soll Lernen allgemein und somit auch das Mathematiklernen als konstruktive Aufbauleistung des Individuums verstanden werden. Welche spezifische Rolle kommt nun der Lehrperson zu?

Organisation von Lernprozessen

Die veränderte Grundposition im Verständnis des Lernen und Lehrens hat entscheidende Konsequenzen für die Rolle der Lehrperson. Kühnel hat diese unterschiedlichen Positionen sowohl für die Schüler- als auch für die Lehrerrolle durch die Pole ›Leitung und Rezeptivität‹ vs. ›Organisation und Aktivität‹ beschrieben (vgl. auch Kap. 3.1). Speziell für die Rolle der Lehrperson hielt er fest: »Damit wechselt auch des Lehrers Aufgabe auf allen Gebieten. Statt Stoff darzubieten, wird er künftig die Fähigkeiten des Schülers zu entwickeln haben. Das ist etwas völlig anderes, besonders für die Gestaltung des Rechenunterrichts« (Kühnel 1959, 70). Auch im Lehrplan für die Grundschule in Nordrhein-Westfalen wurde die zentrale Aufgabe der Lehrperson konkretisiert. Sie besteht darin, »herausfordernde Anlässe zu finden und anzubieten, ergiebige Arbeitsmittel und produktive Übungsformen bereitzustellen und vor allem eine Kommunikation aufzubauen und zu erhalten, die dem Lernen aller Kinder förderlich ist« (KM 1985, 26; vgl. auch MSW 2008b). Wie die zentralen Aktivitäten der Lehrperson in verschiedenen Phasen des Lern- und Übungsprozesses aussehen, verdeutlicht auch das didaktische Rechteck in Abb. 5.4. Die zentralen Veränderungen sind also herausgearbeitet, und es gilt, diese in Unterrichts- und Fördersituationen konsequent umzusetzen. Aus unserer Sicht besteht gerade mit Blick auf lernschwache Schülerinnen und Schüler die Gefahr, in die traditionelle Rolle zurückzufallen, Lehrprozesse vorrangig durch Belehrung zu gestalten und damit den Lernenden keine Eigenaktivität zu ermöglichen (vgl. auch Kap. 3.1).

Vertrauen in die Leistungen der Lernenden

Auch bei Schülerinnen und Schülern, die Schwierigkeiten beim Mathematiklernen zeigen, sind Vertrauen in die Leistungen der Kinder und das Schaffen geeigneter Rahmenbedingungen bzw. entsprechender Freiräume geboten. Es gilt, das aktive Lernen und ggf. anspruchsvolle, nicht ausschließlich reproduktive Aktivitäten zu ermöglichen und dabei zunächst auch unfertige Lernprozesse auszuhalten. Das bedeutet bspw., auch unvollständige Schülerdokumente und Lösungen zu akzeptieren und an diesen weiterzuarbeiten. Dazu bedarf es erfahrungsgemäß auch einer entsprechenden Grundhaltung der Lehrperson: Auch sie muss eine *aktive* Rolle einnehmen, in der sie Zeit und Geduld aufbringt, sich mit den Lernprozessen der Schülerinnen und Schüler auseinanderzusetzen und die Unterrichtsprozesse darauf abgestimmt zu organisieren.

Veränderter Umgang mit Fehlern

Gerade bei auftretenden Schwierigkeiten ist hier oftmals ein Veränderungsprozess der Lehrperson erforderlich: Notwendig ist u. U. ein veränderter Umgang mit Schwierigkeiten und Fehlern. Diese sollen zunächst als natürliche Begleiterscheinungen des Lernprozesses gesehen werden, und es dürfen nicht nur kurzfristige Lösungen gesucht werden (vgl. z. B. Jost et al. 1992). Damit verbunden ist die Sichtweise, die Unterricht und Förderung nicht ausschließlich ergebnisorientiert betrachtet, sondern die Lern*prozesse* in den Fokus nimmt und den Schülerinnen und Schülern die Möglichkeit gibt, sich aktiv und über längere Zeit mit verschiedenen – auch falschen Lösungen – auseinanderzusetzen. Damit kann ein Betrag geleistet werden zur Förderung der Experimentierfreude und des Selbstvertrauens der Lernenden (vgl. Scherer 1999a).

Berücksichtigung fachdidaktischer Prinzipien

Lernschwierigkeiten, insbesondere im Bereich der *Mathematik*, stellen in den verschiedensten Ausprägungen und aus vielfältigen Gründen ein zunehmendes

Problem für alle Schulstufen dar (vgl. auch Kap. 2). Die verschiedenen Ausprägungen sind i. d. R. durch fließende Übergänge gekennzeichnet, und es gestaltet sich mitunter sehr schwierig, ein Kind einer bestimmten Kategorie zuzuordnen. Dennoch unterscheidet sich in der Praxis der Umgang mit Lernschwierigkeiten einerseits und Lernschwächen oder Lernbehinderungen andererseits z. T. erheblich, bspw. bezogen auf das zugrunde liegende Verständnis von Lehren und Lernen: Ab einem bestimmten Grad der Lernschwierigkeit werden oft ansonsten selbstverständliche fachdidaktische Prinzipien und Standards zunehmend verlassen, und die lernschwachen Schülerinnen und Schüler erhalten eine Sonderstellung. Die besonderen Schwierigkeiten werden als Alibi genutzt, um fachliche und fachdidaktische Ansprüche zurückzuschrauben oder zu veralteten und unangemessenen Methoden zurückzugehen, die einem zeitgemäßen Verständnis von Mathematikunterricht widersprechen. Dies ufert nicht selten in pure Beliebigkeit aus: »Einfach gesagt, geht es darum, die entsprechenden Lernprobleme einzelner Schüler so individuell und kreativ wie möglich anzugehen und sich dabei aller verfügbaren Vergegenständlichungsmittel, Spiele, Übungsformen usw. zu bedienen. Hier ist Einfallsreichtum gefordert, um neue Zugänge zu alten Inhalten zu erschließen. In dieser konsequenten Suche und im Ausprobieren anderer Mittel und Wege (vor dem Hintergrund des Wissens um Lernvorgänge und -störungen) findet sonderpädagogische Methodik ihren Ausdruck« (Erath 1989, 34). Der (möglicherweise) unreflektierte Einsatz aller verfügbaren Materialien stellt aber eine große Gefahr dar. Zentral ist aus unserer Sicht, dass die beschriebene kompetenzorientierte und auf aktiv-entdeckendes Lernen ausgerichtete Grundhaltung unabhängig von Organisationsform, Schulstufen, Leistungsstand und Thema beibehalten wird.

Hilfe zur Selbsthilfe

Lernschwache Schülerinnen und Schüler brauchen im Unterricht besondere Unterstützung oder spezifische Förderangebote. Es muss jedoch kritisch hinterfragt werden, in welcher Art und Weise dies erfolgt: In wohlgemeinter Absicht wird Hilfe oftmals nicht als »Hilfe zum Selbstfinden« (Winter 1984b) eingesetzt, sondern in fragwürdiger Form: »Beim Helfen wird zwar vieles gut gemeint und trotzdem schlecht gemacht. Unsere Hilfe bewirkt oft gerade das Gegenteil von Selbständigkeit. Sie macht abhängig, schwächt die Initiative und das Neugierverhalten, sie entmündigt den Menschen – ohne dass er es merkt. Denn es ist bequem, sich helfen zu lassen – aber auch gefährlich« (Beeler 1999, 111; vgl. auch die »erlernte Hilflosigkeit« bei Seligman 1999).

Sicherlich verdient der Umgang mit Lernschwierigkeiten und Lernschwächen besondere Aufmerksamkeit. Allerdings sollte dabei festgehalten werden, dass es sich nicht um *besonderen* im Sinne eines völlig anderen Unterrichts handelt: Auch lernschwache Kinder lernen nicht prinzipiell anders als bspw. Kinder im mittleren Leistungsbereich (vgl. hierzu bspw. Ahmed 1987; Moser Opitz 2008; Scherer 1999a).

Neben einer angemessenen Grundhaltung spielen die Kompetenzen der Lehrpersonen eine bedeutende Rolle. Diese umfassen u. a. diagnostisches Wissen (Methoden und Inhalte), fachliches und fachdidaktisches Wissen, welches in Unterricht und Förderung umgesetzt werden muss, aber auch pädagogisches und psychologisches Wissen. Diese Bereiche sind nicht getrennt voneinander zu sehen, sondern sollten möglichst integrativ mit wechselnden Schwerpunktsetzungen zur Anwendung kommen. Bei den folgenden Ausführungen konzentrieren wir uns auf einen *professionellen* Umgang mit Lernschwächen aus fachdidaktischer Sicht. Dies bedeutet keineswegs, die anderen Disziplinen zu ignorieren; diese können und sollen an verschiedenen Stellen immer wieder mit einbezogen werden. Die Lehrperson sollte sich aber vorrangig auf ihre Profession als Expertin für das Lernen und Lehren von Mathematik stützen. Beleuchtet werden nachfolgend die beiden zentralen Bereiche Diagnostik und Förderung bezogen auf die notwendigen fachlichen und fachdidaktischen Kompetenzen.

3.2.2 Diagnostische Kompetenzen

Diagnostische Kompetenzen stellen neben Fachwissen, den didaktisch-methodischen Fähigkeiten und der Fähigkeit zur Klassenführung einen von vier Kompetenzbereichen dar, die erfolgreiche Lehrerinnen und Lehrer auszeichnet (vgl. Schrader/Helmke 2001, 49 und die dort angegeb. Lit.; vgl. auch Helmke 2009, 121 ff.). Das gilt nicht nur bezogen auf lernschwache Kinder, sondern für jedes Leistungsniveau und jede Lehr- und Lernsituation.

Die diagnostische Kompetenz von Lehrpersonen ist bspw. für den Bereich ›Lesen‹ in der PISA-Studie infrage gestellt worden: »Die von den Lehrkräften vorab als ›schwache Leser‹ benannten Schülerinnen und Schüler bilden nur einen kleinen Teil der Risikogruppe. Der größte Teil der Schülerinnen und Schüler der Risikogruppe [Schülerinnen und Schüler, die der niedrigsten Kompetenzstufe nicht gewachsen sind; PS/EMO] wird von den Lehrkräften nicht erkannt« (Baumert et al. 2001, 120).

In der PISA-Studie wurde die Einschätzung der Mathematikleistungen durch die Lehrpersonen nicht so direkt erhoben wie im Fach Deutsch. Die durchgeführten Befragungen deuten jedoch an, dass die Schwierigkeiten im mathematischen Bereich besser eingeschätzt werden können. Insgesamt ist aber auch die Diagnose mathematischer (Minder-)Leistungen differenziert zu betrachten: Mancherorts existiert vielleicht das Bild, dass im Mathematikunterricht Schwierigkeiten einfacher identifiziert werden können. Tatsächlich hat es aber nur vordergründig diesen Anschein, denn auch bei der Beurteilung von mathematischen Bearbeitungen geht es um weitaus mehr als um die Bewertung ›richtig‹ oder ›falsch‹. Erforderlich ist eine differenzierte Analyse von Lernprozessen und Überlegungen der Lernenden sowie von auftretenden Fehlern und möglichen Fehlerursachen. Die diesbezüglichen Kompetenzen von Lehrpersonen sind zunächst abhängig von den Inhalten. So kann möglicherweise eine Fehleranalyse bei schriftlichen Algorithmen noch recht schnell durchgeführt werden. Hierbei handelt es sich aber um ein festgelegtes Verfahren mit festgelegten Schritten in einer festgelegten Reihenfolge, die in vielen Fällen relativ leicht überprüfbar sind. Bei einer auf den ersten Blick möglicherweise einfach aussehenden Aufgabe wie 624–203 (Abb. 3.1) kann sich das Diagnostizieren zugrunde liegender der Fehler jedoch schon weitaus schwieriger gestalten (vgl. Scherer 2009a; auch Radatz 1980; Selter/Spiegel 1997, 72).

Verdeutlicht werden soll die diagnostische Vielschichtigkeit anhand einer Fehllösung, die bei zwei Schülern bei der genannten Aufgabe im Rahmen einer Einzelüberprüfung aufgetreten ist (vgl. Scherer 2009a). Den Schülern wurde die Aufgabe in schriftlicher Form präsentiert, und die Methode der Bearbeitung war ihnen freigestellt.

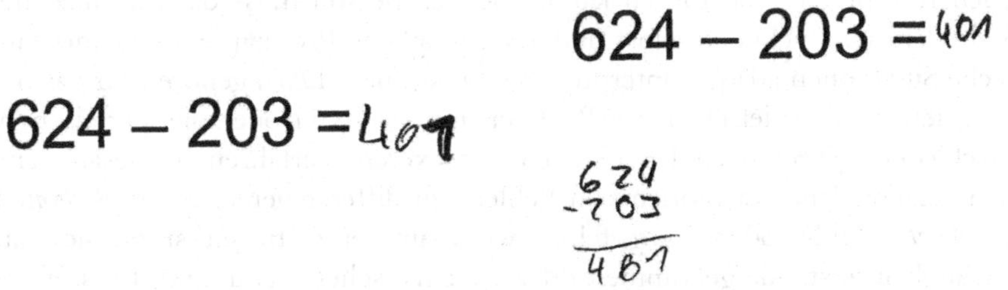

$$624 - 203 = 401$$

$$624 - 203 = 401$$

$$\begin{array}{r} 624 \\ -203 \\ \hline 401 \end{array}$$

Abbildung 3.1 Omars (links) und Meiks (rechts) Bearbeitung einer Subtraktion

Beide Schüler besuchen eine Förderschule mit dem Schwerpunkt Lernen, Omar das 5. Schuljahr und Meik das 6. Schuljahr. Beide Schüler hatten den schriftlichen Subtraktionsalgorithmus bereits kennen gelernt, jedoch rechnete Omar die Aufgabe im Kopf. Er notierte lediglich sein Ergebnis (Abb. 3.1). Dies erschwert i. d. R. die Fehleranalyse, da keinerlei Zwischenergebnisse und Teilnotationen Rückschluss auf fehlerhafte Zwischenresultate erlauben und auch die jeweiligen Denkprozesse (z. B. Sprechen und Rechnen in Ziffern oder in den vollständigen Stellenwerten) verborgen bleiben. Omar hat die Zehnerstelle fehlerhaft bestimmt, und es bleibt offen, ob diese lediglich bei der Verarbeitung vergessen wurde oder ob bspw. Schwierigkeiten bzw. Fehlvorstellungen hinsichtlich des Rechnens mit Null vorliegen (z. B. als falsch abgeleitete Analogie zur Multiplikation wie ›Rechnen mit der Null liefert immer das Ergebnis Null‹). Bei der individuellen Überprüfung war Omar aufgefordert, seine Rechnung zu erklären, und er erläuterte zunächst das Zustandekommen der Hunderterstelle:

Omar: Ja, äh, ich … ich mache zweihundert minus bei der sechs…

Interviewerin: Mhm.

Omar: …hundert. Sind vierhundert.

Er ging dann direkt über zur Einerstelle und vergaß die Zehnerstelle:

Omar: Da drü… mache ich mit die drei noch minus bei der vier, sind's vierhunderteins.

Meik (Abb. 3.1) nutzte den schriftlichen Algorithmus, und man könnte den gleichen Fehler wie bei Omar vermuten. Seine Erläuterung und Sprechweise bei der schriftlichen Subtraktion offenbarten jedoch eine vermischte Sprechweise des Ergänzens ›von 3 bis 4‹, ›von 2 bis 6‹ und des Abziehens an der Zehnerstelle ›0 minus 2‹ mit dem Ergebnis 0.

An diesem Beispiel wird deutlich, dass ein hinreichender fachlicher und fachdidaktischer Hintergrund der Lehrperson notwendig ist und auch zu unterschiedlichen Interpretationen führen kann. Die Lehrperson muss die verschiedenen Methoden des Rechnens selbst und auch mögliche Problemfelder kennen, um solche Situationen adäquat interpretieren zu können. Dazu gehören für das hier beschriebene Beispiel etwa das Rechnen mit der Null oder die Vermischung verschiedener Techniken bei einem komplexeren Verfahren. Insgesamt sind auch verschiedene Kategorien von Fehlern zu differenzieren, bspw. *Rechen*fehler, *Notations*fehler oder *Strategie*fehler, wobei immer zu fragen ist, ob diese aus Flüchtigkeit zustande gekommen oder systematischer Natur sind. Dies gilt es, den Lernenden differenziert zurückzumelden und für die weiteren Lern- und Förderprozesse zu berücksichtigen (vgl. hierzu ausführlicher Kap. 4).

Um individuelle Schwierigkeiten zu diagnostizieren, müssen auch die gewählten Methoden und Instrumente gewisse Kriterien erfüllen. Diese betreffen die Pole kompetenzorientiert vs. defizitorientiert, prozessorientiert vs. produktorientiert sowie qualitativ vs. quantitativ (vgl. auch Kap. 4).

- *Kompetenzorientiert vs. Defizitorientiert:* Natürlich ist bei diagnostischen Untersuchungen das Analysieren der Defizite und Schwierigkeiten von zentraler Bedeutung. Eine differenzierte Interpretation, das Aufstellen verschiedener Hypothesen, das Suchen nach möglichen rationalen Ursachen für einen Fehler – also eine *kompetenzorientierte* Sichtweise – dürfen dabei aber nicht fehlen. Das Ausblenden *vorhandenen* Wissens der Kinder wäre mehr als schädlich im Hinblick auf weitere Lernprozesse und auf eine angemessene Förderung.

- *Prozessorientiert vs. Produktorientiert:* Im Idealzustand beleuchtet eine prozessorientierte Diagnostik den konkreten Lern- oder Lösungsprozess bspw. durch ein Interview oder eine Beobachtung (vgl. z. B. Schipper 1998, 22). Prozessorientierte Diagnostik ist aber auch durch Analyse von Produkten möglich, natürlich behaftet mit einer größeren Vagheit. Detailliertere Informationen liefert sicherlich die Beleuchtung des Lern- oder Lösungsprozesses, so dass Vorgehensweisen, Lösungsstrategien und Rechenwege wie im obigen Beispiel von Omar und Meik deutlich werden können. Dies kann realisiert werden durch Beobachtung bzw. Interaktion *während* der Bearbeitung oder aber *im Nachhinein*, wenn Schülerinnen und Schüler ihre Überlegungen und Vorgehensweisen selbst erklären.

- *Qualitativ vs. Quantitativ:* Dieser Aspekt überschneidet sich mit der Frage nach Prozessen und Produkten. Das Zusammenspiel von qualitativen und quantitativen Erkenntnissen kann an vielen Stellen die Schwächen der jeweils anderen Methode kompensieren (vgl. auch Scherer 1996a). Bezogen auf die Rolle der Lehrperson sind Kompetenzen in beiden Methoden und eine optimale Nutzung der jeweiligen Möglichkeiten für die Förderung zentral.

Festgehalten werden kann das Folgende: Um Leistungen von Schülerinnen und Schülern und im Besonderen auch ihre Schwierigkeiten angemessen beurteilen zu können, sind vielfältige Kompetenzen der Lehrperson erforderlich. Andernfalls läuft man Gefahr, lediglich auf der Ebene der Ergebnisse ausschließlich nach richtig oder falsch beurteilen zu können. Zudem sollte eine ausschließliche Defizitorientierung vermieden werden. Sowohl für die Rückmeldung an die Lernenden als auch in Bezug auf die eigenen Schlussfolgerungen für die anschließende Förderung ist eine kompetenzorientierte Sichtweise erforderlich.

3.2.3 Fachliche und fachdidaktische Kompetenzen

Fachliche und fachdidaktische Kompetenzen der Lehrpersonen sind wichtige Faktoren für den Lernerfolg von Schülerinnen und Schülern. Shulman (1986, 9 f.) unterscheidet drei Formen von Fachwissen: *content knowledge, pedagogical content knowledge* und *curriculum knowledge* (vgl. auch Bromme 1994; Scherer 1999c).

- *Content knowledge* beinhaltet bspw. Wissen zu den Unterrichtsinhalten und zu deren Strukturierung. »The teacher need not only to understand *that* something is so; the teacher must further understand *why* it is so« (Shulman 1986, 9; Hervorheb. i. Orig.). Dies schließt insbesondere die eigene fachliche Durchdringung der Inhalte ein.

- *Pedagogical content knowledge* beinhaltet fachspezifisches, aber auch fachunspezifisches Wissen darüber, was einen Lerninhalt einfach oder schwierig macht; wie Schülerinnen und Schüler in verschiedenen Altersstufen bestimmte Lerninhalte verstehen bzw. missverstehen können oder Wissen über geeignete Strategien usw. (ebd.).

- *Curriculum knowledge* beinhaltet die Kenntnis von Lerninhalten und -zielen zu verschiedenen Lernbereichen und für verschiedene Schulstufen; Kenntnis von geeigneten Lernmaterialien (ebd., 10).

Diese drei Bereiche sind nicht getrennt voneinander zu behandeln, sondern stehen – mit jeweils angemessenen Schwerpunktsetzungen – in enger Beziehung zueinander.

Hill et al. (2005, 377) betonen, dass *pedagogical content knowledge* inhaltsbezogenes mathematische Wissens der Lehrpersonen sein muss, und sprechen von *specialized content knowledge* (z. B. Wissen über geeignete Darstellungsformen von bestimmten mathematischen Inhalten, Kenntnis von Möglichkeiten zum Erarbeiten von bestimmten Operationen, Kenntnis verschiedener Strategien zum Lösen eines bestimmten Aufgabentyps). Sie haben nachgewiesen, dass solches Wissen einen entscheidenden Einfluss auf den Lernzuwachs der Schülerinnen und Schüler hat (Loewenberg Ball et al. 2005).

Die genannten Kompetenzen der Lehrpersonen sind wichtig für den Unterricht in allen Schulformen und Schultypen, insbesondere jedoch für die Förderung von lernschwachen Schülerinnen und Schülern. Gerade wenn Lernprozesse beeinträchtigt sind, ist es unumgänglich, dass Lehrpersonen über fundiertes Fachwissen verfügen, um eine kompetente Unterstützung anbieten zu können. Wichtig ist dabei einerseits die eigene fachliche Auseinandersetzung der Lehrenden mit mathematischen Inhalten bzw. deren eigene Lernprozesse, andererseits die Auseinandersetzung mit den Lernprozessen der Schülerinnen und Schüler und mit unterrichtsrelevantem Fachwissen (z. B. Auswahl von Lerninhalten, Vorgehensweisen, Materialien).

Eigene Lernprozesse der Lehrenden

Bezogen auf die fachlichen und fachdidaktischen Kenntnisse ist nicht nur entscheidend, welche Inhalte (zukünftige) Lehrpersonen erwerben, sondern auch, in welcher Art und Weise das geschieht. Müller et al. (2004, 11 f.) weisen darauf hin, dass Lehrpersonen ihren Unterricht umso erfolgreicher umstellen und weiterentwickeln können, je produktivere Erfahrungen von Lernen und Lehren sie in ihren eigenen fachlichen Lernprozessen (Ausbildung, Weiterbildung) gemacht haben und je besser ihre fachwissenschaftliche Ausbildung auf das Curriculum abgestimmt ist. Das bedeutet, dass Lehrpersonen selbst Erfahrungen machen sollen mit Lerninhalten, die später ihre Schülerinnen und Schüler bearbeiten werden. Anhand einer Aufgabenstellung zu ›Zahlenmauern‹ wollen wir dies verdeutlichen. Dieses substanzielle Aufgabenformat eignet sich besonders auch für lernschwache Schülerinnen und Schüler (vgl. z. B. Scherer 1997a; 2005a). Die stets gleichbleibende Struktur ermöglicht diesen Lernenden, wichtige Zahlbeziehungen zu entdecken (Schmassmann/Moser Opitz 2009, 117). Damit die Lehrpersonen die Schülerinnen und Schüler unterstützen können, ist es wichtig, die Aufgaben selbst zu bearbeiten und etwa auch (algebraische) Begründungen zu suchen. Davon ausgehend kann dann überlegt werden, welche didaktischen Vorgehensweisen sich eignen, um die Aufgabe im Unterricht einzusetzen (siehe z. B. Schmassmann/Moser Opitz 2009, 118).

Zur Zahlenmauer in Abb. 3.2 kann die folgende Aufgabe gestellt werden (Wittmann/Müller 2005, 103): »Berechne die fehlenden Zahlen in der Mauer. Addiere dann die drei unteren Zahlen und dazu noch einmal die untere Mittelzahl. Was fällt dir auf? Überprüfe es an eigenen Zahlenmauern. Kannst du begründen?«

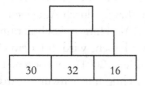

Abbildung 3.2 Aufgabenstellung zu Zahlenmauern

Die Schülerinnen und Schüler werden herausfinden, dass das Ergebnis der geforderten Rechnung genau den Zielstein angibt, und dies arithmetisch an weiteren Beispielmauern überprüfen. Für die Lehrperson ist neben dem arithmetischen Niveau auch die algebraische Durchdringung hilfreich (Abb. 3.3).

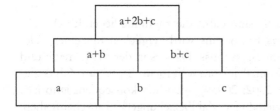

Abbildung 3.3 Zahlenmauer in algebraischer Form

An diesem algebraischen Ausdruck wird nicht nur der hier thematisierte Zusammenhang deutlich, sondern die Lehrperson könnte weitere Beziehungen direkt ablesen: Für operative Variationen (z. B. Erhöhen/Vermindern eines unteren Ecksteins oder des mittleren Steins) liefert der algebraische Term des Zielsteins sofort die Erkenntnis, dass die Veränderung des Ecksteins die gleiche Veränderung des Zielsteins hervorruft. Dagegen geht der untere mittlere Stein doppelt in den Zielstein ein und hat somit bei einer Erhöhung oder Verminderung den doppelten Effekt.

Kritische fachdidaktische Reflexion

Wie bereits ausgeführt, stellen Eigentätigkeit sowie das Lernen und Üben in Beziehungen für viele Lehrpersonen ein wichtiges Unterrichtsprinzip dar. Dennoch kehren sie bei auftretenden Schwierigkeiten häufig zu tradierten Prinzipien zurück, was an einem Beispiel zum Einmaleins beleuchtet werden soll.

Das Erlernen und Automatisieren des Einmaleins stellen nach wie vor einen zentralen Inhalt der Primarstufenmathematik dar, und wir werden hierzu in Kap. 6.1.2 ausführliche Vorschläge für Unterricht und Förderung geben. Das Einmaleins stellt einen Bereich dar, der lernschwachen Kindern sowohl beim Erlernen als auch noch in höheren Klassen große Probleme bereitet (vgl. hierzu Scherer 2003b; auch Ezawa 2002, 98; Lorenz 1998, 118 ff.): Viele Kinder müssen sich eine Aufgabe immer wieder neu berechnen, häufig durch Aufsagen der gesamten Einmaleinsreihe (z. B. 8, 16, 24, 32, …). Als Hilfe für Schülerinnen und Schüler, die mit diesem Inhalt Schwierigkeiten haben, wird auf dem Arbeitsmittelmarkt bspw. *Die 1x1 Hitparade für Kids* (Heist 2001) angeboten. Die Werbung hierzu lautet wie folgt: »Kindgemäß und richtig mit Schwung werden hier die fiesen Wissenslücken im Einmaleins geschlossen. Die Songs garantieren den Lernerfolg gleich mit: Als Lernhilfe dienen originell-witzige Reime und die leichte, groovige Musik. Die Rechenaufgabe selbst wird sogleich mit der Umkehraufgabe verknüpft und prägt sich ein wie eine Telefonnummer« (WAZ 2001). An anderer Stelle wird für alle, die Probleme mit dem Einmaleins haben, empfohlen: »Wenn das Einmaleins aber cool verpackt wird, lernt es sich viel leichter. […] Zur Freude der Eltern, denn die ständige Wiederholung garantiert den Lerneffekt« (Schübel 2002).

Fachdidaktisch mehr als fragwürdig sind dabei die zugrunde liegenden Annahmen zum Mathematiklernen. Das Einmaleins wird verglichen mit einer Telefonnummer, die man sich nur einprägen muss. Dass es in der Mathematik und auch bei einem Inhalt wie dem Einmaleins um weit mehr, bspw. um Zahlbeziehungen, geht (vgl. z. B. Scherer 2002; 2005b), wird hier konsequent ignoriert. Dass das flexible Ausnutzen vielfältiger Zahlbeziehungen (Tauschaufgaben, Nachbaraufgaben etc.) auf verschiedenen Repräsentationsebenen, für ein verständnisvolles Lernen gerade lernschwacher Kinder zwingend erforderlich ist, bleibt völlig auf der Strecke (vgl. hierzu auch Kap. 3.1 und 5.2). Wenn Kinder lediglich (ohne Verständnis) auswendig gelernt haben, werden sie nur schwer Analogien und Erweiterungen nutzen können ($7 \cdot 8 = 56$ auf $7 \cdot 80 = 560$ oder $70 \cdot 8 = 560$ oder $70 \cdot 80 = 5600$, …), nur schwer halbschriftliche Strategien verstehen können und kaum in der Lage sein, ihr Wissen flexibel anzuwenden (vgl. auch Scherer 2002). Angemerkt seien daneben als weitere kritische Aspekte der in der Werbung falsch verwendete fachdidaktische Terminus *Umkehraufgabe* anstelle von *Tauschaufgabe*, die sachfremde Verpackungsmetapher oder die auch sprachdidaktisch fragwürdigen »originell-witzigen Reime«.

Die Lehrperson als Expertin für das Lehren und Lernen muss in der Lage sein, derartige fachdidaktisch ungeeignete Vorschläge zu identifizieren, und darf sich nicht von vordergründigen und oberflächlichen (dabei nicht unbedingt zutreffenden) Argumenten täuschen lassen.

Auswahl von Lerninhalten

Ein weiterer Aspekt betrifft die Entscheidung, welche Anforderungen für Schülerinnen und Schüler mit Schwierigkeiten formuliert werden: Die Feststellung, dass der Grundschulstoff zu einem bestimmten Zeitpunkt nicht erreicht wird, darf nicht dazu führen, jegliche Anforderungen zu vermeiden und Ziele des Grundschulunterrichts völlig zu ignorieren. Natürlich würde eine ständige Überforderung negative Konsequenzen haben, aber *An*forderungen zu stellen, muss nicht gleichbedeutend sein mit *Über*forderung. Gerade das aktuelle Verständnis von Mathematiklernen und Mathematikunterricht, wie es in der Grundschule umgesetzt werden soll und auch wird, kommt auch lernschwachen Schülerinnen und Schülern entgegen.

Um inhaltlicher Beliebigkeit vorzubeugen, ist für alle Schülerinnen und Schüler eine Orientierung an den Inhalten der Grundschule sinnvoll. Damit ist noch keine Aussage getroffen, *wann* und in *welchem Umfang* die dortigen Ziele erreicht werden. Es kann nicht darum gehen, bspw. den gesamten Grundschulstoff lediglich mit zeitlicher Verzögerung in die Schule mit dem Förderschwerpunkt Lernen zu transportieren, sondern es ist eine adäquate Auswahl zu treffen. Eine Orientierungshilfe stellen bspw. die fundamentalen Ideen der Arithmetik und Geometrie dar (vgl. z. B. Wittmann/Müller 2004), aber auch die Bildungsstandards (vgl. KMK 2005; Walther et al. 2008b) oder Unterrichtsvorschläge zur Auswahl des basalen mathematischen Lernstoffs (Schmassmann/Moser Opitz 2007; 2008a; 2008b; 2009).

Bei der Frage, welche Inhaltsbereiche und Kompetenzen sinnvoll und notwendig gerade für lernschwache Schülerinnen und Schüler sind, sollten sich Lehrerinnen und Lehrer insbesondere Klarheit über sogenannte *Basiskompetenzen* oder *Schlüsselqualifikationen* verschaffen, die für weitere Lernprozesse notwendig sind. Bei aller Individualität bezüglich der Auswahl und des Bearbeitungszeitpunktes dürfen gewisse zentrale Kompetenzen nicht aus dem Blick geraten: Ein Kind, das das Einspluseins oder Einmaleins nicht automatisiert zur Verfügung hat, wird bspw. bei schriftlichen Additionen, bei Sachaufgaben oder allgemein bei komplexeren Problemstellungen, die genau diese arithmetische Basisfertigkeit verlangen, erhebliche Schwierigkeiten haben. Einspluseins und Einmaleins stellen somit zentrale Lerninhalte dar, über die (so weit wie möglich) kompetent verfügt werden muss. Die entscheidende Frage ist dabei aber jedoch, *wie* diese Inhalte gelernt werden. Wenn ein Kind die Aufgaben auswendig lernt, ohne dass es Strukturen bei Veranschaulichungen erkennen und nutzen kann, wird es keine inneren Bilder von Anzahlen aufbauen können und langfristig dem zählenden Rechnen verhaftet bleiben. Dies führt jedoch in eine Sackgasse, wie in Kap. 5.4 detailliert ausgeführt wird.

An den ausgewählten Aspekten ›Grundhaltungen der Lehrenden‹, ›diagnostische, fachliche und fachdidaktische Kompetenzen‹ wurden Postulate für einen professionellen Umgang mit Lernschwächen aus mathematikdidaktischer Sicht thematisiert und konkretisiert. Es liegt auf der Hand, dass eine angemessene Förderung bei mathematischen Lernschwierigkeiten nur dann realisiert werden kann, wenn die Lehrpersonen selbst über das notwendige fachliche und fachdidaktische Hintergrundwissen verfügen.

4 Diagnostik im Mathematikunterricht

In Kap. 2 wurde einerseits die Schwierigkeit der Diagnose von schwachen Mathematikleistungen angesprochen und andererseits auf die Bedeutung der Erfassung der konkreten mathematischen Kompetenzen und Schwierigkeiten der Schülerinnen und Schüler hingewiesen. Insbesondere das Letztere erfordert von den Lehrkräften diagnostische Kompetenzen und die Auseinandersetzung mit diagnostischen Fragestellungen. In Kap. 3.2.2 wurden diesbezüglich der Umgang mit Fehlern sowie Kriterien, die diagnostische Methoden und Instrumente zu erfüllen haben, bereits angesprochen: ›Kompetenzorientierung vs. Defizitorientierung‹, ›Prozessorientierung vs. Produktorientierung‹ und ›qualitative vs. quantitative Erkenntnisse‹. Diese Themen werden hier aufgenommen und in den Kontext von Überlegungen zum Thema Diagnostik gestellt. Nach Ausführungen grundsätzlicher Art zu Begriffen und verschiedenen Diagnosekonzepten werden Anforderungen an die Instrumente und die Durchführung von diagnostischen Verfahren dargestellt. Abschließend stellen wir die Methode der Fehleranalyse anhand eines Fallbeispiels vor.

4.1 Grundsätzliche Überlegungen

4.1.1 Zum Begriff Diagnostik

Nach Wember (1998, 108) bezeichnet man mit Diagnostik allgemein Methoden, die zur qualitativen und quantitativen Beschreibung von inter- und intraindividuellen Unterschieden eingesetzt werden. Helmke (2009, 122) nennt als charakteristisches Merkmal einer Diagnose, dass anhand vorgegebener Kategorien, Begriffe oder Konzepte geurteilt wird. Bezogen auf das Mathematiklernen sind diese Begriffe oder Konzepte – oder Theorien, wie sie Wember (1998, 109) bezeichnet – fachliche und fachdidaktische Grundlagen, die bei der Entscheidung helfen, welche diagnostischen Informationen eingeholt werden sollen und welche Aufgaben einer Schülerin bzw. einem Schüler vorgelegt werden (vgl. auch Kap. 4.1.2). Zudem stellen diese Grundlagen auch eine zwingend notwendige Voraussetzung für die Planung von Förderung dar. Je nach Ziel des

Diagnoseprozesses sind andere Diagnosekonzepte und -instrumente einzusetzen. Bezüglich deren Bezeichnung und Unterscheidung herrscht Unklarheit. Je nach Quelle finden sich unterschiedliche Begrifflichkeiten. Helmke (2009, 122) spricht von »formalen und informellen Diagnoseleistungen« und unterscheidet damit implizite subjektive Urteile, die im erzieherischen Alltag gewonnen werden von systematisch durchgeführten Einschätzungen. Andere Begriffe werden von Thomas (2007, 85 f.) verwendet. Er spricht von »Lern- und Leistungsdiagnostik« und grenzt dabei »traditionelle Diagnostik« (ergebnisorientiert, quantitativ) von »neuerer Diagnostik« (prozessorientiert, qualitativ und quantitativ) ab. In der Sonderpädagogik wird oft von Selektions- und Förderdiagnostik (z. B. Eggert, 2007) gesprochen. Im vorliegenden Kapitel gehen wir grundsätzlich vom Begriff der pädagogischen Diagnostik aus. »Pädagogische Diagnostik umfasst alle diagnostischen Tätigkeiten, durch die bei einzelnen Lernenden und den in einer Gruppe Lernenden Voraussetzungen und Bedingungen planmäßiger Lehr- und Lernprozesse ermittelt, Lernprozesse analysiert und Lernergebnisse festgestellt werden, um individuelles Lernen zu optimieren. Zur pädagogischen Diagnostik gehören ferner die diagnostischen Tätigkeiten, die die Zuweisung zu Lerngruppen oder zu individuellen Förderungsprogrammen ermöglichen[,] sowie die mehr gesellschaftlich verankerten Aufgaben der Steuerung des Bildungsnachwuchses oder der Erteilung von Qualifikation zum Ziel haben« (Ingenkamp/Lissmann 2005, 13).

Die erste Zielsetzung umfasst somit vor allem eine lernprozessbegleitende bzw. lernprozessorientierte Diagnostik, bei der es darum geht, in einer kompetenzorientierten Sichtweise zu erfassen, was Lernende schon können, um eventuellen individuellen Förderbedarf festzustellen (Krauthausen/Scherer 2007, 210). Dies kann einerseits im Sinn des Erfassens von Lernvoraussetzungen, andererseits in der Form von Lernzielkontrollen im Anschluss an die Bearbeitung eines bestimmten Inhalts geschehen. Lernprozessbegleitende bzw. -orientierte Diagnostik kann weiter sowohl produkt- als auch prozessorientiert sein. Ein Beispiel für ein produktorientiertes Vorgehen ist die Fehleranalyse, wie sie in Kap. 4.2 dargestellt wird. Lernprozessbegleitende bzw. -orientierte Diagnostik kann im Rahmen des normalen Unterrichts, eines diagnostischen Gesprächs, eines klinischen Interviews oder einer teilweise standardisierten Lernstandserfassung, in der z. B. die Anweisungen und die Fragen, die gestellt werden, vorgegeben sind, stattfinden. Auch für die Aufgabenauswahl gibt es mehrere Möglichkeiten, und es können selbst erstellte Aufgaben oder solche aus bestehenden Instrumenten (Lernstandserfassung, Test) ausgewählt werden. Wichtig ist, dass die einzusetzenden Methoden, Instrumente und Aufgabentypen auf die angestrebte Zielsetzung abgestimmt sind (Scherer 2003b, 5).

In der zweiten von Ingenkamp/Lissmann (2005) genannten Zielsetzung geht es nicht in erster Linie um konkrete Förderung, sondern um die Zuweisung zu bestimmten Maßnahmen (z. B. Feststellung des sonderpädagogischen Förderbedarfs) und auch um einen interindividuellen Vergleich. Auch hier müssen die

Instrumente auf die Zielsetzung abgestimmt werden. Geeignet sind in diesem Fall eher standardisierte Instrumente, die klare Vorgaben bezüglich Durchführung, Auswertung und Interpretation beinhalten, normiert sind und dadurch den Vergleich mit einer Bezugsgruppe bzw. mit einem bestimmten Kriterium ermöglichen. Im schulischen Alltag werden diese häufig mit nicht standardisierten Verfahren kombiniert.

Die beiden genannten Zielsetzungen lassen sich in der praktischen Durchführung nicht immer eindeutig voneinander abgrenzen. Wir wollen uns deshalb mit Anforderungen an den diagnostischen Prozess generell und insbesondere mit den einzusetzenden Methoden und Instrumenten beschäftigen.

4.1.2   Anforderungen an diagnostische Methoden und Instrumente

Intersubjektiv nachvollziehbare Diagnosen

Zentrales Kriterium einer professionellen Diagnostik ist die Durchführung von intersubjektiv nachvollziehbaren Diagnosen und damit verbunden die Einhaltung von Gütekriterien. Wir stellen diese zuerst dar und gehen dann auf Unterschiede zwischen Instrumenten mit unterschiedlicher Standardisierung ein und diskutieren Vor- und Nachteile.

Gütekriterien

Das Kriterium der *Objektivität* umfasst die Unabhängigkeit der Ergebnisse von der untersuchenden Person. Es werden drei Formen von Objektivität unterschieden. Mit der *Durchführungsobjektivität* wird zugesichert, dass alle untersuchten Personen den gleichen Anforderungen unter gleichen Bedingungen unterzogen werden (Ingenkamp/Lissmann 2005, 52), dass z. B. alle dieselben Hilfsmittel nutzen können oder alle gleich viel Zeit zur Verfügung haben. Bei der *Auswertungsobjektivität* geht es um die Unabhängigkeit der Auswertung von der beurteilenden Person. Diese ist – wie bspw. auch bei der Beurteilung von Klassenarbeiten (ebd., 53) – beim Einsatz von wenig bzw. nicht standardisierten Verfahren nicht immer gegeben. *Interpretationsobjektivität* liegt vor, wenn mehrere beurteilende Personen das gleiche Ergebnis gleich interpretieren.

Beim Einsatz von wenig bzw. nicht standardisierten Instrumenten besteht die Gefahr, dass der Diagnoseprozess durch das Fehlen von spezifischen Vorgaben zur Durchführung, Auswertung und Interpretation einer gewissen Beliebigkeit unterworfen ist (Moser Opitz 2006, 14 ff.) und somit bezüglich der Objektivität Einbußen in Kauf genommen werden müssen. Es besteht z. B. immer die Gefahr, dass die diagnostizierende Person dem Kind Tipps und Lösungshinweise gibt, wenn sich beim Bearbeiten Schwierigkeiten zeigen. Standardisierte bzw. normierte Verfahren beinhalten diesbezüglich klare Vorgaben und sind deshalb objektiver. Das ist jedoch gleichzeitig auch ein Nachteil, da es z. B. (i. d. R.) nicht zulässig ist, nach dem Lösungsweg zu fragen oder zusätzliche Erklärungen zur Aufgabenstellung zu geben, wenn ein Kind eine Aufgabe nicht versteht. Wenig bzw. nicht standardisierte Vorgehensweisen und Instrumente haben hier den Vorteil, dass Denk- und Lernwege in diagnostischen Gesprächen erfragt und dadurch differenziert erfasst werden können (Scherer 1996a, 87). Bekanntes Beispiel dafür ist die klinische Methode von Piaget (1994, 15 ff.). Auch Objektivität hinsichtlich der Zeitvorgabe führt i. d. R. zu einer besseren Vergleichbarkeit von Ergebnissen, ist aber im Hinblick auf die Analyse von Lernprozessen wenig sinnvoll. Wenn diese beobachtet und erfasst werden sollen, müssen die Schülerinnen und Schüler genügend Zeit haben, die Aufgaben zu bearbeiten.

Unter Zuverlässigkeit oder *Reliabilität* einer Messung wird der Grad der Sicherheit oder Genauigkeit, mit dem ein bestimmtes Merkmal gemessen wird, verstanden, und es geht um die Frage, wie sehr einem einmaligen Messergebnis vertraut werden kann (Ingenkamp/Lissmann 2005, 54). Damit verbunden ist auch die Abhängigkeit bzw. Unabhängigkeit eines Ergebnisses von der Testsituation. Aspekte wie die momentane Verfassung des Kindes, die Beziehung zur Lehrperson, die Tageszeit, Motivation und Konzentration usw. beeinflussen Diagnosesituationen. Hier muss beachtet werden, dass diese Faktoren auch bei hoher Standardisierung immer eine Rolle spielen und dass jedes Diagnoseergebnis fehlerbehaftet ist.

Die *Validität* oder die Gültigkeit gilt als ein wichtiges Kriterium, bei dem es darum geht, ob ein Verfahren auch tatsächlich das misst, was gemessen werden soll (Moosbrugger/Kelava 2007, 13). Aufgaben, die zur Überprüfung eines bestimmten Merkmals eingesetzt werden, müssen auch tatsächlich geeignet sind, dieses zu erfassen. Kompetenzen bezüglich des Verständnisses der Multiplikation können bspw. nur ungenügend erfasst werden, wenn lediglich formal zu lösende Einmaleinsaufgaben vorgelegt werden, da diese von den Schülerinnen und Schülern z. T. auswendig gelernt werden (vgl. Kap. 6.1.2). Formale Aufgaben sollten somit ergänzt werden durch andere Aufgabenstellungen, z. B. anschauungsgestützt (Punktfeld oder andere Felderstrukturen) oder kontextbezogen (Scherer 2003a; 2003b).

Standardisierte Verfahren orientieren sich bezüglich der Validität oft an allgemeinen Lernzielen, wie sie z. B. im Lehrplan vorgegeben sind (curriculare Validität). Das führt dazu, dass die Aufgaben nur ungefähr auf das Fähigkeitsniveau eines einzelnen Kindes abgestimmt werden können, und es kann sein, dass ein Verfahren zu leicht oder zu schwierig ist. Bei wenig bzw. nicht standardisierten Verfahren können die Aufgaben im Verlauf des diagnostischen Prozesses flexibel an den Kenntnisstand der Schülerinnen und Schüler angepasst werden. So können bspw. ausgehend von den Kompetenzen der Lernenden strukturgleiche Aufgaben in einem größeren oder kleineren Zahlenraum gestellt werden (für Beispiele vgl. Moser Opitz/Schmassmann 2005, 9ff.; Schmassmann/Moser

Opitz 2008a, 13 ff.; 2008b, 10 ff.; 2009, 12 ff.), oder eine Aufgabe kann angepasst auf die jeweilige Diagnosesituation einmal mit und einmal ohne Kontextbezug vorgelegt werden (für Beispiele vgl. Scherer 2003b; 2005a; 2005b). Die
Validität, d. h. die Sicherheit, dass das interessierende Merkmal erfasst wird,
kann dadurch erhöht werden.

Ein weiteres Gütekriterium ist die *Normierung*. Sie erlaubt, die Kompetenzen
einer Schülerin oder eines Schülers mit einem Bezugssystem zu vergleichen
(Moosbrugger/Kelava 2007, 19). Wir wollen dies am Beispiel des Prozentrangs,
einem Normwert, der in standardisierten Tests oft verwendet wird (z. B. Fritz
et al. 2007; Kaufmann et al. 2009; Krajewski et al. 2002), aufzeigen. Der Prozentrang besagt, wie viele Schülerinnen und Schüler einer Normierungsstich-
probe im Test einen Wert erzielen, der niedriger oder ebenso hoch ist wie der
von Kind X (Ingenkamp/Lissmann 2005, 64 f.; Moosbrugger/Kelava 2007,
168 f.). Erreicht ein Kind bspw. den Prozentrang 10, dann heißt das, dass zehn
von 100 Kindern ein schlechteres oder dasselbe Ergebnis erreichen. Es handelt
sich somit um ein schlechtes Testergebnis. Ein Prozentrang von 90 dagegen
stellt ein sehr gutes Testergebnis dar und besagt, dass von 100 Kindern 90 ein
schlechteres oder dasselbe Ergebnis erreicht haben. Verbunden mit diesen Normen sind auch eindeutige Aussagen, welche Leistungen als ›durchschnittlich‹
und welche als ›unterdurchschnittlich‹ gelten (vgl. Kap. 2.1). Solche Festlegun-
gen beruhen jedoch immer auch auf bestimmten Vorannahmen und bleiben zu
einem bestimmten Teil willkürlich (vgl. Zieky/Perie 2006; Zieky 2001). Zudem
sagt ein solcher Wert für sich allein nicht aus, ob einfache oder schwierige Aufgaben richtig gelöst wurden. Rottmann (2009, 51) weist in diesem Zusammenhang auch darauf hin, dass ›harte Fakten‹ wie z. B. Prozentränge eine absolute
Gültigkeit suggerieren, die nicht gegeben ist, dass in standardisierten Verfahren
Hinweise für die Planung von konkreten Fördermaßnahmen fehlen und dass
Lösungsprozesse in der Auswertung keine Beachtung finden. Normen und
Grenzwerte müssten deshalb immer mit einer gewissen Vorsicht betrachtet und
auch immer wieder hinterfragt werden (Moser Opitz et al. 2010a).

Es wurde die Bedeutung der Gütekriterien für den diagnostischen Prozess dargestellt und auf Vor- und Nachteile von Verfahren mit unterschiedlichem
Standardisierungsgrad hingewiesen. Wie eingangs dargestellt, wird die Auswahl
des Instruments durch die diagnostische Zielsetzung bestimmt. Geht es einer
Lehrperson darum, Informationen über den Lernstand einer Schülerin bzw.
eines Schülers zu erhalten, um die Förderung optimieren zu können, ist es nicht
sinnvoll, standardisierte Instrumente einzusetzen. Steht hingegen die Frage
eines Übertritts oder die Zuweisung zu einem bestimmten Förderort an, sind
standardisierte Instrumente – zusätzlich zu anderen Vorgehensweisen – hilfreich. Moser Opitz et al. (2010) schlagen vor, beim Verdacht auf umfassende
Schwierigkeiten grundsätzlich verschiedene Verfahren zu kombinieren. Standardisierte Tests sollen als Screening, als ›Sichtungsverfahren‹, eingesetzt werden und Auskunft über das Ausmaß eines eventuellen Leistungsrückstands

geben. Anschließend sollen andere, wenig bzw. nicht standardisierte, Verfahren durchgeführt werden, um Näheres über die Lernprozesse, die besonderen Kompetenzen und Schwierigkeiten zu erfahren.

Im Folgenden werden einige Hinweise zur Auswahl und zur Verwendung von Verfahren mit einem unterschiedlichen Grad von Standardisierung gegeben. Bei wenig bzw. nicht standardisierten Instrumenten wollen wir insbesondere aufzeigen, wie intersubjektive Nachvollziehbarkeit und die Einhaltung der Gütekriterien gewährleistet werden können.

Zur Berücksichtigung der Gütekriterien

Standardisierte Instrumente erheben den Anspruch, Leistungen objektiv, zuverlässig und valide zu erfassen bzw. zu überprüfen. Das Gütekriterium der Objektivität wird i. d. R. durch das Vorliegen von wörtlichen Anweisungen und den vorgegebenen Aufgabenstellungen erfüllt. Wie schon erwähnt, entsteht dadurch der Nachteil, dass Lernprozesse nicht oder nur oberflächlich erfasst werden können. Es gibt mittlerweile jedoch auch standardisierte Instrumente, die vorsehen, dass nach Lösungswegen gefragt wird, und die auch qualitative Beurteilungen zulassen (z. B. Kaufmann et al. 2009; Moser Opitz et al. 2010).

Zur Einhaltung von Validität und Reliabilität werden bei standardisierten Verfahren statistische Kennwerte ausgewiesen, die bestimmte Kriterien erfüllen müssen. Hier kann es nicht Aufgabe der Lehrperson sein, dies zu überprüfen, sondern sie muss sich auf die Analyse von Fachpersonen verlassen können. Es muss weiter bedacht werden, dass ein statistischer Wert noch nichts aussagt über die inhaltliche Qualität eines Instruments. Testaufgaben werden in standardisierten Instrumenten oft nach statistischen und nicht nach fachlichen und fachdidaktischen Kriterien ausgewählt. Das führt dazu, dass in einer Reihe von Tests von einem eingeschränkten Verständnis von mathematischer Kompetenz ausgegangen wird und vor allem Kopfrechnen und schriftliche Verfahren überprüft werden (z. B. Haffner et al. 2005; Gölitz et al. 2006). Eine detaillierte Analyse von standardisierten Verfahren kann an dieser Stelle nicht erfolgen. Eine kommentierte Übersicht von verschiedenen Instrumenten findet sich bspw. bei Landerl/Kaufmann (2008, 148 ff.).

Wenig bzw. nicht standardisierte Instrumente werden insbesondere in der lernprozessbegleitenden und -orientierten Diagnostik eingesetzt. Die Einhaltung der klassischen Gütekriterien wird in diesem Kontext in der Fachliteratur kontrovers diskutiert. Bundschuh (2007, 72) und Eggert (2007, 45 f.) betrachten bspw. in ihren förderdiagnostischen Konzepten die Einhaltung der Gütekriterien als nicht erstrebenswert. Eggert (ebd., 46) spricht von Objektivität als einer wenig realistischen Grundannahme in Pädagogik und Therapie, bezeichnet Reliabilität als einen »Albtraum« und Validität »als eine Angelegenheit mit oft schmaler Reichweite« (ebd., 48). In anderen Quellen (Kornmann 2002; Moser Opitz 2006; 2009b; Wember 1998) wird dagegen explizit dafür plädiert, dass sich eine professionell durchgeführte Diagnostik im Sinn des wissenschaftlichen Kriteriums der intersubjektiven Nachvollziehbarkeit *immer* an Gütekriterien zu orientieren habe. Mit dieser Forderung ist nicht gemeint, dass die Gütekriterien der klassischen Testtheorie anzuwenden sind, sondern es geht darum, den Diagnoseprozess theoriegeleitet, transparent und intersubjektiv nachvollziehbar zu planen, durchzuführen und zu evaluieren. Das kann nicht bedeuten, dass das Einbringen der diagnostizierenden Person und deren Subjektivität ausgeklammert werden soll, sondern es geht darum, bei der Durchführung, der Auswertung und der Interpretation der Diagnose bestimmten Regeln zu folgen. Wir wollen dazu einige Beispiele aufzeigen.

▪ Brügelmann (2005, 328) schlägt als grundsätzliches Prinzip zur Steigerung der *Objektivität* »Mehrperspektivität« vor. Das bedeutet, dass z. B. verschiedene Personen in die Beobachtung und Auswertung einbezogen werden. *Durchführungsobjektivität* kann verbessert werden, wenn die Person, die die Diagnose vornimmt, die Fragen und Anweisungen vorab möglichst präzise formuliert. Das ist besonders wichtig, wenn Rechenwege und individuelle Vorgehensweisen erfragt werden. So muss darauf geachtet werden, dass keine suggestiven Fragen gestellt werden, die bestimmte Antworten nahelegen. Fragen wie ›Wie hast du gerechnet?‹ oder ›Erkläre, wie du vorgegangen bist‹ sind geeignet, um Vorgehensweisen und Strategien zu erfragen, während Äußerungen wie ›Hast du … gerechnet?‹ dazu führen können, dass die Schülerinnen und Schüler die Frage bejahen, weil sie denken, dass die Lehrperson dies erwartet. Weiter wird Objektivität unterstützt, wenn vor dem diagnostischen Gespräch theoriegeleitet Beobachtungskriterien festgelegt werden. Soll z. B. beobachtet werden, ob ein Kind zählend rechnet, muss zuvor überlegt werden, worauf die Lehrperson besonders achten muss: auf Bewegungen der Finger, auf Lippenbewegungen, auf rhythmisches Nicken mit dem Kopf usw. Zur Durchführungsobjektivität gehört weiter, dass Variationen von Aufgabenstellungen (vgl. im Folgenden den Abschnitt ›Variationen von Aufgabenstellungen‹) systematisch eingesetzt und dokumentiert werden. *Auswertungs- und Interpretationsobjektivität* können erreicht werden, wenn die Kriterien, nach denen die Auswertung und Interpretation der Diagnoseergebnisse erfolgt, fest- und offengelegt werden. In der Fehleranalyse in Kap. 4.2 sind bspw. die Kriterien durch das verwendete Raster gegeben, und die Beschreibung des Interpretationsprozesses kann auf dieser Grundlage nachvollzogen werden. Allenfalls könnte überprüft werden, ob mit anderen Fehlerkategorien dieselbe Interpretation und dasselbe Ergebnis erreicht wird, was die Zuverlässigkeit der Diagnose optimieren würde. Zudem ist es auch hier zu empfehlen, die Ergebnisse im Team zu diskutieren.

▪ Wember (2005, 284) fordert, dass für die Diagnostik inhaltlich homogene und kontentvalide Aufgabengruppen erstellt werden müssen. Diagnoseaufgaben müssen erstens zentrale mathematische Lerninhalte überprüfen, d. h.

Inhalte, von denen bekannt ist, dass sie für den Aufbau des mathematischen Lernprozesses wichtig sind. Moser Opitz (2007a) und Schmassmann/Moser Opitz (2007; 2008a; 2008b; 2009) bezeichnen solche Inhalte als »mathematischen Basisstoff« oder »basalen Lernstoff«. Scherer (2009a, 838) verwendet den Begriff »Basisfertigkeiten«. Dazu gehören bspw. Zählkompetenzen, die Einsicht ins dezimale Stellenwertsystem, das Operationsverständnis der Grundoperationen oder Strategiewissen (vgl. Kap. 2.2.1, 2.2.2 und 6.1.4). Wember (2005, 280) spricht von einem didaktisch zureichend begründeten Katalog von »Schlüsselqualifikationen«, mit dem überprüft werden kann, welche Kompetenzen die Schülerinnen und Schüler erworben haben und welche sie noch erwerben müssen. Kontentvalide Aufgaben können erstellt werden auf der Grundlage von theoretischen Grundlagen (Wember 2005; 1998, 107 ff.), d. h. fachlichen bzw. fachdidaktischen Kenntnissen und Ergebnissen von empirischen Studien. Zur Entwicklung von Aufgaben zur Überprüfung der Zählkompetenz könnte etwa auf die Zählprinzipien (vgl. Kap. 5.4.2) oder auf das Modell der Zählentwicklung von Fuson (vgl. Kap. 6.1.1) zurückgegriffen werden. Für die Multiplikation eignen sich die verschiedenen Modellvorstellungen (Krauthausen/Scherer 2007, 27 f.; vgl. Kap. 6.1.2) in Verbindung mit verschiedenen Repräsentationsebenen, und bezüglich der Einsicht ins dezimale Stellenwertsystem kann die Orientierung etwa an Erkenntnissen zur Bedeutung des Bündelungs- und des Stellenwertprinzips oder an den verschiedenen konventionellen Veranschaulichungen erfolgen (vgl. Kap. 6.1.3).

■ Auch die Zuverlässigkeit des Diagnoseergebnisses kann durch bestimmte Maßnahmen erhöht werden. Brügelmann (2005, 330) schlägt vor, den Kontextbezug des Verhaltens bzw. der Messung transparent zu machen, d. h. bspw. die Testsituation und das Verhalten der Schülerin bzw. des Schülers zu dokumentieren. Weiter gibt es die Möglichkeit, dass nicht nur eine, sondern mehrere Aufgaben zu einem bestimmten Thema oder Lerninhalt vorgelegt werden (vgl. z. B. Scherer 2003b; 2005a; 2005b), oder bestimmte Aufgaben können zur Überprüfung eines Ergebnisses in strukturgleicher Form zu einem anderen Zeitpunkt noch einmal bearbeitet werden.

Die Ausführungen zeigen: Bei der Einhaltung von Gütekriterien geht es nicht um statistische Werte, sondern um einen möglichst transparenten, intersubjektiv nachvollziehbaren und theoriegeleiteten Diagnoseprozess.

Anforderungen an die Aufgabendarstellung

Im Kontext der Entwicklung von Diagnoseaufgaben muss die Aufgabendarbietung bzw. -darstellung beachtet werden, und zwar unabhängig vom Diagnosekonzept und vom Grad der Standardisierung des Instruments (Moser Opitz 2009b, 296 f.; Kap. 1.3). Wenn Diagnoseaufgaben das Ziel haben, bestimmte Kompetenzen zu überprüfen, sollten sie möglichst unabhängig von der Kenntnis bestimmter Darstellungsformen und Veranschaulichungen gelöst werden können, bzw. es muss sichergestellt sein, dass die Lernenden die verwendeten Darstellungen und Aufgabenformate kennengelernt haben (vgl. Moser Opitz 2009b, 297; Kap. 5.3.2 und das Beispiel in Abb. 6.1.3 im Abschnitt ›Umgang mit Geld‹). Wenn es bspw. um die Überprüfung von Kompetenzen im Umgang mit Punktmustern geht, sollten diese vorab im Unterricht eingesetzt worden sein (Schmassmann/Moser Opitz 2008a, 10; 2008b, 12) bzw. ist bei der Auswertung zu berücksichtigen, ob das Material bekannt oder eher unbekannt ist. Wird hingegen als Diagnoseziel das Neuerkunden der Felder angestrebt, ist es selbstverständlich sinnvoll, auch unbekannte Darstellungen zu verwenden.

Die Problematik der unbekannten Darstellungen oder Veranschaulichungen lässt sich am folgenden Beispiel aufzeigen: Landerl/Kaufmann (2008, 165) beschreiben eine Testaufgabe aus dem standardisierten Verfahren»Rechenfertigkeiten und Zahlenverarbeitungsdiagnostikum« (Jacobs/Petermann 2005b), die das hier geforderte Kriterium ›bekannte Veranschaulichung‹ nicht erfüllt. Dort wird zur Überprüfung des Stellenwertsystems ein Rechenrahmen mit grünen und gelben Kugeln eingesetzt. Die Autorinnen weisen darauf hin, dass sich dieses Material grundlegend von den Arbeitsmitteln unterscheidet, die die Kinder wahrscheinlich aus dem Unterricht kennen. Hier besteht somit die Gefahr, dass nicht wie beabsichtigt das Verständnis des dezimalen Stellenwertsystems, sondern die Kenntnis dieses speziellen Rechenrahmens überprüft wird (vgl. Moser Opitz 2009b, 297; Kap. 5.3.2).

Im Folgenden wollen wir insbesondere darstellen, welche weiteren Aspekte bei der Durchführung einer lernprozessbegleitenden und -orientierten Diagnostik zu beachten sind.

Hinweise zu lernprozessbegleitender bzw. lernprozessorientierter Diagnostik

Theoriegeleitete Diagnostik

Im vorherigen Abschnitt wurde auf die Bedeutung der theoretischen Grundlaben bzw. der fachlichen und fachdidaktischen Leitlinien für die Erstellung von kontentvaliden Aufgaben verwiesen. Diese Grundlagen sind auch Voraussetzung für die Planung von Förderung (Moser Opitz 2006; 2009; Schlee 2008; Wember 2003; 1998, 107 ff.). Nur wenn bekannt ist, wie sich eine bestimmte Kompetenz entwickelt und wie ein Lerninhalt aufgebaut ist, können gezielte Fördermaßnahmen geplant werden. So verzichtet bspw. Scherer (2005b, 17) darauf, explizite ›Übungen‹ zur Förderung von Multiplikation und Division vorzulegen, sondern sie bespricht die Operationen ausführlich (Grundvorstellungen, Veranschaulichungen, mögliche Aktivitäten) und legt dadurch die Basis für die Entwicklung von theoriegeleiteten Fördermöglichkeiten.

Variationen von Aufgabenstellungen

Diagnostische Aufgaben können auf unterschiedlichen Ebenen variiert werden, einerseits bezüglich des Anforderungsniveaus, andererseits bezüglich von Merkmalen wie etwa des Zahlenmaterials, der Form der Darbietung, der Art der Instruktion, der Repräsentationsebene oder des Einbezugs eines Kontextes (Scherer 2005a; 2005b; 2003b). Wember (2005, 284) schlägt Variationen auf folgenden Ebenen vor:

▪ Variation der Instruktion: Aufgaben können mit viel oder wenig Erklärungen, mit offenen oder geschlossenen Fragestellungen oder mit/ohne explizite Lösungshilfe gegeben werden.

▪ Variation von visuellen Stimuluskomponenten: Aufgaben können konkret-handelnd, bildlich-anschaulich oder verbal-symbolisch dargestellt werden. Zudem können Materialien verändert werden (z. B. Bekanntheitsgrad, Anzahl der Elemente, Veränderung der räumlichen Anordnung usw.). Bei Scherer (2003b; 2005a; 2005b) finden sich bspw. Aufgaben, die u. a. variiert werden bezüglich des Kontextbezugs oder bezüglich der Möglichkeit des Abzählens.

▪ Variation der Responseanforderungen: Die Lösung kann verbal oder schriftlich, mit oder ohne Material dargestellt werden, oder der Reflektionsgrad der Antwort kann variiert werden (auswählen und zeigen/herstellen; können/erklären; Gegenvorschläge erarbeiten). Auch können die Bewertungskriterien verändert werden (ein Versuch mit und einer ohne Hilfe).

Wichtig ist, dass solche Veränderungen in verschiedenen Phasen des diagnostischen Prozesses bewusst reflektiert und auch entsprechend dokumentiert werden. Bei der Aufgabenkonstruktion bzw. -auswahl muss überlegt werden, welche Aufgabenvarianten für den diagnostischen Prozess mit einem bestimmten Kind bereits vorbereitet werden sollen. Hinsichtlich der Auswertung muss festgelegt werden, wie die unterschiedlichen Responseanforderungen in die Auswertung der Ergebnisse einbezogen werden sollen.

Geeignete Instrumente

Für Diagnosen innerhalb des Unterrichts können verschiedene Aufgaben und Instrumente eingesetzt werden. Für eine erste Hypothesenbildung über mögliche Schwierigkeiten eignet sich die Fehleranalyse (Kap. 4.2). Weitere Möglichkeiten werden hier vorgestellt.

Für einen ersten Einblick in vorhandene Kompetenzen lassen sich auch offene Aufgaben einsetzen (Abb. 4.1 und Kap. 5.1.3).

2. Mache eigene Zahlenhäuser!

Abbildung 4.1 Zahlenhäuser von Arne (Förderschule Lernen, 2. Schuljahr)

Im 2. Schuljahr an einer Förderschule/Förderschwerpunkt Lernen wurde die Aufgabe gestellt, eigene Zahlenhäuser zu erstellen. Arne (Abb. 4.1) wählte Beispiele aus dem Zahlenraum bis 100, obwohl in der Klasse aktuell im Zahlenraum bis 20 gearbeitet wurde. Das zeigt, dass seine Kompetenzen bezüglich der Zerlegung von glatten Zehnern über den aktuell im Unterricht gestellten Anforderungen liegen. Wie es allerdings um die Beherrschung anderer Einspluseinsaufgaben steht, kann aufgrund dieser Lösung nicht festgestellt werden. Arne notiert bei einer Reihe von Aufgaben jeweils die Tauschaufgabe und scheint das Kommutativgesetz verstanden zu haben. Er zerlegt die gewählten Zehnerzahlen zum Teil unsystematisch, im unteren Teil des dritten Zahlenhauses jedoch auch systematisch, wenn auch nicht als vollständigen Term. Wahrscheinlich hat die Darstellung der Zahlenhäuser (Begrenzung unten) dazu geführt, dass nicht mehr Zerlegungen notiert worden sind. An diesem Beispiel zeigt sich somit deutlich, dass der Darstellung von Diagnoseaufgaben große Bedeutung zukommt (vgl. Abschnitt ›Anforderungen an die Aufgabendarstellung‹). Mit Zahlenhäusern, in denen keine Begrenzung vorgegeben ist oder mit einem anderen Aufgabenformat (z. B. ›Suche möglichst viele Zerlegungen der 20‹) könnten Arnes diesbezügliche Fähigkeiten differenzierter überprüft werden. Andererseits kann ihm dieses überschaubare Format des Zahlenhauses aber auch Sicherheit bieten.

Geeignet für eine qualitative Diagnostik sind weiter *Lernstandserfassungen* mit vorgegebenen Aufgaben. Solche Instrumente können unterschiedlich aufgebaut sein und verschiedene Schwerpunkte setzen. Sie können sich bspw. an bestimmten Themen oder Operationen orientieren und auch bezüglich der Einsatzmöglichkeiten und des Grads an Standardisierung variiert werden. Ein Beispiel dafür sind die Lernstandserfassungen von Scherer. Zum Zwanzigerraum (2005a), zur Addition und Subtraktion im Hunderterraum (2003b) und zur Multiplikation und Division im Hunderterraum (2005b) liegt eine jeweils umfangreiche Aufgabensammlung vor, die sowohl in Form eher standardisierter Tests als auch in Form eines halbstandardisierten Interviews einzusetzen sind. Die Aufgaben werden u. a. auf verschiedenen Repräsentationsebenen und mit oder ohne Kontext angeboten. Jeder Band enthält viele Beispiele und ausführliche fachlich/fachdidaktisch begründete Förderhinweise.

Andere Instrumente überprüfen möglichst umfassend verschiedene wichtige Lerninhalte in einem bestimmten Zahlenraum oder für ein bestimmtes Schuljahr. Kaufmann/Wessolowski (2006) legen bspw. Aufgaben vor, die helfen sollen, Schwierigkeiten im Anfangsunterricht zu erkennen. Die überprüften Inhalte reichen von sogenannten pränumerischen Kompetenzen wie Klassifikation und Seriation über die Beobachtung von Abzählstrategien bis zum Verständnis von Stellenwerten. Weitere Beispiele für thematisch umfassende Lernstandserfassungen finden sich im *Heilpädagogischen Kommentar zum Schweizer Zahlenbuch* (Moser Opitz/Schmassmann 2005; Schmassmann/Moser Opitz 2007; 2008a; 2008b; 2009). Diese beinhalten Aufgaben zur Überprüfung des basalen mathematischen Lernstoffs eines bestimmten Schuljahres. In der Lernstandserfassung zum zweiten Schuljahr (Schmassmann/Moser Opitz 2008a, 10 ff.) liegen bspw. Aufgaben zum Zählen, zur Anzahlerfassung und zur Zahldarstellung, zum Schreiben, Lesen und Anordnen von Zahlen, zu den Grundoperationen und zum Mathematisieren vor. Die Anweisungen und Beobachtungshinweise sind vorgegeben, und die Instrumente sind dadurch bezüglich Durchführung und Auswertung teilweise standardisiert. Es liegen auch Förderhinweise vor, diese sind jedoch überblicksartig dargestellt, und es wird auf Hinweise im Schulbuch bzw. im *Heilpädagogischen Kommentar* verwiesen.

4.2 Fehleranalyse als diagnostisches Instrument

Im Rahmen des Diagnoseprozesses stellt die Fehleranalyse ein wichtiges Instrument dar (zur ausführlichen Auseinandersetzung mit dem Thema ›Umgang mit Fehlern‹ vgl. Kap. 5.2.3). Es handelt sich um eine unterrichtsnahe Methode, die sich unterrichtspraktisch gut realisieren lässt (vgl. Lorenz/Radatz 1993, 24 ff.). Fehleranalysen sind produktorientiert (vgl. Kap. 3.2.2) und werden anhand von schriftlichen Aufgabenbearbeitungen (Tests, Klassenarbeiten, Hausaufgaben, Übungsaufgaben) der Schülerinnen und Schüler durchgeführt. Fehleranalysen sind als ein erster möglicher Schritt im diagnostischen Prozess zu betrachten, bei dem von der Lehrperson Hypothesen zu möglichen Vorgehensweisen und

Fehlerursachen formuliert werden und der die Grundlage für eine weiterführende, prozessorientierte Diagnostik bietet. Dabei muss berücksichtigt werden, dass Fehleranalysen je nach Lerninhalt unterschiedliche Anforderungen beinhalten. Bei schriftlichen Algorithmen lässt sich eine Analyse u. U. einfacher durchführen als bspw. bei Sachaufgaben, bei denen die Lösungswege nicht oder nur teilweise notiert sind. Fehler bzw. Fehlermuster können zudem immer durch unterschiedliche Vorgehensweisen zustande kommen (vgl. das Beispiel von Omar und Meik in Kap. 3.2.2 oder dasjenige von Bunita in Kap. 6.1.3). Ohne weiterführende Gespräche – z. B. im Rahmen eines diagnostischen Interviews – bleiben die Vermutungen über mögliche Vorgehensweisen hypothetisch (Krauthausen/Scherer 2007, 210).

Fehlerkategorien

Hilfreich für die erste Phase der Fehleranalyse sind Raster, mit denen Fehler verschiedenen Kategorien zugeteilt werden. Solche Raster können nach verschiedenen Kriterien von den Lehrpersonen selber erstellt oder aber übernommen werden. Es kann z. B. eine Einteilung erfolgen in Rechen-, Notations- oder Strategiefehler (vgl. Kap. 3.2.2; für die schriftlichen Verfahren siehe z. B. Gerster 2009; 1982). Jost et al. (1992, 36 ff.) schlagen eine Kategorisierung in fünf verschiedene Fehlertypen vor. Diese werden im Folgenden exemplarisch dargestellt, und an einem Beispiel wird aufgezeigt, wie das Raster eingesetzt werden kann.

- *Schnittstellenfehler* betreffen die fehlerhafte Aufnahme, Wiedergabe und Notation von Symbolen und entstehen bspw. aufgrund von auditiven oder visuellen Wahrnehmungsproblemen (z. B. auditive Verwechslung von ›vierzehn‹ und ›vierzig‹ oder visuelle Verwechslung von 6 und 9); bei Schwierigkeiten mit der räumlichen Orientierung (z. B. falsche Notation von Zahlen), bei beeinträchtigtem Hören und Sehen (z. B. Farbenblindheit, Kontrastempfindlichkeit) usw.

- *Verständnisfehler bei Begriffen* beziehen sich auf das fehlerhafte bzw. nicht gelungene Erkennen von Zusammenhängen und Begriffen, wenn z. B. die Vorstellung der verschiedenen Zahlaspekte (vgl. Kap. 6.1.1) fehlt oder das dezimale Stellenwertsystem, Bruch- oder Dezimalzahlen nicht verstanden sind.

- *Verständnisfehler bei Operationen* können sich einerseits auf die grundlegende Einsicht beziehen, was bei einer Operation geschieht: dass bspw. bei der Addition Mengen zusammengefügt werden und bei der Subtraktion von einem Ganzen ein Teil weggenommen wird oder dass bei der Division ein Ganzes in gleich große Teile auf- oder verteilt wird, bis ein nicht mehr weiter aufteilbarer Rest übrig bleibt. Andererseits kann es sich auch um eingeschränkte Vorstellungen handeln. Dies kann sich etwa zeigen, wenn Schülerinnen und Schüler die Subtraktion nur als Abziehen, aber nicht als Ergänzen deuten können oder wenn die Division nur als Umkehrung der Multiplikation verstanden wird.

■ *Automatisierungsfehler* treten trotz vorhandenen Verständnisses von Begriffen und Operationen auf und betreffen Ergebnisse oder Abläufe, die nicht automatisiert werden können. Ein häufiger Automatisierungsfehler ist bspw. der +1-Fehler oder der −1-Fehler: Eine Additions- oder Subtraktionsaufgabe wird mit einer Abzählstrategie gelöst, die Ausgangszahl wird mitgezählt (14+5 = 18 → 14, 15, 16, 17, 18), und das Ergebnis ist um 1 zu klein (−1-Fehler). Zu den Automatisierungsfehlern gehören auch Perseverationen, wenn die Lernenden an etwas Bekanntem oder Einfachem ›kleben bleiben‹ (z. B. 10−10 = 20 → Assoziation mit 10+10 = 20 oder 3·7 = 27 durch Nachhängen der 7).

■ *Umsetzungsfehler* entstehen, wenn schon erarbeitete Begriffe und Operationen nicht oder fehlerhaft auf neue, komplexe Situationen übertragen werden können. Dieser Fehlertyp kommt u. a. beim Umsetzen bekannter Begriffe, Operationen oder Techniken im Umgang mit Sachproblemen (ebd., 39). Jost et al. (ebd., 39) beschreiben ein Beispiel, bei dem ein Kind anhand der Daten von Tag und Monat seines Geburtstags sein Geburtsjahr zu bestimmen versuchte.

Wenn eine Fehleranalyse nach solchen Kategorien vorgenommen wird, sind verschiedene Dinge zu berücksichtigen. Zuerst muss beachtet werden, dass sich im Rahmen des Hypothesenbildungsprozesses jeder Fehler verschiedenen Kategorien zuteilen lässt.. Wenn ein Kind z. B. 7+2 = 6 rechnet, könnte es sich um einen Schnittstellenfehler (Verwechslung von 6 und 9 oder Verwechslung von 4 und 7 → 4+2 = 6) oder um einen Fehler des Operationsverständnisses (Addition nicht verstanden) handeln. Deshalb ist wichtig, dass nicht nur die falschen Ergebnisse, sondern auch die richtigen angeschaut werden. Steht z. B. die oben genannte, falsch gelöste Aufgabe mitten in einer größeren Anzahl von richtig gelösten Additionsaufgaben, ist die Hypothese ›Schnittstellenfehler‹ wahrscheinlicher als ›fehlendes Operationsverständnis‹. Sind hingegen viele Aufgaben falsch gelöst, sind Probleme mit dem Operationsverständnis oder vielleicht sogar mit dem Aufbau des Zahlbegriffs wahrscheinlicher. Weiter muss beachtet werden, ob es sich evtl. um einen Flüchtigkeitsfehler handelt oder ob ein Fehler systematisch auftritt (vgl. Kap. 3.2.2). In einem weiteren Schritt gilt es dann, auf der Grundlage der erstellten Hypothesen geeignete – evtl. strukturgleiche – Aufgaben zu suchen und diese dem Kind im Rahmen eines diagnostischen Gesprächs, bei dem Lösungswege erfragt und beobachtet werden können, vorzulegen.

Ein Fallbeispiel

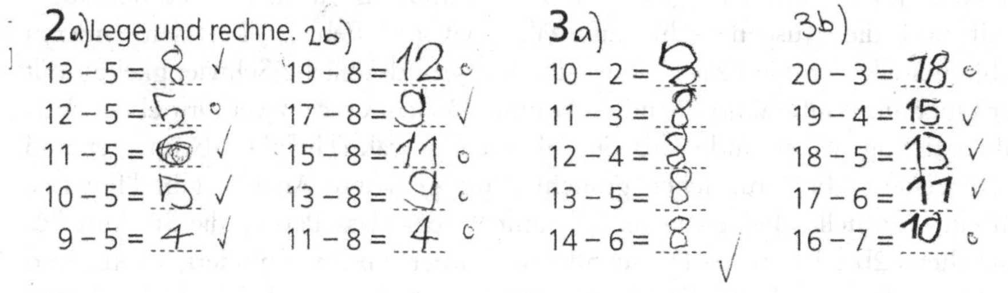

2a) Lege und rechne. 2b)

$13 - 5 = 8$ ✓	$19 - 8 = 12$ °
$12 - 5 = 5$ °	$17 - 8 = 9$ ✓
$11 - 5 = 6$ ✓	$15 - 8 = 11$ °
$10 - 5 = 5$ ✓	$13 - 8 = 9$ °
$9 - 5 = 4$ ✓	$11 - 8 = 4$ °

3a)

$10 - 2 = 8$
$11 - 3 = 8$
$12 - 4 = 8$
$13 - 5 = 8$
$14 - 6 = 8$ ✓

3b)

$20 - 3 = 18$ °
$19 - 4 = 15$ ✓
$18 - 5 = 13$ ✓
$17 - 6 = 11$ ✓
$16 - 7 = 10$ °

Abbildung 4.2 Arbeitsblatt von Patrick (1. Schuljahr Grundschule)

Patrick hat auf seinem Arbeitsblatt mehrere Fehler gemacht, was die Lehrerin zu einer Fehleranalyse veranlasst. Die Lehrerin orientiert sich dabei an den fünf beschriebenen Fehlerkategorien und stellt Vermutungen an, wie Patrick gerechnet haben könnte.

Tabelle 4.1 Vermutungen zu Patricks Fehlern

Fehlertyp	Aufgabe	Bemerkungen
Verständnis Operation	12–5 = 5	Grundsätzliche Probleme mit der Subtraktion?
	15–8 = 11	
	13–8 = 9	
Automatisierung	12–5 = 5	›Klebenbleiben‹ an der 5 → falsche Assoziation?
	19–8 = 12	Ergebnis immer um 1 zu groß. +1–Fehler → Zählend gerechnet?
	11–8 = 4	
	20–3 = 18	
	16–7 = 10	
	15–8 = 11	Struktur der Aufgaben erkannt, vom vorherigen Ergebnis aus in die falsche Richtung gerechnet → 9+2 anstatt 9–2?
	13–8 = 9	Folgefehler von 15–8 = 11?
Schnittstelle	15–8 = 11	Ausgehend von der zuvor berechneten Aufgabe 17–8 = 9 aufgrund von Raumorientierungsschwierigkeiten in die falsche Richtung gerechnet?

Bei den Aufgaben 19–8 = 12, 11–8 = 4 und 20–3 = 18 und 16–7 = 10 ist das Ergebnis jeweils um 1 zu groß, was zur Vermutung führt, dass Patrick abgezählt und die Ausgangszahl mitgezählt hat (+1-Fehler). Bei den anderen Fehlern stellt sich die Frage, ob es sich um grundsätzliche Schwierigkeiten mit der Operation Subtraktion handeln könnte. Da jedoch ca. zwei Drittel der Aufgaben richtig gelöst sind, wird dies als eher unwahrscheinlich betrachtet und nach weiteren Fehlerursachen gesucht. Eine genauere Analyse gibt Hinweise auf ein eventuelles Fehlermuster. Es könnte sein, dass Patrick die Struktur des Päckchens 2b erkannt hat (Minuend wird immer um 2 vermindert, Subtrahend bleibt gleich → das Ergebnis wird immer um 2 kleiner) und sich ab der dritten Aufgabe daran zu orientieren versucht, dabei jedoch ›in die falsche Richtung‹ gerechnet hat: Er addiert 2 zum Ergebnis der Aufgabe 17–8 = 9, anstatt 2 zu subtrahieren.

Richtig: 17–8 = 9   Vermutetes Vorgehen: 17–8 = 9

         15–8 = 7   15–8 = 11

In der nächsten Aufgabe (13–8 = 9) würde sich dann ein Folgefehler finden (vom falschen Ergebnis 9 wird 2 subtrahiert). Die Lehrerin stellt sich auch die Frage, ob Patrick – wie in der Aufgabenstellung vorgegeben – die Wendeplättchen zum Lösen der Aufgabe genutzt oder ob er ein anderes Vorgehen gewählt hat. Zudem überlegt sie, ob die fehlerhafte Nutzung der Struktur auf einen Flüchtigkeitsfehler zurückzuführen ist oder ob diese durch Schwierigkeiten in der Raumorientierung entstanden sind. Sie legt Patrick in einer der nächsten Mathematikstunden strukturgleiche Aufgaben vor. Sie stellt dabei fest, dass er ohne Wendeplättchen arbeitet, jedoch bei einzelnen Aufgaben gut sichtbar die Finger benutzt. Nachfragen ergeben, dass Patrick z. T. tatsächlich die Ausgangszahl mitzählt. In einem diagnostischen Interview zeigt sich weiter deutlich, dass die Vermutung ›grundsätzliche Probleme mit der Subtraktion‹ nicht zutrifft und die Fehler bei 2b überwiegend durch einen fehlerhaften Umgang mit der operativen Struktur des Päckchens entstanden sind. Patrick erkennt jeweils recht schnell, dass Päckchen eine Struktur aufweisen, setzt sich aber nicht wirklich mit dieser auseinander und nutzt diese nicht konsequent. Das hängt auch mit seinem Arbeitsverhalten zusammen: Er will seine Aufgaben möglichst rasch ›abarbeiten‹.

Die Hypothese ›Automatisierungsfehler‹ hat sich somit mehrfach bestätigt, und Patricks Fehlermuster konnte differenziert beschrieben werden. Patrick bekommt im Anschluss an diese Analyse mehrmals die Aufgabe, die Struktur eines Päckchens nur zu beschreiben, ohne die Aufgaben zu lösen und mit ihm wird am Aufbau von Strategiewissen (vgl. Kap. 6.1.4) gearbeitet. Das soll ihm helfen, sich vertiefter mit den Beziehungen der Aufgaben zueinander auseinanderzusetzen. Zudem werden Maßnahmen zur Ablösung vom zählenden Rechnen ergriffen (Kap. 5.4).

Wir haben uns in diesem Kapitel ausführlich mit Anforderungen an eine theoriegeleitete und intersubjektiv nachvollziehbare Diagnostik befasst und aufgezeigt, wie – je nach diagnostischer Zielsetzung – Vorgehensweisen mit einem unterschiedlichen Standardisierungsgrad eingesetzt werden können.

5 Förderung

5.1 Unterrichtsgestaltung und -organisation

Die Förderung von Schülerinnen und Schülern mit Lernschwächen ist eine zentrale Aufgabe der Schule, die etwa auch im Schulgesetz von Nordrhein-Westfalen festgehalten ist (MSW 2009, § 1, 2, 50). Dies stellt für Lehrpersonen eine große Herausforderung dar. Wie soll es gelingen, einerseits für die Klasse die Erreichung der Ziele des Lehrplans zu gewährleisten und andererseits Kinder individuell zu fördern bzw. Lücken aufzuarbeiten? Wie soll dies in Klassen gelingen, die sich zusätzlich zu großen Leistungsunterschieden auch durch Heterogenität bezüglich Sprache, Geschlecht, sozialer und kultureller Herkunft auszeichnen (Schneider 2008; vgl. auch Kap. 1)? Wie kann Unterricht gestaltet und organisiert werden, damit Schülerinnen und Schüler mit unterschiedlichen Kompetenzen gefördert werden können? Dazu erfolgen einige Überlegungen.

5.1.1 Äußere Differenzierung

Auf unterschiedliche Lernvoraussetzungen von Schülerinnen und Schülern wird oft mit äußerer Differenzierung reagiert. Es handelt sich dabei um organisatorische Maßnahmen zur Herstellung von möglichst ›homogenen‹ Lerngruppen, eingeteilt nach Leistungsfähigkeit. Dies geschieht durch die Einrichtung von Jahrgangsklassen, differenzierten Kursen in den Sekundarstufen I und II und wird sichtbar in der Zuteilung von Schülerinnen und Schülern zu verschiedenen Schultypen (Grundschule, Förderschule, Hauptschule, Realschule, Gesamtschule, Gymnasium; vgl. auch Heymann 1991). In der Folge kommen dann Maßnahmen wie Sitzenbleiben und Wechsel der Schulform zur Anwendung. Wir können an dieser Stelle nicht die Diskussion um die Gliederung des Schulsystems führen, möchten jedoch einige kritische Aspekte festhalten: Zum einen wurde mehrfach nachgewiesen, dass die Zuweisung zu den unterschiedlichen Schultypen oft nach anderen Kriterien als der Leistungsfähigkeit erfolgt (Gomolla 2006; Kornmann 2006; Kronig 2007). Zum anderen führt die Bildung von vermeintlich homogenen Lerngruppen oft zu einem wenig individualisierenden Unterricht, der sich an ›Durchschnittsschülerinnen und -schülern‹

orientiert und den individuellen Voraussetzungen der Lernenden nicht gerecht wird. »Die Funktionsmechanismen unseres Schulsystems ... stehen in einem deutlichen Gegensatz zu einer integrativen und individualisierenden Pädagogik. Vielmehr wird durch eine Vielzahl von altbekannten Ordnungsmechanismen in unserem Schulsystem immer wieder versucht, die homogene Lerngruppe herzustellen, um dann den Unterricht an den ›Mittelköpfen‹ auszurichten. Dies ist zwangsläufig mit immer neuen Schritten der Selektion verbunden« (Tillmann 2008).

Um heterogenen Lerngruppen gerecht zu werden, erscheinen Maßnahmen der inneren Differenzierung zentraler, die sich auch auf unterschiedliche Lernmaterialien, Lerninhalte und Lernzielniveaus beziehen (Helmke 2007, 72), was wir im folgenden Abschnitt genauer beleuchten werden.

Auch wenn kritische Anmerkungen zu Formen der äußeren Differenzierung erfolgt sind, kann es für die Förderung von lernschwachen Schülerinnen und Schülern sinnvoll sein, zusätzlich zu innerer Differenzierung auch Maßnahmen der äußeren Differenzierung in der Form von Förderunterricht oder Förderstunden einzusetzen. Gerade wenn Schülerinnen und Schüler einen sehr großen Leistungsrückstand aufweisen, sind individuelle Fördersequenzen, die für eine spezifische Diagnostik oder zum Aufarbeiten von Lerninhalten genutzt werden, oft unabdingbar.

Mittlerweile existieren vielfältige Modelle für die Gestaltung zusätzlicher Förderung: Lernschwache Schülerinnen und Schüler müssen nicht unbedingt jede Woche und über einen längeren Zeitraum festgelegt den Förderunterricht besuchen. Vielmehr sind bspw. bei schulischen Angeboten die Förderstunden flexibel angelegt und nicht unbedingt nur für leistungsschwache Lernende vorgesehen. Es kann genauso sinnvoll sein, auch für leistungsstarke Schülerinnen und Schüler ein zusätzliches Lernangebot bereitzuhalten. Zudem sollte die Entscheidung, ob ein Schüler bzw. eine Schülerin den Förderunterricht besucht, mit Blick auf die Lernentwicklung immer wieder neu getroffen werden, so dass bspw. auch temporäre Probleme bei einem spezifischen mathematischen Inhalt aufgefangen werden können.

Zusätzliche schulische Förderangebote finden auch im Rahmen des offenen Ganztags statt, so dass die Betreuung im Nachmittagsbereich den regulären Unterricht geeignet ergänzen kann. Auch außerschulische Förderangebote können sinnvoll sein, wobei wir hier die durchaus kritische Diskussion nicht aufgreifen wollen (vgl. hierzu bspw. Schipper 2002). Wichtig ist jedoch, dass die genannten Fördermaßnahmen – schulisch oder außerschulisch – eng mit dem Mathematikunterricht verzahnt werden.

5.1.2   Innere Differenzierung

Im Rahmen der inneren Differenzierung wird der Lernstoff so aufbereitet, dass innerhalb einer Klasse oder Lerngruppe an differenzierten und individualisierten Zielsetzungen gearbeitet werden kann. Dies kann in unterschiedlichen Formen umgesetzt werden. So unterscheidet Heymann (1991, 65 f.) bspw. zwischen »offener« und »geschlossener« Differenzierung. »Mit beiden Formen versucht man, den individuellen Voraussetzungen, Eigenarten, Stärken und Schwächen der Schüler gerecht zu werden« (ebd.). Bei der geschlossenen Differenzierungsform wird den Lernenden ein sehr detailliertes und geschlossenes Curriculum vorgegeben, und die Lehrperson versucht, die Lernfortschritte möglichst genau zu kontrollieren. Ausgangspunkt für die Individualisierung sind die (kognitiven) Leistungen der Schülerinnen und Schüler im vorangehenden Lernabschnitt. Bei der offenen Differenzierung wird angestrebt, die Lernenden in einer relativ offenen, anregungsreichen Lernumgebung ihre individuellen Lernwege selber finden zu lassen. Umgesetzt werden beide Formen bspw. im offenen Unterricht (Wochenplan, freie Arbeit, Werkstattunterricht, Stationenlernen usw.; vgl. Peschel 2006). Im Folgenden werden Grenzen und Möglichkeiten dieser Unterrichtsformen dargestellt, und es wird insbesondere aufgearbeitet, welche Aspekte im Unterricht mit lernschwachen Schülerinnen und Schülern zu berücksichtigen sind.

Möglichkeiten und Grenzen von offenem Unterricht

Offene Unterrichtsformen bieten grundsätzlich ein hohes Potenzial für individualisierenden Unterricht. Die Realisierung von offenem Unterricht generell bzw. von konkreten offenen Unterrichtsformen wird in der Fachliteratur jedoch auch kritisch hinterfragt (z. B. Peschel 2006; Brügelmann 2005), insbesondere auch mit Blick auf Schülerinnen und Schüler mit Lernschwächen (vgl. zusammenfassend Eckhart 2008).

Problematische Realisierung von offenem Unterricht

Peschel (2006, 9 ff.) legt kritisch dar, dass die Prinzipien und Zielsetzungen von offenem Unterricht (Eigenverantwortung, selbstgesteuertes Lernen, Handlungsbefähigung und Selbstkontrolle) oft nicht umgesetzt würden und dieser oft nicht mehr der eigentlichen Intention von offenem Unterricht entspreche. Anstatt um Eigenverantwortung gehe es oft nur um die Auswahl aus einem vorgegebenen Angebot. Selbstgesteuertes Lernen beschränke sich auf die Bestimmung der Bearbeitungsreihenfolge der Aufgaben, die Zeiteinteilung oder auf die Auswahl des Arbeitsorts. Die Handlungsbefähigung würde reduziert auf tätigkeitsintensive Beschäftigungen, bei denen der Einsatz des Materials nicht klar begründet sei. Differenzierung innerhalb der Klasse bestehe zudem oft darin, dass zwei oder drei in sich undifferenzierte Wochenpläne abgegeben würden (ebd., 9; vgl. auch Hartke 2002). Bei einem solchen Vorgehen gehe die

Differenzierung nicht von den Lernbedürfnissen der Schülerinnen und Schüler aus, sondern von dem, was in der Woche gerade ›dran‹ sei (Peschel 2006, 20). Zudem bestünden viele Wochenpläne bloß aus einer Serie von Übungsblättern oder Schulbuchaufgaben. Brügelmann (2005, 34) spricht davon, dass bei Freiarbeit oft einfach Arbeitsmaterialien aus Schulbüchern »im Karteiformat« zur Verfügung gestellt würden (vgl. auch Grüntgens 2001; Wittmann 1990, 154; Kap. 5.2).

Es muss auch beachtet werden, dass der einseitige Einsatz von Wochenplan, Werkstattunterricht oder Stationslernen die soziale Auseinandersetzung mit den Lerninhalten verhindern kann. Wenn Schülerinnen und Schüler mehrheitlich einzeln arbeiten und gemeinsame Erarbeitungssequenzen in den Hintergrund rücken, finden Bearbeitungen von interessanten Problemen im Klassenverband, Diskussionen über unterschiedliche Vorgehensweisen und Lösungswege oder Arbeiten in Kleingruppen kaum mehr statt. Dadurch fehlt die soziale Auseinandersetzung mit den Lerninhalten und damit eine wichtige Voraussetzung für erfolgreiche mathematische Lernprozesse. Beim einseitigen Einsetzen von individueller Planarbeit wird nicht berücksichtigt, dass sich die Entwicklung mathematischen Wissens von Kindern immer im Kontext sozialer Konstruktions- und individueller Deutungsprozesse vollzieht (Steinbring 2005, 11 ff.).

Offener Unterricht für lernschwache Schülerinnen und Schüler?

Eine Reihe von Untersuchungen hat sich mit der Frage auseinandergesetzt, ob und unter welchen Bedingungen offener Unterricht für lernschwache Schülerinnen und Schüler gelingen kann und wirksam ist. Insgesamt zeigen die Forschungsergebnisse, dass bestimmte Faktoren berücksichtigt werden müssen, damit diese Schülerinnen und Schüler im offenen Unterricht auch tatsächlich optimale Lernfortschritte machen können. Hartke (2002) fasst die Forschungsergebnisse wie folgt zusammen (vgl. auch Heimlich 2007 mit Bezug auf gemeinsamen Unterricht):

- Im Vergleich zum traditionellen Unterricht führt offener Unterricht im Hinblick auf die Schulleistungen zu etwas schlechteren Resultaten.

- Im Vergleich zum traditionellen Unterricht bewirkt offener Unterricht im nicht leistungsbezogenen Bereich (Einstellung zu Schule und Lehrperson, Kooperation, Kreativität, Selbstständigkeit) etwas günstigere Ergebnisse.

- In mehreren Studien wurde nachgewiesen, dass lernschwache Kinder im offenen Unterricht eine tiefe aktive Lernzeit aufweisen (vgl. zusammenfassend Eckhart 2008, 92). Durch eine Erhöhung der Lernzeit lassen sich Schulleistungen im offenen Unterricht verbessern, ebenso durch eine Steigerung der Qualität des Unterrichtsmaterials und durch eine lernbegleitende Anleitung (Hartke 2002).

▪ Für leistungsschwächere Schülerinnen und Schüler scheinen strukturierende Lernhilfen (adaptiertes Unterrichtsmaterial, klare Instruktionen) unabdingbar für einen Lernzuwachs zu sein.

▪ Weiter stellte Eckhart (2008, 106) fest, dass die Wochenplanarbeit für die Lernentwicklung der schulleistungsschwachen Kinder mit Zuwanderungsgeschichte eher hinderlich zu sein scheint, ebenfalls die Gruppenarbeit. Der Autor vermutet, dass sprachgebundene und wenig strukturierte Aufträge in Wochenplänen bzw. in Gruppenaufträgen diese Kinder überfordern.

Die referierten Forschungsergebnisse weisen insgesamt darauf hin, dass offener Unterricht bei lernschwachen Schülerinnen und Schülern auf der Leistungsebene nur unter bestimmten Bedingungen wirksam ist. Es muss somit sorgfältig überlegt werden, in welcher Art und Weise Unterricht gestaltet werden kann, damit diese Lernenden optimal gefördert werden. Wie zuvor dargelegt wurde, werden Forderungen nach »strukturierenden Lernhilfen« im Unterricht, nach »lernbegleitender Anleitung« oder nach »lehrerzentrierten Elementen« (Heimlich 2007, 74) gestellt. Das darf jedoch nicht dazu führen, dass in der Förderung von lernschwachen Schülerinnen und Schülern – wie in der traditionellen Hilfsschuldidaktik – die Lerninhalte von vornherein stark reduziert, die Schwierigkeiten isoliert, ein kleinschrittiges Vorgehen gewählt sowie feste Lösungswege vorgegeben werden (Scherer 1999a, 49 ff.). Mathematische Förderung bzw. Mathematikunterricht muss so gestaltet und strukturiert werden, dass auch lernschwachen Schülerinnen und Schülern die aktive Auseinandersetzung mit dem Lerngegenstand ermöglicht wird (vgl. Kap. 3.1) – in kommunikativer Auseinandersetzung mit den Mitschülerinnen und Mitschülern und mit Unterstützung bzw. mit »lernbegleitender Anleitung« durch die Lehrperson.

Im Folgenden wird auf eine im Mathematikunterricht besonders häufig eingesetzte Form von offenem Unterricht eingegangen, auf den Wochenplan.

Individualisieren durch Wochenplanunterricht

Zur Realisierung von individualisierendem und differenzierendem Mathematikunterricht werden besonders häufig Wochenpläne eingesetzt. Peschel (2006, 14) hält fest, dass die Vorbereitung der Schulwoche durch die Lehrpersonen – und damit auch die Vorbereitung von Mathematikunterricht – an den meisten Schulen durch diese Unterrichtsform erfolge. Wochenpläne werden häufig in Form einer »geschlossenen« Differenzierung umgesetzt, wenn die Lerninhalte von der Lehrperson fest vorgegeben sind. Dies beinhaltet insbesondere für den Unterricht mit lernschwachen Schülerinnen und Schülern die Möglichkeit, Lerninhalte und Lernziele individualisiert anzupassen. Bedingung ist allerdings, dass dies nicht mit »Schulbuchaufgaben in Karteiformat« geschieht, sondern mit substanziellen mathematischen Aufgaben, angepasst an die Lernvoraussetzungen der Schülerinnen und Schüler.

Wenn individuelle Arbeitsphasen durch Planarbeit gestaltet werden, ist weiter zu berücksichtigen, dass Pläne unterschiedlich gestaltet werden können. In der Schuleingangsphase oder mit lernschwachen Schülerinnen und Schülern kann es sinnvoll sein, zu Beginn nicht mit Wochenplänen, sondern mit Tagesplänen zu arbeiten. Solche Pläne können zudem ganz unterschiedlich aussehen (Brügelmann 2005, 339) und mehr oder weniger Differenzierung enthalten.

- Alle Schülerinnen und Schüler erhalten dieselben Aufgaben, die Arbeitsabfolge und das Arbeitstempo können selber bestimmt werden.

- Es wird differenziert durch verschiedene Pläne für einzelne Kindergruppen.

- Einzelne Schülerinnen und Schüler erhalten je einen individuellen Wochen- oder Tagesplan.

Je größer die Leitungsunterschiede in einer Klasse sind, umso wichtiger ist die Erstellung von individuellen Plänen. Peschel (2006, 9) zufolge werden solche Wochenpläne jedoch nur wenig erstellt.

Wochenplanunterricht wird in der Praxis nicht immer optimal eingesetzt. Eine Gefahr besteht darin, dass Individualisierung vor allem auf der Ebene der Organisation stattfindet und wenig auf die Anpassung der Lerninhalte bzw. der Lernziele geachtet wird. Wenn Wochenplanunterricht zudem einseitig eingesetzt wird und nahezu sämtlicher Lernstoff in Form von Planarbeit vorgelegt wird, kann dies dazu führen, dass die Lerninhalte nicht erarbeitet und verstanden, sondern nur Aufträge bzw. Arbeitsblätter ›abgearbeitet‹ werden und dass keine echte Auseinandersetzung mit dem Lerninhalt erfolgt. Um diese Gefahren zu vermeiden, ist es einerseits wichtig, wie schon angesprochen, dass die Pläne substanzielle mathematische Aufgaben bzw. produktive Übungen enthalten. Andererseits muss auch auf die Balance von individuellen und gemeinsamen Lernphasen Gewicht gelegt werden. Dazu folgen Ausführungen in einem späteren Abschnitt.

Offenheit und Struktur im Mathematikunterricht

Mathematikunterricht hat zum Ziel, allen Schülerinnen und Schülern zu Einsicht in mathematische Strukturen zu verhelfen und mathematisches Verständnis aufzubauen. Die individuellen Lernvoraussetzungen der Schülerinnen und Schüler – insbesondere derjenigen mit Lernschwächen – erfordern deshalb offene Unterrichtsformen im Sinne der inneren Differenzierung. Gleichzeitig wurde aufgezeigt, dass diese Lernenden auch auf Strukturierungsmaßnahmen und besondere Unterstützung angewiesen sind. Offenheit und Struktur sind somit wichtige Determinanten von förderndem Mathematikunterricht, und zwar immer gleichzeitig sowohl auf der inhaltlichen als auch auf der organisatorischen Ebene.

Strukturierung durch mathematische Aspekte

Unterstützende Strukturierung insbesondere für lernschwache Schülerinnen und Schüler kann durch die *Nutzung mathematischer Strukturen* bzw. durch eine Strukturierung ›von der Sache her‹ erreicht werden, und zwar auf unterschiedlichen Ebenen (Ezawa 2002; Moser Opitz/Schmassmann 2007; Scherer 1999a; 2003b; 2005a). Die Lernenden können bspw. unterstützt werden, indem strukturierte Veranschaulichungen wie das Zwanziger- oder Hunderterfeld (vgl. Kap. 5.3 und 5.4) eingesetzt werden. Diese helfen den Schülerinnen und Schülern, den Blick auf das Wesentliche zu richten und tragfähige Vorstellungen bzw. mentale Bilder aufzubauen (Krauthausen/Scherer 2007, 245). Weiter kann eine produktive Übungspraxis, gekennzeichnet durch strukturierte Übungen vielfältiger Art, zu einem besseren Verständnis beitragen (Ausführungen dazu erfolgen in Kap. 5.2), oder die mathematische Struktur von offenen Aufgaben (vgl. Kap. 5.3.1) kann individuelle Lernprozesse unterstützen.

Strukturierung durch organisatorische Maßnahmen

Prengel (1999) befasst sich mit Blick auf den Erstunterricht mit der Thematik »Vielfalt und gute Ordnung« und illustriert am Beispiel Freiarbeit, wie Forderungen nach Struktur und Begleitung im offenen Unterricht umgesetzt werden können. Es geht dabei um Überlegungen zur Arbeitsorganisation und zu Hilfestellungen und nicht um inhaltliche Fragen. Diese Hinweise eignen sich auch für den Unterricht mit lernschwachen Schülerinnen und Schülern und lassen sich ohne Weiteres auf andere offene Unterrichtsformen und insbesondere auch auf Wochenplanarbeit übertragen.

Ein wichtiger Aspekt für eine gute Ordnung sind transparent formulierte Erwartungen der Lehrperson gegenüber den Kindern. Prengel (1999, 101) schlägt vor, diese als Regeln zu formulieren, die einerseits für alle Kinder vorgegeben werden können: »Jedes Kind beschäftigt sich mit einem (bestimmten) didaktischen Material«, »Jedes Kind wählt mindestens eine Aufgabe der Kategorie X aus« oder »Jedes Kind beschäftigt sich mindestens fünf Minuten mit bestimmten Übungsaufgaben«. Andererseits können die Regeln auch auf den Förderbedarf einzelner Schülerinnen und Schüler abgestimmt werden: »Kai bespricht seine Arbeiten heute mit der Lehrerin«, »Inge erledigt heute früh zuerst die Aufgabe X und versucht, diese mit Hilfe des Zwanzigerfeldes zu lösen«, »Malin kann sich eine Aufgabe aus dem Themenbereich Y auswählen, und sie kann sich bei Andrea, Malte oder Simone Hilfe holen«. Solche individualisierenden Hilfen können nur gegeben werden, wenn die Lehrperson die Voraussetzungen des Kindes einerseits und den Lerninhalt andererseits sehr gut kennt.

Weitere Strukturierungshilfen im offenen Unterricht können ritualisierte Vereinbarungen sein. Wichtig sind zudem Raum- und Materialstrukturen. Das Material muss gut geordnet und beschriftet zur Verfügung stehen, und die Schulraumgestaltung muss so gestaltet werden, dass einerseits Einzelarbeitsplätze, aber auch Tische für Kleingruppen zur Verfügung stehen.

Eine besondere Herausforderung, die es im Unterricht zu bewältigen gilt, besteht darin, dass die Lehrperson sich im Sinne von individueller Förderung sowohl um einzelne Schülerinnen und Schüler als auch um die ganze Klasse kümmern muss. Wenn die Schülerinnen und Schüler mit Einzelarbeit beschäftigt sind (Wochenplan oder andere Aufgaben), wird die Lehrperson oft für verschiedene Hilfestellungen und zur Beantwortung von Fragen in Anspruch genommen. In solchen Situationen ist es schwierig, ohne zusätzliche Förderstunden Zeit zu finden, mit einzelnen Schülerinnen und Schülern einen bestimmten Lerninhalt noch einmal zu klären, eine Diagnoseaufgabe vorzulegen oder Fehler zu besprechen. Um Schülerinnen und Schüler auch innerhalb des Klassenunterrichts individuell zu fördern und mit ihnen in Kleingruppen oder einzeln arbeiten zu können, müssen bestimmte organisatorische Maßnahmen ergriffen werden.

Dies kann z. B. geschehen, indem im Stundenplan fixe Zeiten festgelegt werden (z. B. zweimal pro Woche eine halbe Stunde), die für die Arbeit mit Kleingruppen oder auch mit einzelnen Kindern reserviert sind. Wichtig ist, dass die Klasse während dieser Zeit Aufgaben bearbeiten kann, die sie ohne Probleme selbstständig erledigen kann. Besonders geeignet sind z. B. Denkspiele (Müller/Wittmann 1998; 2006) Arbeit am Computer oder auch produktive Übungen (vgl. Kap. 5.2) – immer unter der Bedingung, dass diese sorgfältig eingeführt wurden und die Schülerinnen und Schüler selbstständig damit umgehen können. In bestimmten Situationen kann es für die Lehrperson eine Erleichterung bedeuten, wenn die Klasse bzw. einzelne Schülerinnen und Schüler während der ›Förderphasen‹ mit nicht mathematischen Aktivitäten (Leseaufgabe, Hefteintrag) beschäftigt werden.

Damit solche Fördersequenzen gelingen, müssen mit der Klasse Verhaltensregeln erarbeitet werden, insbesondere mit jüngeren Schülerinnen und Schülern. Die Lehrperson darf z. B während der ›Förderzeit‹ nicht gestört werden. Es können auch zwei oder drei Schülerinnen und Schüler benannt werden, die als Auskunftspersonen für dringende Fragen zur Verfügung stehen.

Balance von gemeinsamen und individuellen Lernphasen

Es wurde dargelegt, dass bei einem einseitigen Einsatz von Planarbeit die Gefahr besteht, dass gemeinsame Erarbeitungsphasen bzw. soziales Lernen vernachlässigt werden. Im fördernden Mathematikunterricht sollen sich gemeinsames und individuelles Lernen die Balance halten und in enger Beziehung zueinander durchgeführt werden. Gemeinsame Erarbeitungsphasen können auf die individuelle Arbeit vorbereiten, oder individuelle Arbeiten bzw. Arbeiten von Kleingruppen können als Ausgangspunkt für gemeinsame Lernsequenzen dienen.

Insbesondere für Schülerinnen und Schüler mit Lernschwächen ist wichtig, dass sie Lerninhalte auch gemeinsam mit anderen und/oder mit Begleitung durch die Lehrperson erarbeiten können. Durch die inhaltliche Auseinandersetzung im Gespräch mit anderen können individuelle Vorstellungen vertieft, erweitert und angepasst oder falsche Vorstellungen korrigiert werden. Ruf/Gallin (1998) beschreiben solche Lernprozesse mit der Formel ›Vom Singulären‹ (»Ich sehe es so«) über das ›Divergierende‹ (»Wie siehst du es?«) zum ›Regulären‹ (»Darauf einigen wir uns, das halten wir fest«). Individuelle Vorgehensweisen und Lernwege (das Singuläre) werden denjenigen von Mitschülerinnen und Mitschülern gegenüber gestellt (das Divergierende) und diskutiert. Gemeinsam wird anschließend das Verbindende bzw. ›Allgemeine‹ (das Reguläre) herausgearbeitet.

Eine weitere Möglichkeit zur inneren Differenzierung, die einen hohen Grad an Differenziertheit zulässt und gleichzeitig gemeinsames Lernen ermöglicht, stellt die natürliche Differenzierung dar.

5.1.3 Natürliche Differenzierung

Grundsätzliche Überlegungen

Natürliche Differenzierung ist eine Form der inneren Differenzierung, die sich besonders für fördernden Mathematikunterricht eignet. Es geht darum, dass die Schülerinnen und Schüler am gleichen Lerngegenstand, jedoch auf verschiedenen Stufen bzw. Anspruchsniveaus arbeiten (Freudenthal 1974, 166). Krauthausen/Scherer (2007, 228 f.) nennen bezogen auf Wittmann/Müller (2004, 15 f.) folgende konstituierende Merkmale:

- Alle Kinder erhalten das gleiche Lernangebot (eine Aufgabe, ein zu bearbeitendes Problem).

- Das Angebot soll dem Kriterium der inhaltlichen Ganzheitlichkeit genügen. Das heißt, dass eine gewisse Komplexität der Aufgabe notwendig ist, ohne dass diese jedoch kompliziert wird.

- Die Aufgaben enthalten naturgemäß Fragestellungen mit unterschiedlichem Schwierigkeitsgrad. Dabei wird das zu bearbeitende Niveau nicht von der Lehrperson vorgegeben, sondern die Kinder wählen diese für sich aus. Lösungswege, Darstellungsformen, Hilfsmittel und z. T. auch die Problemstellungen selbst sind freigestellt.

- Soziales Mit- und Voneinanderlernen wird auf natürliche Art und Weise ermöglicht, indem verschiedene Zugangs- bzw. Vorgehensweisen schriftlich oder mündlich ausgetauscht werden.

Mit entsprechender Unterstützung können auch lernschwache Schülerinnen und Schüler mit solchen Differenzierungsangeboten umgehen. Bei der Auswahl des zu bearbeitenden Niveaus braucht es evtl. eine ›lernbegleitende Anleitung‹ durch die Lehrperson, indem diese z. B. dem Kind einige Aufgaben vorlegt und auf die jeweiligen besonderen Anforderungen hinweist und damit Entscheidungshilfen gibt. Bei der Auswahl von Lösungswegen, Darstellungsformen und Hilfsmitteln kann es ebenfalls notwendig sein, dass die Lehrperson – oder auch Mitschülerinnen und Mitschüler – Vorschläge machen. Wichtig dabei ist, dass dies im Sinn eines Angebots und nicht als ›beste‹ oder ›einfachste‹ Lösung erfolgt. Das folgende Beispiel (vgl. Scherer 2007b) zeigt die Differenzierungs- und Fördermöglichkeiten durch offene Aufgaben für lernschwache Schülerinnen und Schüler auf verschiedenen Ebenen auf.

Bei der Arbeit im Tausenderraum wurde der offene Auftrag gestellt, Aufgaben mit dem Ergebnis 1000 zu finden. Peter, ein Förderschüler im 4. Schuljahr, startete mit einer Multiplikation und zwei mehrgliedrigen Additionen. Erst dann folgten zwei – vermeintlich einfachere – Additionen mit zwei glatten Hundertern (Abb. 5.1).

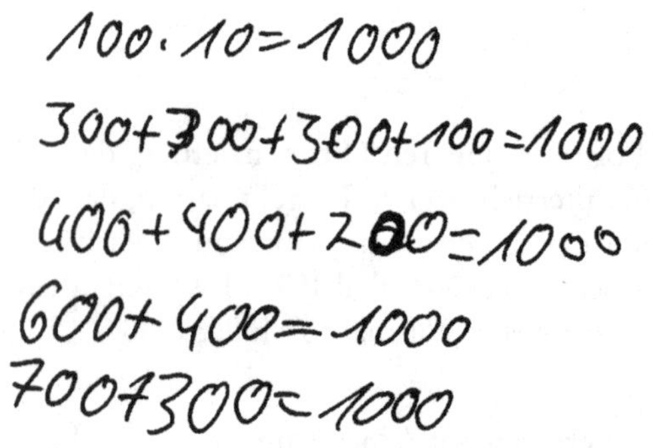

$$100 \cdot 10 = 1000$$
$$300 + 300 + 300 + 100 = 1000$$
$$400 + 400 + 200 = 1000$$
$$600 + 400 = 1000$$
$$700 + 300 = 1000$$

Abbildung 5.1 Peters Aufgaben mit dem Ergebnis 1000

In quantitativer Hinsicht differenziert diese Aufgabe durch die Anzahl der gefundenen Zahlensätze. So fand Peter fünf Aufgaben, während ein anderer Schüler in der gleichen Zeit 14 Aufgaben notierte. Das unterschiedliche Lerntempo der Schülerinnen und Schüler einer Klasse kann somit bei einer solchen offenen Aktivität in natürlicher Weise berücksichtigt werden. Auch der Schwierigkeitsgrad der Aufgaben kann variieren und wird von den Schülerinnen und Schülern subjektiv wahrgenommen: So empfinden einige die Addition leichter als die Subtraktion, für andere ist die Multiplikation leichter als die Addition, natürlich immer auch in Abhängigkeit vom jeweiligen Zahlenmaterial. Die subjektive Einschätzung der Schülerinnen und Schüler selbst kann dabei erheblich vom Schwierigkeitsgrad abweichen, den die Lehrperson für eine Aufgabe angenommen hat. Zudem kann die selbstständige Wahl eines eigenen Bearbeitungsniveaus längerfristig zum Ziel der Selbstorganisation eigener Lernprozesse beitragen.

Komplexe Lernumgebungen

Eine besondere Möglichkeit für natürliche Differenzierung stellen komplexe mathematische Lernumgebungen dar. Sie bieten die Chance, Schülerinnen und Schüler mit verschiedensten Voraussetzungen individuell zu fördern. Wittmann (1998, 337 f.) hat dafür den Begriff der »substanziellen Lernumgebung« geprägt. Er bezeichnet damit Lernumgebungen mit hoher Qualität, die folgenden Ansprüchen genügen müssen:

- Sie beinhalten zentrale Ziele, Inhalte und Prinzipien des Mathematikunterrichts.

- Sie bieten den Schülerinnen und Schülern reiche Möglichkeiten für mathematische Aktivitäten.

- Sie sind flexibel und lassen sich leicht an die speziellen Gegebenheiten einer bestimmten Klasse anpassen.

- Sie integrieren mathematische, psychologische und pädagogische Aspekte des Lehrens und Lernens in einer ganzheitlichen Weise und bieten ein weites Potenzial für empirische Forschung.

Konkret beinhalten solche Lernumgebungen verschiedene Aufgaben, die auf verschiedenen Anspruchsniveaus bearbeitet werden können. Hirt/Wälti (2008, 13) bezeichnen Lernumgebungen als eine »große Aufgabe«, die aus mehreren Teilaufgaben und Arbeitsanweisungen besteht, die basierend auf einer innermathematischen oder sachbezogenen Struktur in Verbindung stehen. Die Aufgaben sind so konstruiert, dass sie über eine niedrige ›Eingangsschwelle‹ verfügen, um möglichst vielen Lernenden einen ersten Zugang zu ermöglichen (Hengartner et al. 2006, 19). »Allen wird mit einer Einstiegsaufgabe ein Zugang eröffnet. Häufig können die Kinder zu Beginn etwas ausrechnen, bevor sie sich mit offensichtlich werdenden Strukturen befassen. Da sich die Aufgabenstellungen variieren lassen, ist zudem immer genügend Übungsstoff vorhanden. Das kommt jenen Kindern entgegen, die gerne weitere gleichartige Aufgaben lösen. In jeder Lernumgebung gibt es aber auch anspruchsvolle Aufgaben, die ›Rampen‹ für Leistungsstarke anbieten, so dass sie auch auf ihrem Niveau gefördert werden« (Hirt/Wälti 2008, 16).

Eine Lernumgebung für Klasse 1 mit dem Titel ›Einkaufen für 20 Euro‹ enthält z. B. folgende Aufträge (ebd., 161; zu ähnlichen Lernumgebungen vgl. auch Scherer 2003b, 135 ff.):

›In deinem Portemonnaie hast du 20 Euro. Was man damit alles kaufen kann, findest du auf dem Einkaufstisch (einige Beispiele vgl. Abb. 5.2).

1. Kaufe mindestens drei Artikel für genau 20 Euro ein. Wiederhole den Einkauf.

2. Schreibe deine Einkäufe auf eine Einkaufsliste.

3. Lass sie von deinen Mitschülerinnen und Mitschülern kontrollieren.‹

Senf 2,80 €	Eis 2,00 €
Salami 3,80 €	Ananas 2,60 €
Shampoo 3,20 €	Käse 5,40 €

Abbildung 5.2 Artikel zum Einkaufen und Preise (Hirt/Wälti 2008, 173)

Die Autoren beschreiben und dokumentieren, dass Kinder mit einfachen Lösungen Einkäufe mit ganzzahligen Beiträgen tätigen und verschiedene Zerlegungen zur Summe 20 finden, während in anspruchsvollen Lösungen mit Euro- und Cent-Beträgen gerechnet wird, für größere Beiträge oder von einem Artikel verschiedene Stückzahlen eingekauft werden.

Solche Aufgaben können für lernschwache Schülerinnen und Schüler nochmals angepasst werden. So könnte z. B. die Aufgabe lauten, ›Kaufe verschiedene Artikel ein für 10 Euro‹ oder ›Kaufe zwei Artikel ein, die zusammen 10 bzw. 20 Euro kosten‹. Zudem könnten die Kinder aufgefordert werden, die Einkaufslisten zu zeichnen, anstatt zu schreiben. Die Aufgabe ist dann nicht mehr offen, sondern ›geöffnet‹, wobei eine solche Einteilung nicht immer ›trennscharf‹ ist, sondern auf einem Kontinuum verläuft. Die genannten Anpassungen eignen sich insbesondere, um Schülerinnen und Schüler an den Umgang mit offenen Aufgaben heranzuführen, z. B. wenn Schülerinnen und Schüler aufgrund des bisher erlebten Unterrichts – mit dem Umgang mit offenen Aufgaben nicht vertraut sind (vgl. Scherer 2007b).

Weitere konkrete Vorschläge für Lernumgebungen und Materialien, die sich insbesondere für den differenzierten Anfangsunterricht eignen, finden sich in Nührenbörger/Pust (2006).

5.2   Produktives Üben

Jedes Lernen und jede Art von Wissenserwerb erfordert generell auch Übung, dies trifft für jeden Lernbereich und für jede Thematik zu. Insbesondere gilt es aber auch für alle Schülerinnen und Schüler, unabhängig von ihren Fähigkeiten. Nach wie vor wird im Mathematikunterricht im Vergleich zu anderen Unterrichtsfächern von einem besonders hohen Übungsbedarf ausgegangen (vgl. Winter 1984a). Gleichzeitig wurde dies auch als eine besondere Notwendigkeit für lernschwache Schülerinnen und Schüler herausgestellt. So wurde die übende Wiederholung und Festigung mit praktischer Anwendung als zentraler Bestandteil des Unterrichts mit Förderschülerinnen und -schülern gesehen (vgl. z. B. Baier 1983, 18), und zwar aus folgenden Gründen: Einerseits wurden u. a. mangelnde quantitative Übungsanteile als Ursache für die Leistungsbeeinträchtigungen dieser Lernenden angenommen. Andererseits wurde vermutet, dass eine verfrühte Mechanisierung (mit unzureichenden Denk- und Verstehensprozessen) zu den Lernschwächen geführt hat (vgl. Bleidick 1975, 16). Dass diese Sichtweise zu relativieren ist und nicht das aktuelle Verständnis im Sinne einer produktiven Übungspraxis darstellt, hat Winter bereits 1984 verdeutlicht: »Schwächere Schüler werden als solche definiert, die eines relativ höheren Übungsaufwandes bedürfen als durchschnittliche; durch Üben kämen auch sie zu Erfolgserlebnissen. Diese in der Breite der Schulpraxis anzutreffende Hochschätzung des Übens ufert nicht selten in pauschalisierende Überschätzung aus: alles Mathematiklernen sei überhaupt nur eine Frage unentwegten und harten Übens (Paukens, Büffelns, Trainierens, Drillens)« (ebd. 1984a, 5; vgl. auch Böhm et al. 1990, 18). In dieser beschriebenen Sichtweise wurde fälschlicherweise angenommen, dass es in der Mathematik nichts zu *verstehen* gibt. Diese Sichtweise ist kritisch zu betrachten, da Inhalte deutlich schneller vergessen werden, wenn sie nicht wirklich verstanden bzw. rein mechanisch auswendig gelernt wurden (vgl. z. B. Schipper 1990). Zudem ist festzuhalten, dass begrenzte Fähigkeiten und Lernschwierigkeiten von Schülerinnen und Schülern nicht allein durch ein Mehr an Übung zu kompensieren sind.

Wir wollen im Folgenden die Konzeption einer produktiven Übungspraxis mit dem Blick auf lernschwache Schülerinnen und Schüler skizzieren und dabei die Bedeutung von einsichtigen und auf Verständnis basierenden Übungsaktivitäten herausstellen. Festgehalten sei dabei, dass es im Bereich der Arithmetik einige zentrale Inhalte gibt, die automatisiert werden und sicher verfügbar sein sollten, die also den *Abschluss* des jeweiligen Lernprozesses darstellen (vgl. Wittmann/Müller 1990, 73). Mit Automatisieren ist jedoch nicht das bloße Abspeichern von isolierten Einzelfakten gemeint, sondern das vernetzte Verinnerlichen dieser Inhalte (vgl. Kap. 5.2.4).

Zunächst möchten wir einige problematische Aspekte bei der Gestaltung der Übungspraxis voranstellen.

5.2.1 Problematische Gestaltung der Übungspraxis

Zu starke Betonung der Quantität

Dem zeitlichen Anteil des Übens wird i. d. R. große Beachtung geschenkt. *Was* und vor allem *wie* geübt wird, ist häufig nur von untergeordneter Bedeutung. Aber schon in der kritischen Auseinandersetzung mit der Hilfsschuldidaktik wurde festgehalten, dass eine *reine Wiederholung* nicht den erhofften Lerngewinn bringen kann (vgl. Böhm 1980, 123). Ungeachtet dessen wird dennoch häufig angenommen, dass ein Inhalt nur oft genug wiederholt werden muss, damit er verfügbar ist. Wenn bspw. das Einmaleins in den höheren Klassen nicht beherrscht wird, so werden als Ursache unzureichende Automatisierungsübungen angenommen, wobei Automatisierung häufig mit reinem Auswendiglernen gleichgesetzt wird (zu produktiven Übungsprozessen für das Einmaleins vgl. Kapitel 6.1.2). Dabei bleibt unberücksichtigt, dass Üben bzw. Lernen überhaupt nur möglich ist, wenn es auf der Grundlage von Einsicht und Verständnis erfolgt. Dies wird im folgenden Punkt angesprochen.

Zu hohe reproduktive Anteile und fehlende Einsicht

Würde Übung lediglich als reine Wiederholung und Reproduktion gesehen, dann wären Transferleistungen nur bedingt möglich: Schulischer Lernerfolg ist aber »nicht nur von der Quantität, sondern auch von der Qualität des Übungsangebots abhängig. Rigide Übungsabfolgen täuschen – vor allem dem schwachen Schüler – falsche Erfolgssicherheit vor. Starre Lösungsalgorithmen versprechen nur bei gleichbleibenden Aufgabentypen Erfolg, versagen jedoch bei veränderter Aufgabenstellung und führen in praktischen Situationen häufig zu sinnlosen Fehlern, die vom Lerner mangels Einsicht in die Probleme dann oft nicht einmal als solche erkannt werden« (Wember 1988, 160). *Lernen durch Einsicht* einerseits und *Übung* andererseits wurden häufig als Gegensatz gesehen: »Die Lernbehindertenpädagogik hat seit jeher großen Wert auf die variierende Übung gelegt. Bei aller Betonung des einsichtigen, verständnisvollen Lernens darf man nicht übersehen, dass in der Mathematik vieles eingeübt werden muss« (Klauer 1977, 304). Diese Auffassung wurde jedoch nicht durchgängig geteilt (vgl. z. B. KM 1990, 16). König (1976) betonte etwa – konkretisiert durch entsprechende Beispiele –, dass auch lernbehinderte Schülerinnen und Schüler zu mehr als nur mechanischem Üben in der Lage sind. Die Lehrpläne in NRW für die Schule für Lernbehinderte warnten bereits 1977 vor einer rein mechanischen Übungspraxis, die zu einer Verfestigung schematischer Denkstrukturen führen könne (vgl. KM 1977, 7) und die darüber hinaus zu hohe Ansprüche an die Merkfähigkeit stellt (vgl. z. B. Böhm et al. 1990; Kap. 5.4). Gefordert wurde demgegenüber sinnvolles und abwechslungsreiches Üben (KM 1990, 471). Dabei sollte es auch um den Erwerb von Lernstrategien als Beitrag zur Denkerziehung (ebd., 16) und damit verbunden auch um das produktive Nutzen von Fehlern gehen (vgl. Kap. 5.2.3). Ob diese Ziele – in

Unterrichtswerken und didaktischen Vorschlägen nicht unbedingt ausreichend umgesetzt – in der Unterrichtspraxis realisiert wurden bzw. werden, bleibt zunächst einmal dahingestellt. Dass die Unterrichts- und Übungspraxis oft lediglich in mechanischer Art und Weise gestaltet wird, geht möglicherweise auf die Fehleinschätzung zurück, dass durch die Struktur des Faches, in dem u. a. Routinefertigkeiten angestrebt werden (vgl. Baier 1983, 18), auch der *Weg* zu diesen Routinefertigkeiten über mechanisches Üben führen könne und solle.

Fragwürdige extrinsische Motivationsanreize

Hoher Übungsbedarf birgt u. U. die Gefahr von Langeweile und Motivationsverlust. Daher wurde für lernschwache Schülerinnen und Schüler seit jeher eine abwechslungsreiche Übungspraxis gefordert (vgl. z. B. König 1976), und diese Bestrebungen sind auch heute noch vorzufinden (vgl. z. B. Krauthausen/ Scherer 2006a). Häufig beschränken sich solche geforderten Variationen aber lediglich auf äußere Anreize, auf die ›Verpackung‹ der jeweiligen Aufgabe, u. a. durch Veränderungen der Darstellungsformen (vgl. die Kritik an den sogenannten »Bunten Hunden« in Wittmann 1990). Zu bedenken ist, dass dadurch zusätzlicher Lernstoff entsteht, weil die Aufgaben immer wieder anders eingekleidet werden. Hierbei handelt es sich keineswegs um einen lohnenswerten Lernstoff (vgl. bspw. auch die Übungsform in Abb. 5.14), sondern eher um ›Ballast‹, der den Lernprozess erschwert. Favorisiert wird manchmal auch spielerisches Einüben von Verfahren und deren Anwendung, um der mangelnden Motivation vorzubeugen bzw. entgegenzuwirken. So werden bspw. Einspluseinsaufgaben anstatt in Päckchen als Memoryspiel oder Puzzle vorgegeben. Auch hier werden oftmals nackte Aufgaben in Spiele verpackt, wobei es sich dann um sogenannte Pseudospiele als Mittel zum Zweck handelt (Floer 1982, 175 f.; vgl. auch entsprechende Ausführungen in Krauthausen/Scherer 2007, 131 ff.).

Zur Frage, ob sich extrinsische oder intrinsische Formen der Motivation für die Arbeit mit Schülerinnen und Schülern mit Lernschwierigkeiten eignen, bestehen unterschiedliche Auffassungen. So wird auf der einen Seite Skepsis gegenüber der Möglichkeit ausschließlich intrinsischer Motivation geäußert (vgl. z. B. Bach 1969, 3640). Auf der anderen Seite wird gerade die Motivation aus der Sache heraus für lernschwache Schüler als unabdingbar erachtet (vgl. Böhm et al. 1990; Scherer 1999a; Whitney 1985, 234), da die extrinsische Motivation keine (wünschenswerten) längerfristigen Auswirkungen hat (vgl. Bruner 1970; Dewey 1970; Donaldson 1991, 129). Zudem muss beachtet werden, dass Interesse und daraus folgend Motivation nicht ein stabiles Persönlichkeitsmerkmal ist, sondern aus der Interaktion einer Person mit dem Gegenstand entsteht (vgl. Krapp 1998, 185). Intrinsische Motivation kann somit gefördert werden, wenn im Unterricht Situationen geschaffen werden, die die Auseinandersetzung mit der Sache anregen. Besonders geeignet sind dazu etwa offene Aufgaben (vgl. Kap. 5.2.3).

Fehlende Strukturzusammenhänge

Neben der Dominanz äußerer Anreize und fehlender intrinsischer Motivation muss ein weiterer Aspekt beachtet werden: Übungsaufgaben sind häufig austauschbar durch eine andere Aufgabe des gleichen Schwierigkeitsgrads, so dass keinerlei Zusammenhänge zwischen den einzelnen Aufgaben existieren. Dies geschieht in der Annahme, dass *wesentliche* Veränderungen (z. B. inhaltlicher Art) lernschwache Schülerinnen und Schüler nur verwirren würden. Nur in Einzelfällen finden sich in Vorschlägen für diese Lernenden anspruchsvollere Übungsformen, die bspw. die Denkfähigkeit schulen oder Zahlbeziehungen thematisieren (vgl. Böhm 1987; König 1976) bzw. diese als ›Lernhilfe‹ nutzen. Ein Beispiel: Soll etwa die Addition im Hunderterraum geübt werden, könnte in Lehrwerken bspw. das Rechenpäckchen aus Abb. 5.3 (links) zu finden sein. Alle Aufgaben repräsentieren den Aufgabentyp ›Addition gemischter Zehnerzahlen ohne Übertrag‹; die einzelnen Aufgaben stehen ansonsten in keinem Zusammenhang und könnten durch beliebige andere ausgetauscht werden. Demgegenüber ist das Päckchen in Abb. 5.3 (rechts) bewusst strukturiert konzipiert: Die einzelnen Aufgaben stehen in einem Zusammenhang (erster Summand wird immer um 10 erhöht; zweiter Summand bleibt konstant), und ausgehend von der ersten leichten Aufgabe (Einer plus gemischte Zehnerzahl) kann die Einsicht auf die weiteren Aufgaben übertragen werden.

17+31 =	7+31 =
45+12 =	17+31 =
52+36 =	27+31 =
23+25 =	37+31 =

Abbildung 5.3 Unstrukturiertes (links) und strukturiertes (rechts) Päckchen zur Übung der Addition

5.2.2 Übung als Bestandteil des Lernprozesses

Im aktuellen Verständnis von (Mathematik-)Lernen wird Lernen als konstruktive Aufbauleistung des Individuums gesehen (vgl. Kap. 3.1). In diesem Sinne haben Winter (1984a; 1987) und Wittmann (1992) eine *Theorie der Übung* entwickelt, in der Übung als integraler Bestandteil eines aktiven Lernprozesses gesehen wird (vgl. auch Wittmann 1981, 103 ff.). In der traditionellen Sichtweise schloss sich erst nach einer expliziten Phase der Einführung eines Inhalts die Phase der Übung an, die der geläufigen und fehlerlosen Verfügbarkeit diente. Beim sogenannten produktiven Üben entfällt diese scharfe Trennung zwischen den Phasen der Einführung, Übung und Anwendung und Erkundung (vgl. Winter 1984a; Wittmann 1992).

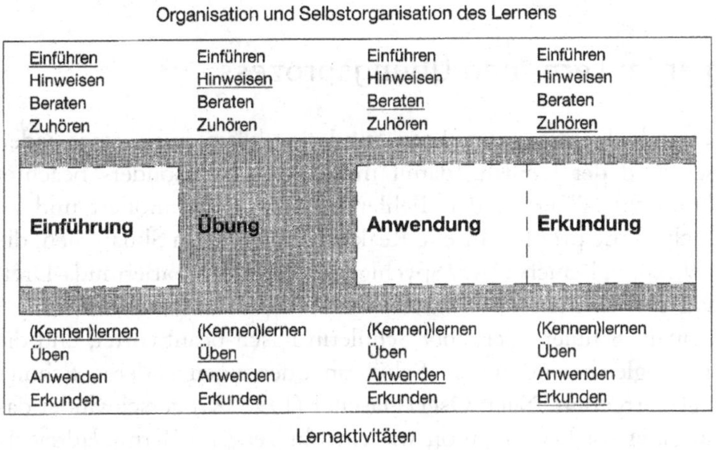

Organisation und Selbstorganisation des Lernens

Einführen	Einführen	Einführen	Einführen
Hinweisen	Hinweisen	Hinweisen	Hinweisen
Beraten	Beraten	Beraten	Beraten
Zuhören	Zuhören	Zuhören	Zuhören

Einführung	**Übung**	**Anwendung**	**Erkundung**

(Kennen)lernen	(Kennen)lernen	(Kennen)lernen	(Kennen)lernen
Üben	Üben	Üben	Üben
Anwenden	Anwenden	Anwenden	Anwenden
Erkunden	Erkunden	Erkunden	Erkunden

Lernaktivitäten

Abbildung 5.4 Didaktisches Rechteck (Wittmann 1992, 178)

Deutlich wird dieser Sachverhalt am ›didaktischen Rechteck‹ (Abb. 5.4): »Je nachdem, in welche Phase eine Unterrichtseinheit einzuordnen ist, haben die Lernaktivitäten der Schüler einen unterschiedlichen Schwerpunkt [...] Faktisch sind aber bei jeder Einheit auch die anderen Aktivitäten angesprochen« (Wittmann 1992, 178).

Einsichtsvolles Lernen einerseits und Üben andererseits stellen keinen Gegensatz dar: »Tatsächlich ist das Üben dem entdeckenden Lernen inhärent: Einerseits sind Entdeckungen nur möglich, wenn auf verfügbaren Fertigkeiten und abrufbaren Wissenselementen aufgebaut werden kann. Lernen ist immer nur ein Weiterlernen, ein Fortweben von schon Bestehendem, das Einfügen neuer Maschen in das Netz des Langzeitgedächtnisses« (Winter 1984a, 6). Das Üben sollte also immer von Verständnis begleitet sein, und »generell sollte jedes Üben im Mathematikunterricht auch sinnerweiternd und einsichtsvermehrend sein« (Winter 1987, 60). Begegnen kann man dadurch auch der Klage über Stofffülle und damit zu wenig Übungszeit (vgl. Böhm et al. 1990): Wenn etwas gelernt wird, beinhaltet dies auch Übung, und wenn produktiv geübt wird, wird gleichzeitig Einsicht erweitert. Dabei muss die *Selbsttätigkeit* der Schülerinnen und Schüler im Vordergrund stehen, und Sinn des Übens ist es, Transferleistungen zu erbringen (vgl. Winter 1984a, 7). Das ist gerade für lernschwache Schülerinnen und Schüler von großer Bedeutung, weil dadurch das Gedächtnis entlastet wird. Üben kann so bei der Konstruktion generalisierbarer, beweglicher, kognitiver Strukturen helfen (vgl. Wember 1988, 159). Deshalb ist darauf zu achten, dass produktives Üben genügend Raum erhält und keine (vor-) schnellen

Automatisierungen angestrebt werden (vgl. Jost et al. 1992, 19). Ein wichtiger Aspekt einer produktiven Übungspraxis ist auch ein produktiver Umgang mit Fehlern.

5.2.3   Fehler im Lern- und Übungsprozess

Fehler sind Bestandteil eines jeden Lern- und vor allem auch eines jeden Übungsprozesses, und der Umgang damit muss deshalb besonders beachtet werden. Im Unterrichtstalltag werden Fehler oft negativ konnotiert und zu vermeiden versucht. Eine problematische Reaktion zeigt sich in Situationen, die Oser et al. (1999, 26; vgl. auch Oser/Spychiger 2005, 63) als »Bermuda-Dreieck« im Umgang mit Fehlern bezeichnen: Die Lehrperson stellt eine Frage, diese wird von einem Schüler oder einer Schülerin falsch beantwortet, und die Lehrperson fragt sogleich eine andere Schülerin oder einen anderen Schüler nach dem richtigen Ergebnis. Nach Oser/Hascher (1997, 25) verschwindet das Lernpotenzial in einer solchen Situation wie ein Flugzeug im Bermudadreieck. Dasselbe geschieht, wenn etwa auf einem Übungsblatt die Fehler angestrichen, aber nicht besprochen werden, oder wenn Verbesserungen bloß darin bestehen, das richtige Ergebnis zu notieren. Das Vermeiden von Fehlern wird bspw. sichtbar, wenn Fehler auf Arbeitsblättern ›unsichtbar‹ gemacht werden, indem sie von der Lehrperson markiert und von den Lernenden so verbessert bzw. ausradiert werden, dass nur noch das richtige Ergebnis sichtbar ist.

Diesem negativen Umgang mit Fehlern wird ein Ansatz entgegengestellt, bei dem Fehler positiv und als ein den Lern- und Übungsprozess unterstützender Vorgang betrachtet werden. »Lernen bedeutet, aktiv Wissen zu erwerben und Erfahrungen zu machen. Dabei müssen Lernende Fehler machen dürfen. Fehleranalysen liefern Informationen über Schwächen und Mängel, die im Ernstfall nicht auftreten dürfen. Lernen aus Fehlern heißt, Grenzen zu erfahren und Fehler nicht mehr zu wiederholen. Zugleich wird das richtige Wissen sicherer. Damit erhält die Logik des Fehlermachens einen kontrafaktischen Aspekt: Man tut (ungewollt) etwas, das zur Einsicht führt, dass genau mit diesem Tun ein Weiterkommen nicht möglich ist. Das Lernen aus Fehlern ermöglicht, den diesem Sachverhalt entgegengesetzten, richtigen, normbezogenen Sachverhalt oder Prozess in seinen Abgrenzungen zu verstehen (Oser et al. 1999, 12). Diese Sichtweise wird auch die »Theorie des negativen Wissens« genannt. Es handelt sich um Wissen darüber, was nicht zur Sache gehört, was falsch ist, was nicht funktioniert oder nicht getan werden darf und dadurch zur Erkenntnis führt, was richtig ist (ebd., 17).

Die Sichtweise, dass die Auseinandersetzung mit Fehlern Lernprozesse in Gang setzt, ist keineswegs neu. Piaget hat dies schon 1935 in einem Vortrag festgestellt: »Ein Fehler, der aus intensivem Suchen erwachsen ist, ist häufig viel nützlicher als eine Tatsache, die lediglich nachgesprochen wird, denn die während des Suchens erarbeitete Methode ermöglicht es, den ursprünglichen Fehler zu korrigieren[,] und stellt damit einen echten intellektuellen Fortschritt dar, während die nur reproduzierte Wahrheit schnell vergessen wird und die Wiederholung an sich keinen Eigenwert hat« (Piaget 1999, 196).

Die dargestellte Sichtweise führt zu einem anderen Umgang mit Fehlern (Krauthausen 1998, 29 f.), zu Kompetenzorientierung (vgl. Kap. 3.2.2) und zu einer sogenannten »positiven Fehlerkultur« (Spychiger et al. 1999, 44), in der dem Fehler und dem Fehlermachen Platz eingeräumt wird. Oser/Spychiger (2005, 165 f.) sprechen auch von einer »Fehlersuch- und Fehlerermutigungsdidaktik« – in Abgrenzung zu einer »Fehlervermeidungsdidaktik«. Diese sieht so aus, dass z. B. Fehler aufgespürt werden oder dass über das mögliche Zustandekommen eines falschen Ergebnisses und über alternative Lösungswege diskutiert wird (Lorenz 2004, 49). Abb. 5.5 zeigt eine Möglichkeit, wie eine »Fehlersuchdidaktik« auch im Primarbereich umgesetzt werden kann. Die Schülerinnen und Schüler werden hier aufgefordert, am Beispiel von Eddis fehlerhaften Rechnungen herauszufinden, welchen systematischen Fehler er gemacht hat.

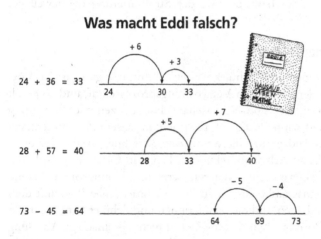

Abbildung 5.5 Aufgabenbeispiel für einen positiven Umgang mit Fehlern (Lorenz 2003b, 17)

Wird dies mit ›echten‹ Fehlerdokumenten der Schülerinnen und Schüler gemacht, besteht die Gefahr, dass die Lernenden sich bei der Besprechung ihrer Fehler schämen. Dies geschieht insbesondere, wenn ein produktiver Umgang mit Fehlern ungewohnt ist. In solchen Situationen können Fehlerdokumente anonymisiert werden, oder es können Arbeitsblätter wie in Abb. 5.5 verwendet werden. Grundsätzlich ist jedoch zu beachten, dass Schülerinnen und Schüler an einen neuen und positiven Umgang mit Fehlern herangeführt werden müssen und dass eine veränderte Einstellung nicht von heute auf morgen erwartet werden darf. Ein produktiver Umgang mit Fehlern im Lernprozess ist nur im Rahmen von produktivem Lernen und Üben möglich. Oser et al. (1999, 20) weisen darauf hin, dass Fehler nur dann ›sinnvoll‹ sind, wenn eine Person, die Fehler macht, erkennen kann, was falsch ist und was die Konsequenzen dieses Falschmachens sind; wenn sie den Fehler versteht und erklären kann, wie es dazu gekommen ist, und wenn die Möglichkeit besteht, den Fehler zu korrigieren. Wenn aber Übungsmaterialien lediglich rigide Übungsabfolgen enthalten und auf Reproduktion ausgerichtet sind, ist ein solcher Umgang mit Fehlern kaum möglich (vgl. Kap. 5.2.1). Der Auswahl bzw. der Qualität des Übungsmaterials kommt deshalb besondere Bedeutung zu, und wir werden im Folgenden Konkretisierungen für eine produktive Übungspraxis vorstellen.

5.2.4 Übungstypen

Die folgende Einordnung bezieht sich auf die Art der Darstellung (gestützt oder formal) und den Grad bzw. die Art der Strukturierung der jeweiligen Übungen.

Gestütztes und formales Üben

Lernschwache Schülerinnen und Schüler weisen Beeinträchtigungen der Vorstellungsfähigkeit oder der kognitiven Verarbeitungsprozesse auf, und so erhält das Üben unter Verwendung von Veranschaulichungen zentrale Bedeutung (vgl. auch Kap. 5.3). Wittmann (1992, 179 f.) spricht in diesem Zusammenhang von *gestützten* Übungen und grenzt diese von *formalen* Übungen ab. Gestützte Übungen können direkt an Arbeitsmitteln, d. h. bspw. in Orientierungsphasen durchgeführt werden. Aber auch im weiteren Lern- und Übungsprozess sollte es freigestellt sein, Veranschaulichungen zu Hilfe nehmen, allerdings mit dem Ziel, innere Bilder aufzubauen und die Schülerinnen und Schüler zum mentalen Operieren zu führen (Lorenz 1998). Dieses Ziel ist nicht als einseitige Ablösung zu verstehen. Es ist wichtig, die wechselseitige Übersetzung zwischen symbolischer Aufgabe und Veranschaulichung sicher zu beherrschen. Insbesondere bieten sich dazu Übungen an, bei denen Veranschaulichungen als Erklärungsmittel oder ›Beweis‹ genutzt werden (vgl. dazu auch Kap. 5.3).

Beim formalen Üben, dem Arbeiten ausschließlich auf der symbolischen Ebene, besteht die Gefahr, dass die Kinder den Stoff lediglich auswendig lernen, insbesondere bei einer überschaubaren Anzahl von Aufgaben zu einer Thematik wie etwa beim Einspluseins und Einmaleins. Es empfiehlt sich deshalb, das vorschnelle Drängen auf die symbolische Ebene zu vermeiden und den Kindern durch ausreichende Orientierungsphasen und -übungen Gelegenheit zu geben, mentale Bilder aufzubauen (vgl. Kap. 5.3). Wenn Übungen auf der formalen Ebene durchgeführt werden, sollten sie auf jeden Fall in strukturellen

Beziehungen stattfinden (siehe bspw. Abb. 5.3 (rechts) bzw. die weiteren Ausführungen zu strukturiertem Üben). Die Rückführung auf die anschauliche Ebene sollte dabei immer gewährleistet sein, d. h., es handelt sich hier nicht um die Ablösung, sondern um die Verbindung zwischen verschiedenen Repräsentationsebenen (vgl. Kap. 5.3 oder Beispiele zum Einmaleins in Kap. 6.1.2).

Strukturiertes Üben

Wittmann (1992, 179 f.) plädiert für ein beziehungsreiches und vernetztes Üben und unterscheidet neben der Darstellungsform auch den *Strukturierungsgrad* von Übungsformen (von unstrukturiert bis strukturiert). Für lernschwache Schülerinnen und Schüler ergeben sich daraus wesentliche Folgerungen: Unstrukturierte Übungen stellen hohe Anforderungen an das Gedächtnis, und gerade hier finden sich bei diesen Lernenden häufig Schwierigkeiten (vgl. Kap. 5.4). Strukturierte Übungen können dazu beitragen, Gedächtnisprobleme zu kompensieren, indem die Struktur der Aufgabe genutzt wird. Da die Kinder u. U. Schwierigkeiten haben, Strukturen auf Anhieb zu erkennen bzw. auszunutzen, sollten insbesondere *strukturierte* Übungen zentraler Bestandteil des Unterrichts und der Förderung sein. Sie sind unstrukturierten Übungen vorzuziehen, da sie das Gedächtnis entlasten und außerdem tiefere Einsichten ermöglichen, selbst wenn diese nicht von allen erlangt werden können. Strukturierte Übungen ermöglichen den Schülerinnen und Schülern den Rückgriff auf vorhandenes Wissen und können damit das Rechnen erleichtern. Daneben ist jedes Lernen und damit auch Üben umso erfolgreicher, je mehr es im bereits vorhandenen Wissen verankert werden kann.

Art der Struktur

Bei Wittmann (1992) finden sich des Weiteren Strukturierungs*arten*, differenziert nach der Art der Struktur (operativ, problem- oder sachstrukturiert) bzw. des Zugangs zur Struktur (immanent oder reflexiv; vgl. ebd., 180 f.).

Operativ strukturierte Übungen

Operativ strukturierte Übungen bestehen aus Serien von Aufgaben, die systematisch variiert werden, so dass die Ergebnisse in einem gesetzmäßigen Zusammenhang stehen (vgl. Wittmann 1992, 180). Bei dieser Art der Übung können grundlegende Kompetenzen geübt werden, wie am folgenden Beispiel illustriert werden soll (Abb. 5.6). Ausgehend von einer Einmaleinsaufgabe (hier $7 \cdot 5$) sollen die möglichen Nachbaraufgaben notiert werden, und die Schülerinnen und Schüler können die Veränderungen der Ergebnisse beschreiben und begründen (hier in Klammern notiert).

7 · 5 = 35	6 · 5 = 30 (–5)	8 · 5 = 40 (+5)
	7 · 4 = 28 (–7)	7 · 6 = 42 (+7)

Abbildung 5.6 Nachbaraufgaben zu einer Multiplikationsaufgabe

Aufgrund der begrenzten Speicherfähigkeit lernschwacher Kinder sollte das Ausnutzen von Strategien und Strukturen in *operativen Übungen* gefördert werden (vgl. Böhm et al. 1990, 93), um das bewegliche Denken zu fördern. In Schulbüchern hingegen finden sich operative Übungen vergleichsweise selten: Häufig werden z. B. Addition und Subtraktion, aber auch die verschiedenen Additionstypen kleinschrittig gestuft und getrennt voneinander geübt, so dass operative Zusammenhänge erst gar nicht genutzt werden können. Wenn die Kinder neuen Lernstoff in bereits Bekanntes einbetten sollen, dann ist es notwendig, ihnen dazu die entsprechende Lernumgebung, sprich Übungsformen zu ermöglichen, bspw. um Zusammenhänge zwischen Zahlen oder verschiedenen Operationen zu erkennen (vgl. etwa die Übungsvorschläge zum Erwerb des Zahlbegriffs oder zum Einmaleins in den Kap. 6.1.1 sowie 6.1.2).

Durch die der Übung innewohnende Struktur bietet sich den Schülerinnen und Schülern zudem eine Form der Selbstkontrolle. Auch kann das Auftreten bestimmter Muster und gesetzmäßiger Phänomene zur Motivation beitragen. Unterschieden werden sollte hier zwischen Rechen*fertigkeiten* und allgemeinen *Fähigkeiten*: Kinder mit Schwierigkeiten beim Rechnen, müssen nicht unbedingt Schwierigkeiten beim Erkennen von Mustern und Zusammenhängen haben (vgl. Scherer 1999a, 294 f.). Wie bereits oben angedeutet, kann es auch vorkommen, dass Schülerinnen und Schüler Schwierigkeiten mit dem Erkennen von Mustern haben oder sich nicht mit Strukturen auseinandersetzen, weil sie nur an Übungen gewöhnt sind, bei denen es ausschließlich ums Rechnen geht. Dann benötigen die Lernenden Unterstützung und könnten z. B. aufgefordert werden, die Struktur eines (evtl. schon gelösten) Päckchens und die Beziehungen zwischen den Aufgaben zu beschreiben. Eine andere Möglichkeit besteht darin, verschiedene, auf Karten notierte Rechenaufgaben zu ordnen bzw. Aufgaben zu suchen, die etwas gemeinsam haben (Schmassmann/Moser Opitz 2008a, 103 f.; 2007, 91 f.)

Problemstrukturierte Übungen

Hierbei sind die zu lösenden Aufgaben von einer übergeordneten Problemstellung getragen, und gerade für lernschwache Schüler können problemstrukturierte Übungen aus Motivationsgründen wichtig sein (vgl. Böhm 1984; Böhm et al. 1990). Abb. 5.7 zeigt das Aufgabenformat Zauberdreieck, bei dem alle Seitensummen gleich sein müssen (vgl. z. B. Metzner 1991; Scherer 2005a, 187 ff.).

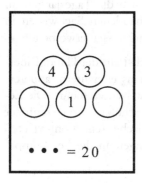

Abbildung 5.7 Problemorientierte Aufgabe zum Format Zauberdreieck

Zur Verfügung stehen nur die Zahlen von 1 bis 10, wobei jede Zahl nur einfach vorhanden ist. Bei diesem Format gibt es Aufgabenstellungen, die direkt zu berechnen sind, oder aber solche, für die eine Problemlösestrategie zu finden ist. Im abgebildeten Beispiel sind auf jeder Seite zwei freie Felder zu vervollständigen, dabei alle Eckfelder. Die Aufgabe könnte etwa durch systematisches Probieren gelöst werden (bspw. eine passende Ergänzung zur 4 auf der linken Seite finden durch 10 und 6). Geschickt wäre es hier, auf die untere Seite (mit der kleinen Zahl 1) zu fokussieren, da hier als Ergänzung nur 10 und 9 infrage kommen.

Auf dem Weg zur Problemlösung sind auch (strategische) Hilfen zu ermöglichen (z. B. das Problem in Teilprobleme zu zerlegen; hier etwa das systematische Notieren von passenden Ergänzungen). Dies ist wichtig, weil viele lernschwache Schülerinnen und Schüler nur über ein geringes Selbstvertrauen im Hinblick auf ihre Mathematikleistungen und speziell auf ihre Problemlösefähigkeiten verfügen. Sie geben oftmals schnell auf, besitzen nur wenig Frustrationstoleranz und resignieren vorschnell. Hier sind Hilfen wichtig, die langfristig zur Entwicklung allgemeiner Problemlösestrategien und damit zu größerem Vertrauen in die eigenen Fähigkeiten und Leistungen führen.

Sachstrukturierte Übungen

Beim sachstrukturierten Üben ordnen sich mehrere gleichartige Aufgaben in einen Sachzusammenhang ein. Die Ergebnisse dieser Aufgaben sowie ihre Diskussion sollen das sachkundliche Wissen bereichern. Auch bei derartigen Übungen ist die Struktur hilfreich; es kommt nicht auf ein reines Memorieren an. Hier ist eine wesentliche Abgrenzung zu üblichen (zusammenhangslosen) Textaufgaben zu sehen. Beim Unterrichtsbeispiel ›Tageslängen im Jahreslauf‹ (Wittmann/Müller 1992, 87 ff.) sollen die Schülerinnen und Schüler mithilfe eines Kalenders oder eines vorbereiteten Arbeitsblatts für einen bestimmten Zeitraum (bspw. 14 Tage) die Zeitspannen zwischen Sonnenaufgang und Sonnenuntergang berechnen. Dabei stellen sie fest, dass sich die Tageslängen im Jahreslauf verändern, und sollen dies mit ihrem vorhandenen Sachwissen in Verbindung bringen und dieses vertiefen bzw. neues Sachwissen erwerben.

Die Vorteile des sachstrukturierten Übens liegen zunächst auf der Hand: Einerseits kann die Sachsituation das Verstehen des Problems erleichtern, andererseits wird durch sachstrukturierte Übungen auch Sachwissen vermehrt. Die Lebensbedeutsamkeit ist gerade bei lernschwachen Schülern von zentraler Bedeutung. Bedacht werden sollte jedoch, dass die ›Sache‹ (ein Kontext etc.) auch Lernstoff darstellt und ggf. auch mit Anforderungen an die Lesekompetenz verbunden ist.

Zugang zur Struktur

Der Zusammenhang von Aufgaben kann entweder in der Rückschau (*nach* dem Lösen der Aufgaben) hervortreten (reflektives Üben) oder von *vornherein* als übergeordnete Zielsetzung die Bearbeitung der Aufgaben steuern (immanentes Üben). Häufig kann weniger das Unterrichtsbeispiel an sich diesen Typen zugeordnet werden (dies gilt gleichermaßen für operativ und problemstrukturierte Übungen), sondern die Formulierung der Fragestellung und die vorhandenen Kenntnisse bestimmen i. d. R. den Zugang zur Struktur: Wenn etwa im o. g. Beispiel zu Tageslängen im Jahreslauf bereits vorhandene Kenntnisse eingebracht werden (›Im Sommer sind die Tage länger als im Winter‹), dann könnte dieses Wissen bereits die Bearbeitung steuern, etwa das Auffinden des längsten bzw. des kürzesten Tages (Sommeranfang am 20./21. Juni, vgl. Wittmann/Müller 1992, 87 ff.). Denkbar wäre aber auch, dass der Zugang reflektiv geschieht, wenn erst anhand der rechnerischen Ergebnisse die Naturphänomene bewusst wahrgenommen werden.

Wir wollen noch einen weiteren Übungstyp ansprechen, der zwar nicht explizit in der dargestellten Terminologie von Wittmann (1992) enthalten ist, der jedoch gerade für Schülerinnen und Schüler mit Problemen im mathematischen Bereich eine zentrale Bedeutung hat.

Offene Aufgaben

Offene Aufgaben repräsentieren im Sinne eines offenen Unterrichts das aktuelle Verständnis von Lernen und Lehren (vgl. Scherer 2007b; Schütte 1996) und bieten vielfältige Möglichkeiten für die differenzierte Organisation von Lernprozessen, insbesondere auch für die Formen einer natürlichen Differenzierung (vgl. Kap. 5.1). Hinsichtlich der Konstruktion offener Aufgaben sind zahlreiche Variationen möglich. So kann eine Aufgabe völlig offen gestellt werden, indem Schülerinnen und Schüler des 3. Schuljahres bspw. Aufgaben notieren sollen, die sie kennen. Hier sind verschiedene Operationen (Addition, Subtraktion, Multiplikation, Division), ganz unterschiedliches Zahlenmaterial (Zwanziger-, Hunderter- oder Tausenderraum) oder auch unterschiedliche Aufgabentypen (zweigliedrige Terme, Kettenaufgaben, vermischte Operationen innerhalb einer Aufgabe) möglich. Eine Vorgabe könnte aber auch enger gehalten werden, etwa Aufgaben zu einem festen Ergebnis (z. B. 100) zu finden.

So sind bei offenen Aufgaben sowohl strukturierte als auch unstrukturierte Übungen möglich. Strukturen können z. B. ausgenutzt werden bei der Vorgabe eines festen Ergebnisses. Aber auch unstrukturierte Übungen sind sinnvoll und wichtig. Hier steht allein die Wahl der Zahlenwerte bzw. Aufgaben im Vordergrund. Der Schwierigkeitsgrad der Aufgaben, die die Kinder selbst wählen, ist oftmals höher, als man annimmt und als man den Kindern zumuten würde. Auch wenn einige Schülerinnen und Schüler zu Beginn eher einfache Aufgaben wählen, ist langfristig bei verändertem Selbstkonzept eine angemessene Wahl des Niveaus zu erwarten (vgl. Scherer 2007b).

Offene Aufgaben können zur Förderung des Selbstkonzepts beitragen und sollten als Vorstufe zu einem generell offeneren Unterricht verstanden werden (Böhm 1984, 6; Scherer 2007b). Letztlich ist dies dann ein Beitrag zu größerer Selbstständigkeit. Wenn diese Art des Lernens für die Schülerinnen und Schüler neu ist, kann sich in der Anfangsphase – verständlicherweise – eine gewisse Orientierungslosigkeit zeigen. Diese Anfangsschwierigkeiten können jedoch gut aufgefangen werden, da die Art der Übung vielfältige Differenzierungsmöglichkeiten beinhaltet (vgl. Böhm 1984; Böhm et al. 1990; Scherer 2003b; 2005a; 2005b). Diese sind nicht vorab festgelegt, da die Kinder die Anzahl der Übungsaufgaben und ihr Bearbeitungsniveau selber wählen. Es handelt sich hierbei um eine *natürliche Differenzierung* (vgl. auch Kap. 5.1), bei der die Lernenden ihren momentanen Leistungsstand sowohl bezogen auf den *Umfang* als auch auf das *Niveau* der Übung einbringen können (vgl. Böhm 1984, 5; Kap. 5.1).

5.2.5   Automatisierung

Die Notwendigkeit automatisierter Elemente im Bereich der Mathematik wurde bereits zu Beginn dieses Kapitels ausgeführt. Zentral ist die Einordnung in den Lern- und Übungsprozess. So wird bspw. im Konzept des ›Blitzrechnens‹ (vgl. Wittmann/Müller 1990, 73 ff.; 1992, 106 ff.) bewusst zwischen zwei Phasen unterschieden:

- Bei der *Grundlegung* wird unter Zuhilfenahme der Veranschaulichung der entsprechende Lerninhalt einsichtsvoll eingeführt, erarbeitet und wiederholt durchgeführt.

- Die *Automatisierung* soll nach Abschluss des Lernprozesses die Kinder zu mentalen Operationen führen. Es kann später auch darum gehen, bei mentalen Operationen das Tempo zu steigern. Es sollte jedoch kein zeitlicher

Druck für die Kinder entstehen, denn die Steigerung des Tempos ist u. U. nicht für alle Schülerinnen und Schüler ein sinnvolles Lernziel.

Bei der Automatisierung besteht grundsätzlich die Gefahr, dass Aufgaben lediglich auswendig gelernt werden. Deshalb ist die *Grundlegungs*phase von zentraler Bedeutung. Bei der Automatisierung sollte es sich also um das Abrufen *verinnerlichter Vorstellungen* handeln. Das bedeutet, dass die Übersetzung zwischen den einzelnen Repräsentationsebenen (verbal, ikonisch, symbolisch) potenziell beherrscht (und ggf. auch überprüft) werden und dass eine Rückführung von der symbolischen auf eine andere Ebene möglich sein muss. Das Automatisieren gelingt Schülerinnen und Schülern umso besser, wenn die entsprechenden Inhalte in Beziehungen oder auch durch eigene Strategien gelernt wurden (vgl. Baroody 1985; Schipper 1990).

In den vorangegangenen Abschnitten wurden zentrale Aspekte des Übens herausgestellt und für eine produktive Übungspraxis plädiert. Das Angebot von Übungsformen und -formaten ist dabei immer kritisch zu analysieren, da sich in Lehrwerken und Übungsmaterialien mitunter unpassende Vorschläge finden (vgl. Krauthausen/Scherer 2006a). Unter den vorgestellten Übungstypen erweisen sich strukturierte Übungen als äußerst vorteilhaft für Schülerinnen und Schüler mit Lernschwächen. Aus Angst vor Verwirrung und Überforderung werden ihnen derartige Übungen aber häufig vorenthalten, was Böhm (1988) wie folgt beschrieb: »Es hat nach meinem Überblick den Anschein, als ob in der Schule für Lernbehinderte zu viel mechanisch und zu wenig operativ geübt würde. Dadurch begeben wir uns zweier Chancen: einmal für Variabilität des Übens zu sorgen, zum anderen, Kinder zum Denkenlernen auch während der Übungsphasen zu führen. [...] das mechanische Üben sollte auf das Nötigste beschränkt werden. Dann werden wir es auch leichter haben, die Motivation der Schüler [...] für das ja ohne Zweifel notwendige Üben zu gewinnen« (ebd., 78). Zu fragen bleibt, ob diese Einschätzung nach wie vor zutrifft. Die Vorteile anspruchsvoller Übungsarten, die u. a. auch einen Beitrag zur Denkschulung leisten, sind inzwischen durch zahlreiche Untersuchungen belegt (vgl. z. B. Ahmed 1987; Scherer 1999a; van den Heuvel-Panhuizen 1991). Dabei reicht allein die Bereitstellung geeigneter Übungsformen nicht aus, vielmehr ist auch die Rolle der Lehrperson entscheidend, die das innewohnende Potenzial geeignet in Unterricht und Förderung umsetzen muss (vgl. Krauthausen/Scherer 2006a; Kap. 3).

5.3 Arbeitsmittel und Veranschaulichungen

5.3.1 Grundsätzliche Überlegungen

Arbeitsmittel und Veranschaulichungen nehmen in der mathematischen Förderung einen zentralen Stellenwert ein und sollen Schülerinnen und Schülern helfen, Einsicht und Verständnis in mathematische Strukturen aufzubauen bzw. die mathematische Begriffsbildung zu unterstützen (Söbbeke 2005). Entsprechend umfangreich und auch unüberschaubar sind die Angebote auf dem Lehrmittelmarkt (Krauthausen/Scherer 2007, 240; Wittmann 1993, 394). Die Werbung verspricht oft, dass die ›trockene und schwierige Mathematik‹ durch die Verwendung der angebotenen Materialien ›vergnüglich‹ werde und Spaß mache, dass das damit verbundene spielerische Lernen zu größerem Leistungserfolg führe oder dass das Manipulieren mit bestimmten Materialien das mathematische Verständnis schule (vgl. zu ähnlichen Motiven einer fragwürdigen Übungspraxis in Kap. 5.2). Damit wird manchmal die Botschaft transportiert, dass Mathematik grundsätzlich schwierig und langweilig sei und durch ein Vehikel – d. h. durch Materialien oder Veranschaulichungen – ansprechend und einfacher gemacht werden müsse. Oft wird auch davon ausgegangen, dass das Handeln mit Materialien automatisch zu Einsicht und Verständnis und damit zu Lernerfolg führe. Dass dem nicht so ist, sondern dass dazu besondere Bemühungen notwendig sind, wird im Folgenden aufgezeigt. Es wird beschrieben, wie sich Zahl- und Operationsvorstellungen aufbauen, wie dieser Prozess von Lehrpersonen unterstützt werden kann und welche geeigneten Arbeitsmittel und Veranschaulichungen hierzu eingesetzt werden können.

Begriffsklärung

Wenn über Arbeitsmittel und Veranschaulichungen gesprochen wird, muss berücksichtigt werden, dass die Begriffsverwendung sowohl in der Fachliteratur als auch in der Unterrichtspraxis und in Werbebroschüren uneinheitlich ist (Krauthausen/Scherer 2007, 240). Je nach Quelle und Autor sind Begriffe wie Arbeitsmittel, Arbeitsmaterialien, Lernmaterialien, (mathematische) Materialien, Lernhilfen, Veranschaulichungen, Anschauungshilfen oder mathematische Darstellungen anzutreffen.

Krauthausen/Scherer (ebd., 242) schlagen als eine Möglichkeit die – nach eigenen Worten nicht trennscharfe – Unterscheidung in ›Veranschaulichungsmittel‹ und ›Anschauungsmittel‹ vor. »Erstere würden (im traditionellen Sinn) hauptsächlich von der Lehrerin eingesetzt, um bestimmte (mathematische) Ideen und Konzepte zu illustrieren.«

Der Fokus liegt dabei eher auf dem Weitergeben von Wissen von der Lehrperson an die Schülerinnen und Schüler. Anschauungsmittel dagegen wären ›Werkzeuge‹ in der Hand der Kinder (z. B. das Zwanzigerfeld oder der Rechenstrich), mittels derer die Schülerinnen und Schüler ihr mathematisches Verständnis erwerben, erweitern und vertiefen. Entscheidend sind dabei nicht nur das Material selbst, sondern die (geistigen) Aktivitäten, die die Kinder damit durchführen (vgl. Schipper 1996, 41), bzw. die Handlungen, die das Material ermöglicht (Rottmann/Schipper 2002, 53).

Als Arbeitsmittel werden Materialien (z. B. Wendeplättchen, Muggelsteine, Mehrsystemblöcke bzw. Dienes-Material, Rechenrahmen) bezeichnet, an denen Handlungen vollzogen werden und die als Hilfsmittel zum Rechnen eingesetzt werden können. Diese Materialien sind jedoch immer auch als Veranschaulichungen einsetzbar. Diagramme, Tabellen, der Rechenstrich, die Einspluseinstafel, das Hunderterpunktfeld und die Stellentafel wären im Unterschied zu den Arbeitsmitteln als Veranschaulichungen zu bezeichnen (Krauthausen/Scherer 2007, 243). Gerade an den letztgenannten Beispielen lässt sich jedoch die schwierige Einteilung aufzeigen. Je nach Kontext kann auch die Stellentafel als Arbeitsmittel verwendet werden, etwa wenn Plättchen gelegt werden, um Zahlen darzustellen. Auch der Zahlenstrahl und die Hundertertafel werden in der Unterrichtspraxis oft als Arbeitsmittel eingesetzt. Arbeitsmittel und Veranschaulichungen können somit mehreren Zwecken dienen (vgl. ebd., 257):

- Sie können als Mittel zur Zahldarstellung verwendet werden, wenn z. B. eine Zahl durch gelegte Plättchen am Zwanzigerfeld dargestellt wird oder wenn am Tausenderbuch demonstriert wird, dass sich die 37, die 137, die 237 usw. auf jeder Seite an derselben Stelle befinden und damit Analogien und Beziehungen zwischen den Zahlen verdeutlicht werden.

- Sie können als Mittel zum Rechnen und zum Veranschaulichen von Rechenoperationen genutzt werden, indem bspw. eine Rechenaufgabe mit Plättchen gelegt wird oder wenn Additions- oder Subtraktionsaufgaben im Zahlenraum bis 100 an Hunderterpunktfeldern skizziert oder mit Zehnerstreifen und Einern dargestellt werden.

- Sie können als Argumentations- und Beweismittel dienen, wenn z. B. am Zwanzigerfeld die Struktur eines operativen Päckchens aufgezeigt wird oder wenn am Hunderterpunktfeld das Kommutativgesetz bezüglich der Multiplikation dargestellt wird (vgl. auch Kap. 6.1.2).

Bei den Arbeitsmitteln können zudem verschiedene Strukturierungsgrade unterschieden werden, die jeweils Vor- und Nachteile beinhalten. Dabei sind verschiedene Kategorisierungen möglich. Radatz et al. (1996, 36 ff.) unterscheiden strukturierte und unstrukturierte Materialien sowie Mischformen. Bei Mischformen handelt es sich auch um Materialien, die eine Struktur aufweisen, jedoch weist diese flexible Einheiten auf (dies im Gegensatz zu festen Einheiten bei der Kategorie ›strukturierte Materialien‹; ebd.). Wir wählen eine Einteilung in unstrukturierte und strukturierte Materialien, wobei letztere aus festen oder flexiblen Einheiten bestehen können.

▪ *Unstrukturierte Materialien:* Lose Plättchen, Muggelsteine, Nüsse, Steine, Steckwürfel usw., mit denen Anzahlen oder Rechenaufgaben dargestellt werden können (z. B. die Zahl 5 oder die Aufgabe 3+4). Diese Materialien bieten den Vorteil, dass kleine Anzahlen flexibel dargestellt werden können. Zudem lassen sie sich gut nutzen, um Anzahlen bzw. Mengen durch verschiedene Bündelungen darzustellen und zu zählen. Nachteil ist, dass diese ab 4/5 nicht mehr simultan, d. h. ›auf einen Blick‹ erfasst werden können. Zudem besteht die Gefahr, dass die Schülerinnen und Schüler beim Hantieren mit größeren Anzahlen rasch den Überblick verlieren und möglicherweise zum einzelnen Abzählen und zählenden Rechnen verleitet werden (vgl. hierzu Kap. 5.4).

▪ *Strukturierte Materialien mit festen Einheiten:* Bestimmte Zahlen bzw. Einheiten werden durch die Zusammenfassung einzelner Elemente dargestellt, z. B. die 10 durch einen Zehnerstab oder -streifen oder die 8 durch einen farbigen Stab mit der Länge von acht Einheiten (Cuisenaire-Stab). Solche strukturierten Materialien weisen oft auch eine Fünfer- und/oder Zehnerstruktur auf, und die einzelnen Elemente sind sichtbar (Abb. 5.8).

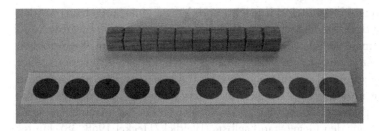

Abbildung 5.8 Zehnerstab und Zehnerstreifen

Die Zusammenfassung zu einer ›Einheit‹ hat den Vorteil, dass die Schülerinnen und Schüler daran weniger abzählen als an unstrukturierten Materialien, weil sie diese – z. B. einen Zehnerstab – als ›Ganzheit‹ wahrnehmen. Die festen Einheiten bieten aber auch Nachteile (Radatz et al. 1996, 36 f.), denn kleine Anzahlen können nicht flexibel dargestellt werden. Zudem kann das Lösen von Rechenaufgaben im Zahlenraum bis 100 aufwendig und auch fehleranfällig sein, wenn bei Aufgaben mit einem Zehnerübergang gebündelt bzw. entbündelt werden muss: Wird bspw. die Aufgabe 65–27 = 38 mit Zehnerstäben und Einerwürfeln gelegt, können die Zehner rasch weggenommen werden. Zur Subtraktion der Einer muss jedoch ein Zehner in 10 Einer getauscht werden. Solche Handlungen sind in der Phase des Erarbeitens von Einsicht und Verständnis wichtig. Wenn es jedoch in erster Linie um das Üben bzw. das Lösen von mehreren Aufgaben geht, ist dieses Vorgehen aus den genannten Gründen weniger geeignet.

Strukturierte Materialien mit flexiblen Einheiten (in der Terminologie von Radatz et al. 1996: Mischformen): Hierbei handelt sich i. d. R. um Materialien mit einer klaren Fünfer- und Zehnerstruktur, die eine quasi-simultane bzw. strukturierte Zahlauffassung (eine Zahlauffassung ›auf einen Blick‹) unterstützen (vgl. auch Kap. 5.4). Im Gegensatz zu den Materialien mit festen Einheiten kann mit den flexiblen Einheiten operiert werden (z. B. mit den Plättchen am Zwanzigerfeld oder mit den Kugeln am Rechenrahmen oder am Abaco, vgl. Abb. 5.17). Diese Materialien können z. T. die Vorteile der unstrukturierten und strukturierten Materialien mit festen Einheiten vereinen und deren Nachteile aufheben, da sie gleichzeitig eine Handhabung der ›Ganzheiten‹ und der einzelnen Elemente ermöglichen (Radatz et al. 1996, 35).

Nach diesen Begriffsklärungen wollen wir uns im nächsten Abschnitt mit der Frage auseinandersetzen, wie durch den Einsatz von Arbeitsmitteln und Veranschaulichungen angemessene Vorstellungen aufgebaut werden können.

Aufbau von Zahl- und Operationsvorstellungen

Mit dem Einsatz von Arbeitsmitteln und Veranschaulichungen verbunden ist das Ziel bzw. die Hoffnung, dass durch das Handeln und die Auseinandersetzung mit diesen ›Hilfsmitteln‹ Einsicht und Verständnis aufgebaut werden kann. Insbesondere für lernschwache Schülerinnen und Schüler wurde (und wird) angenommen, dass Lernprozesse ausschließlich auf diesem Weg möglich sind, wie ein Zitat aus der traditionellen ›Hilfsschuldidaktik‹ illustriert. »Der Schüler vermag aufgrund der ihm eigenen Abstraktionsschwäche und aufgrund der Verhaftung im konkreten Denken nicht das zu lernen, was den exemplarisch transferierbaren Bildungswert des Gegenstandes ausmacht. Er lernt – groß gesagt – nur den Gegenstand selbst« (Bleidick/Heckel 1968, 38). Hinter solchen Aussagen steht eine sensualistische Vorstellung von Lernen, die Schülerinnen und Schülern als Wesen betrachtet, die nicht durch geistige Aktivität, sondern durch die Aufnahme von Sinneseindrücken lernen. Diese Vorstellung wird schon seit vielen Jahren auch in der ›Lernbehindertenpädagogik‹ kritisch diskutiert. Willand (1986, 21) zitiert dazu den russischen Entwicklungspsychologen Wygotski, der die ›Hilfsschullehrer‹ davor warnt, im Unterricht nur mit realen Gegenständen und Anschauungsmitteln zu arbeiten und sich nur auf konkrete Vorstellungen zu stützen. »Die anschaulichen Unterrichtsmethoden sind zweifellos notwendig, dies bleibt unbestritten. Der Lehrer darf sich jedoch … nicht darauf beschränken. Es ist seine Aufgabe, Kindern zu helfen, von der konkreten Vorstellung abstrahieren zu lernen und zu den höheren Formen der Erkenntnis überzugehen – zum logischen, verbalen Verallgemeinern« (Willand 1986, 21 f.). Ein Beispiel soll dies illustrieren: So ist die Fünfer- und Zehnerstruktur des Zwanzigerfeldes für Kinder im Anfangsunterricht nicht unbedingt direkt ersichtlich, sondern muss erarbeitet werden. Durch die aktive Auseinandersetzung, z. B. durch das Zählen der Punkte, durch die Beschreibung der Struktur und durch das Gespräch darüber kann das Zwanzigerfeld vom Kind

Schritt für Schritt entdeckt, Wissen über dessen Struktur erworben und Besonderheiten können erkannt werden (vgl. auch Kap. 5.4). Das Entscheidende ist somit nicht das Hantieren mit den Plättchen, sondern sind die Erkenntnisprozesse, die während dieses Handelns stattfinden und die es erlauben, dass das Kind eine Repräsentation bzw. ein visuelles Vorstellungsbild von ›zwanzig‹ erwirbt. Es handelt sich dabei um eine Form von ›geistiger Handlung‹ im Sinn einer (Re-)Konstruktion durch das Individuum (Lorenz 1998, 45; vgl. auch Kiper 2006, 82). Das bedeutet, dass ein »handlungsorientierter Unterricht« seinen Namen nur dann verdient, »wenn er nicht im bloßen Aktionismus verbleibt, sondern zugleich ›vorstellungsorientiert‹ ist in dem Sinne, dass den Kindern die in den Handlungen enthaltenen mathematischen Strukturen bewusst (gemacht) werden« (Schipper 2003, 223). Lorenz (1998, 41 ff.) illustriert diesen Prozess, indem er Verinnerlichungsprozesse am Beispiel der Visualisierung beschreibt. Darauf wollen wir im Folgenden näher eingehen.

Vorstellungsbilder

Lorenz (ebd.) beschreibt Vorstellungsbilder als eine vorstellungsmäßige Produktion oder Reproduktion eines Bildes, das sich auch auf Sachverhalte oder Handlungen beziehen kann und in engem Zusammenhang mit dem Vorwissen und den bisher gemachten Erfahrungen steht. Dieses Bild ist selten statisch, sondern es gestattet kognitive Operationen in Form von Drehungen, Perspektivwechseln und Detailänderungen. Es handelt sich auch nicht um eine Abbildung im Sinne eines detaillierten Bildes, sondern um ein schemenhaftes Bild, das vage ist und dadurch Symbolfunktion besitzt. Vorstellungsbilder bzw. Repräsentationen sind deshalb nicht identisch mit mathematischen Begriffen, sondern weisen auf die mathematischen Inhalte hin und stellen diese symbolisch dar (Söbbeke 2005, 17 f.).

Bezogen auf das Beispiel der Subtraktion bedeuten diese Überlegungen, dass am Anfang wohl die Vorstellung einer konkreten Handlung stehen kann (›In einer Schachtel sind sieben Kekse, drei werden gegessen, vier bleiben übrig‹), dass dieses Bild aber mit der Zeit vager und allgemeiner wird: In der Grundvorstellung des Abziehens bzw. Wegnehmens geht von einem Ganzen ein Teil weg, ein Teil bleibt übrig, dieser Teil ist kleiner als das Ganze. Solch vage Vorstellungsbilder erhalten ihren Nutzen vor allem dadurch, dass sie auf ähnliche, strukturgleiche Aufgaben übertragen werden können. Lorenz (1998, 50) weist in diesem Zusammenhang auch darauf hin, dass Vorstellungsbilder »idiosynkratisch« sind, d. h. dass es sich um individuelle Konstruktionen handelt, die manchmal brauchbar und korrekt, aber auch missverständlich oder ungeeignet sein können. Abb. 5.9 zeigt ein solches Beispiel.

Abbildung 5.9 Pias Veranschaulichung der Aufgabe 4-2 = 2

Pia, eine Zweitklässlerin mit großen Problemen beim Subtrahieren im Zahlenraum bis 20, hat zur vorgegebenen Aufgabe 4–2 = 2 das dargestellte Bild gezeichnet. Verbal hatte sie eine korrekte Veranschaulichung beschrieben: »Es sind vier Eier. Zwei Hühnchen sind ausgeschlüpft.« Ihr Bild zeigte jedoch, dass sie Schwierigkeiten hatte mit der Vorstellung des Ganzen und seiner Teile bzw. mit der Darstellung der von ihr beschriebenen Situation. Sie konnte z. B. nicht erklären, wo man im Bild die zwei Eier mit den nicht ausgeschlüpften Hühnchen sehen kann. Eine ausführliche Diskussion des Bildes und der Situation sowie das Darstellen von weiteren Subtraktionsaufgaben führten zur Veranschaulichung in Abb. 5.10, in der der Subtrahend korrekt als Teil des Minuenden dargestellt ist. Pia erzählte zur Zeichnung folgende Geschichte: »In fünf Familien schauen die Kinder am Abend fern. In zwei Familien sagt der Vater: Kinder, jetzt ist Schluss. Der Fernseher wird ausgeschaltet. In drei Familien laufen die Fernseher noch. Die Rechnung zu meiner Geschichte lautet 5–2 = 3« (Schmassmann/Moser Opitz 2008b, 47).

Abbildung 5.10 Pias Veranschaulichung der Aufgabe 5-2 = 3 (Schmassmann/Moser Opitz 2008b, 47)

Zur ersten Darstellung von Pia sei noch eine grundsätzliche Bemerkung angefügt. Es könnte der Fall sein, dass ein Kind mit einer selbst erstellten Zeichnung einen Handlungsablauf repräsentiert: Zuerst werden die vier ganzen Eier gezeichnet, anschließend die zwei Eier mit den geschlüpften Küken. Um solche Überlegungen der Lernenden zu erfahren, ist es wichtig, dass die Lehrperson die Veranschaulichungen mit den Schülerinnen und Schülern bespricht und deren Interpretation erfragt.

Das Beispiel weist auf verschiedene Aspekte hin: Erstens ist es wichtig, dass Lehrpersonen die Vorstellungsbilder der Schülerinnen und Schüler erfragen und sie wenn nötig beim Aufbau von alternativen Repräsentationen unterstützen und begleiten. Zweitens wird aber auch deutlich, dass die Darstellung der Subtraktion grundsätzlich schwierig ist, weil der dynamische Prozess (hier des Wegnehmens) repräsentiert werden muss. In Schulbüchern und auch von Schülerinnen und Schülern wird dazu manchmal die Darstellungsform ›Durchstreichen‹ gewählt (Abb. 5.11).

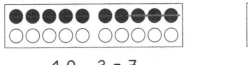

Abbildung 5.11 Darstellung der Subtraktion mit Durchstreichen des Subtrahenden (Werner 2007, 47)

Dies kann jedoch zu Missverständnissen führen, da das Durchstreichen manchmal als Halbieren interpretiert wird (vgl. z. B. Selter/Spiegel 1997, 153). Andere Schülerinnen und Schüler sind verwirrt, weil der durchgestrichene Subtrahend nicht ›weg‹, sondern immer noch sichtbar ist. Auch Darstellungen wie z. B. volle und leer getrunkene Gläser (Abb. 5.12) werden nicht immer als Subtraktionsaufgaben erkannt. Schülerinnen und Schüler argumentieren bspw. richtig, dass nichts weggenommen würde, weil die Gläser immer noch vorhanden sind.

10 − 3 =

Abbildung 5.12 Darstellung einer Subtraktion (Wittmann/Müller 2007, 53)

Dies zeigt den wichtigen Aspekt der empirischen und der theoretischen bzw. strukturellen Mehrdeutigkeit von Veranschaulichungen (vgl. Steinbring 1994).

Bildliche Darstellungen, wie sie in Abb. 5.12 und 5.13 zu sehen sind, können verschiedene Aufgaben veranschaulichen (empirische Mehrdeutigkeit). Das Bild mit den Vögeln und dem Baum kann sowohl die Aufgabe $9-3 = 6$, $9-6 = 3$, $3+6 = 9$ oder auch $3+? = 9$ o. Ä. darstellen. Auch bei Diagrammen sind unterschiedliche Deutungen möglich (strukturelle Mehrdeutigkeit) wie bspw. die Darstellungen zur Multiplikation in Abb. 6.9 zeigen.

Abbildung 5.13 Erzählen und Rechnen (Wittmann/Müller 2007, 60)

Diese Mehrdeutigkeit muss im Unterricht thematisiert und bewusst auch ge-nutzt werden, indem bspw. explizit verschiedene zum Bild passende Aufgaben gesucht und diskutiert werden (vgl. Kap. 6.2). Dieses Besprechen verschiedener Möglichkeiten und das Aufgreifen individueller Sichtweisen ist generell ein wichtiger Aspekt zum Aufbau von Vorstellungsbildern und besonders auch bei der Subtraktion.

Lernen mit allen Sinnen?

In Ratgebern zum Umgang mit lernschwachen Schülerinnen und Schülern wird oft vorgeschlagen, zum Aufbau von Vorstellung möglichst viele Sinne einzube-ziehen (z. B. Ebhardt 2003; Wunderlich 2002). Die Einmaleinsreihen sollen bspw. an einer Schnur mit Knoten in regelmäßigen Abständen ertastet werden, oder es wird empfohlen, Plusaufgaben auf den auf dem Fußboden ausgelegten Zahlenkarten abzuschreiten. Verbunden mit solchen Vorschlägen ist das An-liegen, durch das Einbeziehen von Tastsinn und Motorik den Erwerb mathe-matischer Kompetenzen zu erleichtern und besser ›begreifbar‹ zu machen. Hier muss Folgendes beachtet werden: Insbesondere motorische Übungen sind oft – obwohl für die motorische Förderung sehr wichtig – nicht unbedingt geeignet, um mathematisches Lernen zu unterstützen, da der zu lernende mathematische Inhalt durch die motorischen Aktivitäten nicht oder nur unvollständig darge-stellt werden kann. Wird eine Plusaufgabe wie im genannten Beispiel auf am

Boden liegenden Karten ›gegangen‹, führt dies erstens dazu, dass in Einerschritten abgezählt wird. Zudem werden die Summanden nicht sichtbar, und es besteht keine Möglichkeit, das Zustandekommen eines evtl. falschen Ergebnisses zu korrigieren. Ein weiteres Beispiel: Tast- oder Hörübungen bieten oft keine Hilfe zum Lösen einer mathematischen Aufgabe, sondern können sich erschwerend auswirken. Müssen z. B. Töne gezählt werden, ist das äußerst anspruchsvoll, da einerseits das Arbeitsgedächtnis in hohem Maß belastet wird (›Wie viele Töne waren es bis jetzt?‹) und zudem die Töne nur kurz hörbar sind und keine Möglichkeit besteht, den Zählakt zu kontrollieren. ›Lernen mit allen Sinnen‹ unterstützt also nicht per se den mathematischen Lernprozess, sondern nur dann, wenn die Aktivität die Struktur eines mathematischen Lerngegenstandes hervorhebt bzw. dessen Aneignung unterstützt. In der Regel handelt es sich dabei um Tätigkeiten, die mit geeigneten Arbeitsmitteln durchgeführt werden. Manchmal wird von Lernfortschritten in Mathematik etwa durch den Einsatz von Bewegungsspielen zu mathematischen Inhalten, durchgeführt bspw. im Sportunterricht, berichtet (vgl. z. B. Kleindienst-Cachay/Hoffmann 2009). Wir wollen derartige positive Effekte nicht grundsätzlich negieren, geben aber zu bedenken, dass diese Erfolge u. U. allein auf das *zusätzliche* Übungsbzw. Förderangebot, das sich durch solche Spiele ergibt, zurückgeführt werden können. Daneben könnten auch motivationale Aspekte ausschlaggebend sein. Wenn bspw. Sportunterricht beliebter ist als Mathematikunterricht, kann diese positive Einstellung zum Sportunterricht das Lernen von mathematischen Inhalten im Kontext Sport positiv beeinflussen. Im günstigen Fall übertragen sich solche Effekte auch auf Lernprozesse innerhalb des Mathematikunterrichts. Dies muss aber nicht zwangsläufig der Fall sein.

Aus diesen Überlegungen ergeben sich Folgerungen für den Einsatz von Arbeitsmitteln und Veranschaulichungen im Mathematikunterricht.

5.3.2   Zum Einsatz von Arbeitsmitteln und Veranschaulichungen

Zusätzlicher Lernstoff

In der Praxis werden Arbeitsmittel und Veranschaulichungen eingesetzt, um die Sache für die Schülerinnen und Schüler ›einfacher‹ zu machen. Dabei wird nicht berücksichtigt, dass erstere nicht selbsterklärend sind, sondern i. d. R. zusätzlichen Lernstoff darstellen, den die Schülerinnen und Schüler zuerst erarbeiten müssen (Schipper 1996, 26). Das bedeutet, dass für diesen Lernprozess Zeit eingeplant werden muss und die Arbeitsmittel und Veranschaulichungen selber zum Lerngegenstand gemacht werden sollen (Rottmann/Schipper 2002, 71). Um die Struktur des Hunderterpunktfeldes ($1 \cdot 100$, $10 \cdot 10$, $2 \cdot 50$ bzw. $4 \cdot 25$) zu verinnerlichen und anwenden zu können, muss bspw. erkundet werden, dass pro Reihe und Spalte jeweils zehn Punkte sind und dass die Hälfte des Feldes aus 50 Punkten und ein Viertel aus 25 Punkten besteht.

Insbesondere wenn Abbildungen oder Darstellungen den mathematischen Inhalt nicht ins Zentrum rücken, stellen sie oft eher ein Hindernis als eine Unterstützung dar. Vielfach anzutreffen sind Illustrationen, die keine wirkliche Veranschaulichung des Inhalts darstellen, sondern diesen lediglich ›verpacken‹. Wenn Übungsaufgaben z. B. nicht in der konventionellen Gleichungsschreibweise, sondern in der Form von Blumen wie in Abb. 5.14 dargestellt sind, muss sich die Schülerin oder der Schüler zuerst mit dem Bild auseinandersetzen und die Darstellung verstehen. Eine *Veranschaulichung* einer Rechnung wie 75–29 wird dabei nicht gegeben. Beeinträchtigend kommen bei vielen solchen Darstellungen die erhöhten Anforderungen bezüglich Wahrnehmung und/oder räumlicher Orientierung dazu. Im hier dargestellten Beispiel sind die Terme nicht gemäß der Gleichungsschreibweise dargestellt, sondern müssen einmal von links nach rechts, einmal von rechts nach links und einmal von oben nach unten erschlossen werden. Gerade lernschwache Schülerinnen und Schüler machen dabei häufig Fehler, weil sie mit der verwirrenden Anordnung der Operanden nicht klar kommen: Beim Abschreiben der Aufgabe ins Heft muss z. B. vom Minuenden 46, der rechts in der ersten Blume steht, ausgegangen werden, rechts davon muss der Subrahend –29 geschrieben werden, dieser steht jedoch im Bild links von 46. Dies könnte sinnvoll sein, wenn lediglich die Flexibilität im Umgang mit den Operanden geübt werden soll. Für derartige Ziele sind jedoch aus unserer Sicht andere, substanzielle Aufgabenformate wie z. B. Zahlenmauern oder Rechendreiecke (vgl. Kap. 5.2) geeigneter.

Bilde Aufgaben und löse sie im Heft.

Abbildung 5.14 Übungsaufgaben zur Subtraktion (Burkhart et al. 2009, 19)

Generell wäre es günstiger, Aufgaben zu verwenden, die in einem operativen Zusammenhang stehen (wie in der mittleren Blume) und diese ohne das unnötige Blumenbild als strukturiertes Päckchen darzustellen. Die Struktur (31–13 = 18, 41–13 = 28 usw.) würde in dieser formalen Darstellung viel deutlicher sichtbar und könnte das Lösen der Aufgaben erleichtern und zu einem tieferen und vernetzten Verständnis der Subtraktion im Hunderterraum beitragen (vgl. Kap. 5.2).

Auswahl von Arbeitsmitteln und Veranschaulichungen

Für einen sinnvollen und unterstützenden Einsatz von Arbeitsmitteln und Veranschaulichungen sind mehrere Aspekte zu berücksichtigen. Es muss sorgfältig bedacht werden, welches arithmetische Konzept durch welches Arbeitsmittel bzw. welche Veranschaulichung sinnvoll unterstützt wird bzw. welche Aktivitäten sich mit welchem Arbeitsmittel sinnvoll ausführen lassen (vgl. Schipper 1996, 26; Wittmann/Müller 2007, 12). Nicht jedes Material eignet sich für dieselbe Operation bzw. Rechenaufgabe gleich gut, und ein einziges Arbeitsmittel oder eine einzige Veranschaulichung kann nicht das ganze Spektrum eines Begriffes oder einer Operation abdecken (vgl. auch Krauthausen/Scherer 2007, 258). Meist wird nur ein Aspekt hervorgehoben (Schmassmann/Moser Opitz 2008b, 39): So betonen das Hunderter- oder Tausenderfeld den kardinalen Zahlaspekt, während bei der Zahlreihe und dem Zahlenstrahl der ordinale Zahlaspekt im Vordergrund steht. Zudem gibt es Arbeitsmittel, mit denen der Zahlenraum ganzheitlich veranschaulicht werden kann (z. B. die Hundertertafel), während sich andere lediglich auf Ausschnitte, etwa für eine spezifische Aufgabe beziehen. Bestimmte Veranschaulichungen eignen sich als Protokollformen für eigene Lösungsstrategien (z. B. der Rechenstrich), während andere dies nicht so ohne Weiteres ermöglichen. Auch ist nicht jedes Material für jede Operation in gleichem Maß geeignet. Einmaleinsaufgaben lassen sich bspw. gut am Hunderterpunktfeld darstellen, während an diesem Material nicht alle Additions- und Subtraktionsstrategien leicht zu veranschaulichen sind. Das gelingt für die meisten dieser Strategien etwa mit dem Rechenstrich besser, während dieser für die Multiplikation weniger geeignet ist. Das bedeutet auch, dass für verschiedene Operationen unterschiedliche Arbeitsmittel geeignet sind.

Zur wohlüberlegten Auswahl von Arbeitsmitteln und Veranschaulichungen insbesondere für lernschwache Schülerinnen und Schüler gehört als wichtige Konsequenz auch, dass die Anzahl beschränkt wird (Scherer 1996b, 53). Das bedeutet, dass nicht viele verschiedene Arbeitsmittel verwendet werden sollen, sondern dass für die verschiedenen Zahlenräume nach dem Motto »Weniger ist mehr« (Wittmann/Müller 2007, 12) möglichst strukturgleiche Materialien gewählt werden (z. B. die Zwanziger- und Hunderterreihe; das Zwanziger-, Hunderter- und Vierhunderterfeld usw.).

Ablösung von Arbeitsmitteln und Veranschaulichungen

Der Einsatz von Arbeitsmitteln ist nur dann sinnvoll, wenn gleichzeitig auch auf die Ablösung vom Material hin gearbeitet wird. »Aus dem Lösen von Aufgaben mit Hilfe des Arbeitsmittels soll also ein Lösen von Aufgaben ›im Kopf‹ werden« (Schipper 2003, 223). Dies wird im Unterricht nicht immer berücksichtigt. Insbesondere in der Arbeit mit lernschwachen Schülerinnen und Schülern kann es vorkommen, dass – basierend auf der falschen Annahme, dass jede Aktivität am Arbeitsmittel zu Einsicht und Verständnis führe – Arbeitsmittel als »permanente Krücke« (Schmassmann/Moser Opitz 2008b, 41) eingesetzt werden. Es gibt aber auch die gegenteilige Gefahr: Zu schnell wird auf die Ablösung vom Material hingearbeitet, und die Schülerinnen und Schüler können keine ausreichenden Erfahrungen machen und damit auch keine tragfähigen Vorstellungen aufbauen (Scherer 1996b, 56). Insbesondere lernschwache Schülerinnen und Schüler benötigen für das Kennenlernen von Arbeitsmitteln und Veranschaulichungen, für deren sinnvolle Nutzung und auch für die Verinnerlichungsprozesse genügend Zeit. Das erfordert sowohl von den Lehrpersonen als auch von den Lernenden viel Geduld. Die Schülerinnen und Schüler müssen zudem oft unterstützt und ermuntert werden, die Arbeitsmittel als Mittel für den Aufbau von Erkenntnis zu nutzen und einzusetzen (ebd.). Damit die Loslösung gelingt, sind verschiedene Aspekte zu berücksichtigen.

Sprachliche Begleitung von mathematischen Handlungen

Wichtig ist zum einen, dass die Handlungen am Arbeitsmittel sprachlich begleitet werden. Durch die Beschreibung von dem, was getan wird oder wurde, erfolgt ein erster Schritt hin zur Abstraktion, und die Handlung wird bewusster gemacht (Schipper 2003, 225; Willand 1986, 21). Weiter kann die Sprache dazu dienen, ›Übersetzungsprozesse‹ vom Konkreten zum Abstrakten und umgekehrt anzuregen. Insbesondere für lernschwache Schülerinnen und Schüler ist nicht immer klar, was eine soeben vorgenommene Handlung (z. B. das Darstellen einer Malaufgabe am Hunderterpunktfeld) mit der dazugehörigen symbolischen Notationsform zu tun hat. Durch die Sprache kann die Verbindung zwischen der Handlung und den Symbolen explizit hergestellt und damit sichtbar gemacht werden (›Hier sind drei Reihen mit jeweils fünf Punkten. Es sind drei mal fünf Punkte‹; vgl. auch die Beispiele zu individuellen Sichtweisen in Kap. 6.1.2). Eine wichtige Funktion nimmt die Sprache auch ein bei der Versprachlichung von ›Handlungen‹ an Material, das nicht verfügbar ist. Lösungswege können bspw. an vorgestelltem Material ›durchgeführt‹ werden, indem eine Beschreibung oder eine Handbewegung ›in der Luft‹ erfolgt oder indem eine Zeichnung angefertigt und sprachlich beschrieben wird (Lorenz 1998, 66). Weiter besteht die Möglichkeit, eine Handlung, die zu einem früheren Zeitpunkt vollzogen worden ist, später ›aus der Vorstellung‹ zu beschreiben, ohne sie konkret auszuführen (›Ich stelle mir mit dem Malwinkel eine Malaufgabe am Hunderterpunktfeld vor: Ich lege den Winkel so, dass ich in einer Reihe immer drei Punkte und fünf Reihen sehe‹).

Wechsel der Repräsentationsebenen

Die Repräsentationsebenen ›Handlung‹, ›Bild‹, ›Symbol‹ werden oft als hierarchische Ebenen verstanden, die in einer festgelegten Reihenfolge erarbeitet werden müssen (vgl. hierzu die kritischen Anmerkungen in Kap. 5.4). Wesentlich ist, dass immer wieder ›Übersetzungsprozesse‹ auf verschiedenen Ebenen stattfinden: Zu einer vorgegebenen Gleichung wird eine Rechengeschichte gezeichnet, eine vorgegebene Malaufgabe wird am Punktfeld mit dem Malwinkel dargestellt, eine mit Plättchen gelegte Aufgabe wird als Bild gezeichnet bzw. als Zahlensatz notiert usw.

Daneben muss auch beachtet werden, dass erst eine symbolische Darstellung das Verständnis von Handlungen am Material in vollem Umfang ermöglicht (Schmassmann/Moser Opitz 2008b, 39). Das Beispiel eines operativen Päckchens mit Subtraktionsaufgaben (z. B. 81–13 =, 71–13 = usw.) kann das verdeutlichen. Die Beziehung, dass – wenn der Minuend um 10 kleiner bzw. größer wird und sich der Subtrahend nicht verändert – auch das Ergebnis um 10 kleiner bzw. größer wird und sich die Einerstelle nicht verändert, wird für die gesamte Aufgabenserie erst sichtbar, wenn zusätzlich zur Darstellung mit einem Arbeitsmittel auch die formale Darstellung vorliegt und diskutiert wird. Handlungen in Verbindung mit der symbolischen Darstellung und sprachlicher Begleitung sind somit wichtige Etappen für den Aufbau von Vorstellung und damit verbunden zur Ablösung von Arbeitsmitteln.

Kriterien für den Einsatz von Arbeitsmitteln

Schipper (1996, 39) hat einen Kriterienkatalog erstellt, der es Lehrpersonen erleichtern soll, geeignete Arbeitsmittel für den Anfangsunterricht auszuwählen. Er unterscheidet zwischen didaktischen und unterrichtspraktischen Kriterien (vgl. auch Krauthausen/Scherer 2007, 262; Wittmann 1993).

Didaktische Kriterien:

- Erlaubt das Material zählende Zahlauffassung, zählende Zahldarstellung und zählendes Rechnen?

- Erlaubt das Material quasi-simultane Zahlauffassung und Zahldarstellung bis 20?

- Unterstützt das Material die Ablösung vom zählenden Rechnen?

- Erlaubt das Material Handlungen, die operative Strategien des Rechnens im Zahlenraum bis 20 entwickeln helfen?

- Erlaubt das Material den Kindern die Entwicklung unterschiedlicher, individueller Lösungswege?

- Gibt es zum Material strukturgleiche Fortsetzungen für das Rechnen im Zahlenraum bis 100?

- Gibt es zum Schülermaterial passendes Demonstrationsmaterial?

Unterrichtspraktische Kriterien:

- Ist das Material für Kinder leicht handhabbar?
- Kann das Material auch von Erstklässlern schnell bereitgestellt und geordnet und wieder weggeräumt werden?
- Ist das Material haltbar?

Das erste Kriterium (Möglichkeit des Abzählens) mag auf den ersten Blick erstaunen, da eine wichtige Zielsetzung des Unterrichts die Ablösung vom zählenden Rechnen ist (vgl. Kap. 5.4). Sicher beherrschte Zählstrategien sind jedoch eine wichtige Voraussetzung, um überhaupt die Struktur eines Arbeitsmittels erarbeiten zu können.

Wir wollen jetzt an einigen Beispielen aufzeigen, wie diese Kriterien konkret angewendet werden können.

Wird das Zwanzigerfeld betrachtet, dann zeigt sich rasch, dass die Kriterien insgesamt erfüllt werden: Zahlauffassung und Darstellung bzw. zählendes Rechnen und die quasi-simultane Zahlauffassung sind möglich, letztere unter-stützt die Ablösung vom zählenden Rechnen. Das Feld eignet sich zudem gut zur Anwendung eigener Lösungswege und operativer Strategien. So kann die Zahl 12 bspw. auf unterschiedliche Weisen gelegt werden (Abb. 5.15), und die Aufgabe 7+8 = 15 lässt sich von der ›einfachen‹ Kernaufgabe bzw. Verdopplungsaufgabe 7+7 = 14 oder von 8+8 = 16 ableiten (Abb. 5.16; ›7+7 = 14; 7+8 ist ein Plättchen mehr in der unteren Reihe‹).

Abbildung 5.15 Zwei Darstellungen der Zahl 12 auf dem Zwanzigerfeld

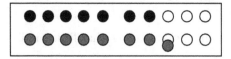

Abbildung 5.16 Operative Strategie zur Aufgabe 7+8

Auch die Kriterien der strukturgleichen Fortsetzung in den erweiterten Zahlen-raum und des passenden Demonstrationsmaterials sind erfüllt. Werden Wende-plättchen aus Karton verwendet, ist die Handhabbarkeit des Materials eher kritisch einzuschätzen. Gerade Schülerinnen und Schüler mit feinmotorischen Schwierigkeiten haben damit oft Probleme und arbeiten deshalb ungern mit den kleinen Plättchen. In solchen Situationen ist deshalb zu empfehlen, mit strukturgleichen Rechenschiffchen bzw. mit einem Zwanzigerfeld aus Holz mit Vertiefungen und entsprechenden Holzplättchen zu arbeiten.

Der Rechenrahmen und der Abaco (Abb. 5.17) sind Arbeitsmittel, die von ihrer Struktur her dem Zwanzigerfeld ähnlich sind. Beim Abaco können Zahlen dar-gestellt werden, indem Kugeln gedreht werden, die auf der einen Seite grau und der anderen rot oder weiß bzw. blau sind.

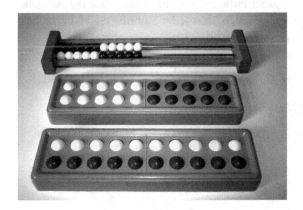

Abbildung 5.17 Rechenrahmen und Abaco

Trotzdem gibt es bedeutsame Unterschiede zum Zwanzigerfeld. Die Farbe der Kugeln ist fest vorgegeben, beim Rechenrahmen in der Regel durch jeweils fünf rote und fünf weiße (oder blaue) Kugeln nebeneinander, beim Abaco sind je nach Modell zehn gleichfarbige Kugeln in einer Reihe oder untereinander (Doppelfünfer) angeordnet. Die ›Kraft der Fünf‹ wird beim Rechenrahmen durch den Farbwechsel markiert, beim Abaco durch eine graue Linie.

Der Rechenrahmen und der Abaco weisen wie das Zwanzigerfeld eine klare Fünfer- und Zehnerstruktur auf, sodass eine zählende Zahlauffassung und -dar-stellung sowie auch die quasi-simultane Zahlauffassung bis 20 möglich ist. Von beiden Arbeitsmitteln gibt es strukturgleiche Fortsetzungen für den Hunderter-raum, und sie sind für die Schülerinnen und Schüler leicht handhabbar. Werden jedoch die Kriterien der operativen Strategien und der eigenen Lösungswege betrachtet, zeigen sich deutliche Einschränkungen im Vergleich zum Zwanzi-gerfeld. Durch die feste Farbgebung der Kugeln ist es bspw. an beiden Materialien nicht möglich, die Anzahl 12 wie beim Zwanzigerfeld *in einer Farbe* darzustellen, sondern diese erscheint immer in zwei Farben (Abb. 5.18).

Abbildung 5.18 Mögliche Darstellung der Zahl 12 am Rechenrahmen und am Abaco

Das erschwert u. U. die Anzahlerfassung. Zudem gibt es bspw. auch bezüglich der Lösungswege bei der Addition Einschränkungen. Soll z. B. am Rechenrahmen oder am Abaco mit zehn gleichfarbigen Kugeln *in einer Zeile* die Aufgabe 7+8 = 15 gelöst und so dargestellt werden, dass jeder Summand eine Farbe hat, ist nur eine einzige Darstellung möglich (Abb. 5.19).

Abbildung 5.19 Mögliche Darstellung der Aufgabe 7+8 am Abaco

Wird die Aufgabe am selben Material so dargestellt, dass zuerst der Zehner in der Zeile aufgefüllt wird, legt die Farbgebung die Aufgabe 10+5 = 15 nahe (Abb. 5.20), und die ursprünglichen Summanden sind nicht sichtbar.

Abbildung 5.20 Mögliche Darstellung der Aufgabe 7+8 am Abaco

Am Zwanzigerfeld können die Schülerinnen und Schüler die Aufgabe je nach individueller Vorstellung auf unterschiedliche Weisen darstellen, sodass beide Summanden sichtbar sind (Abb. 5.21).

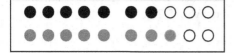 

Abbildung 5.21 Zwei Darstellungsmöglichkeiten der Aufgabe 7+8 am Zwanzigerfeld

Ein weiteres Beispiel: Wird ein Rechenrahmen oder ein Abaco mit zehn gleichfarbigen Kugeln untereinander verwendet, ist es nicht möglich, ausgehend von der Verdopplung operative Beziehungen herzustellen, da die Farbgebung verhindert, z. B. bei der Aufgabe 7+7 jeden Summanden in einer Farbe darzustellen. Die Farbgebung legt die Aufgabe 10+4 nahe (Abb. 5.22).

Abbildung 5.22 Mögliche Darstellung der Aufgabe 7+7 am Abaco

Den Vorteil der feinmotorisch einfacheren Handhabbarkeit von Rechenrahmen und Abaco erkauft man sich somit mit einer Einschränkung bezüglich der Verwendung operativer Strategien und individueller Lernwege.

Ein weiteres Beispiel soll den Blick auf die Unterscheidung zwischen Arbeitsmittel und Veranschaulichung richten. Der Zahlenstrahl ist eine zentrale Veranschaulichung, die im Unterricht zwingend erarbeitet werden sollte (vgl. Kap. 6.1.3). Er eignet sich, um dezimale Größenbeziehungen darzustellen, zum Ablesen und Einordnen von Zahlen, zum Zählen in Schritten, zum Bestimmen der Nachbarzehner oder -hunderter (Scherer 2003b, 92 f.; Schmassmann/ Moser Opitz 2008b, 40) oder als Instrument zum Messen von Längen. Werden jedoch die vorher genannten Kriterien auf den Zahlenstrahl angewendet, dann zeigt sich rasch, dass dieser als Hilfsmittel zum Rechnen weniger geeignet ist: Die simultane bzw. quasi-simultane Zahlauffassung und -darstellung ist nur sehr eingeschränkt möglich, und die Markierungsstriche können zum Abzählen verleiten. Operative Rechenstrategien und individuelle Lösungswege lässt der Zahlenstrahl nur eingeschränkt zu. So lässt sich bspw. der operative Zusammenhang zwischen den Aufgaben 15–8 = 7 und 15–7 = 8 nur mit Aufwand unter der Verwendung von zwei Strahlen darstellen, indem bspw. an einem Strahl die Zerlegung 7+8 und am anderen 8+7 eingezeichnet wird. Am Zwanzigerfeld lässt sich diese Beziehung durch das Umdrehen eines Plättchens einfacher und einsichtiger veranschaulichen (Abb. 5.23).

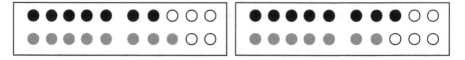

Abbildung 5.23 Darstellung der Aufgaben 7+8 und 8+7 am Zwanzigerfeld

Der Zahlenstrahl lässt sich somit zur Vorstellung des Zahlenraumes und zur Erarbeitung verschiedener Zahlbeziehungen gut einsetzen. Er ist auch erweiterbar auf andere Zahlbereiche wie negative oder rationale Zahlen, er ist jedoch wenig geeignet als Hilfsmittel zum Rechnen.

Die Ausführungen zeigen, dass es nicht *das* Arbeitsmittel oder *die* Veranschaulichung gibt, das bzw. die sämtliche Kriterien erfüllt oder für alle mathematischen Inhalte passend ist. Es bleibt Aufgabe der Lehrperson, auf der Grundlage von fachlichen und fachdidaktischen Überlegungen für ihre Klasse oder einzelne Schülerinnen und Schüler passende Materialien und Darstellungen auszuwählen (Krauthausen/Scherer 2007, 261) und den Aufbau von Vorstellung und damit verbundenen Einsicht in mathematische Beziehungen anzuleiten.

5.4 Ablösung vom zählenden Rechnen

5.4.1 Problematik zählender Rechenstrategien

Eine Vielzahl an Studien hat sich in den letzten Jahren mit den Besonderheiten mathematischer Lernschwierigkeiten auseinandergesetzt. Unabhängig von den diversen Ausrichtungen und Empfehlungen sind sich die Autorinnen und Autoren im Wesentlichen einig, dass das verfestigte zählende Rechnen beim Lösen von (Kopf-)Rechenaufgaben ein zentrales Merkmal für Rechenschwäche ist (Geary 2004; Hanich et al. 2001; Jordan/Hanich 2000; Schipper 2002). Moser Opitz (2007) und Schäfer (2005) haben für den deutschsprachigen Raum nachgewiesen, dass auch rechenschwache Schülerinnen und Schüler in der Sekundarstufe I einfache Kopfrechenaufgaben durch Abzählen lösen. Obwohl erste zählende Strategien einen wichtigen Schritt auf dem Weg zum Erwerb von Addition und Subtraktion darstellen und zum mathematischen Lernprozess gehören, ist es wichtig, dass die Kinder im Verlauf der ersten Schuljahre weiterführende Strategien entwickeln können. Wenn dies nicht geschieht, besteht die Gefahr, dass die Kinder in die ›Sackgasse‹ des sich immer mehr verfestigenden zählenden Rechnens geraten (vgl. Gerster/Schultz 2004). Eine Ablösung von zählenden Rechenstrategien ist aus folgenden Gründen zentral (Gaidoschik 2003; 2009; Gerster 1994; 1996; Krauthausen 1995; Krauthausen/Scherer 2007, 14 f.; Scherer 2003b; 2009a; Schmassmann/Moser Opitz 2008):

▪ Kinder, die zählen, haben oft keine Vorstellung von den Rechenoperationen.

▪ Zählendes Rechnen ist fehleranfällig, vor allem im Zahlenraum ab 20 und für Operationen wie Multiplikation und Division.

▪ Zählendes Rechnen führt dazu, dass jede Rechnung als Einzelfaktum, d. h. losgelöst von anderen Rechnungen, erfahren wird.

▪ Kinder, die zählend rechnen, operieren meistens mit Einerschritten. Sie fassen Zahlen nicht zu größeren Einheiten zusammen, und Anzahlen werden nicht strukturiert erfasst.

▪ Zählendes Rechnen erschwert die Einsicht in die dezimalen Strukturen unseres Zahlsystems. Da die Kinder immer nur in Einerschritten zählen, fällt ihnen das Erkennen von größeren Einheiten wie z. B. der Zehnerbündel schwer. Umgekehrt werden mangelnde Einsichten ins Stellenwertsystem dazu führen, dass nur zählende Rechenstrategien verwendet werden.

▪ Zählende Rechnerinnen und Rechner verstehen Zahlen zumeist nicht oder nicht in erster Linie kardinal als eine Menge (verknüpft mit der Frage nach der Anzahl), sondern ausschließlich ordinal als ein Punkt in einer Reihe, als eine Station in einer auswendig gelernten Folge von Zahlennamen.

▪ Zählendes Rechnen ist äußerst resistent gegenüber Veränderungen.

Ursachen für verfestigtes zählendes Rechnen

Beeinträchtigung des Arbeitsgedächtnisses

Zum einen wird angenommen, dass die Beeinträchtigungen des Arbeitsgedächtnisses das Abrufen von Zahlenfakten bzw. das Automatisieren von Kopfrechenaufgaben erschweren und zu zählendem Rechnen führen können. Dies kann sich so äußern, dass betroffene Kinder Schwierigkeiten haben, gleichzeitig Rechenprozesse auszuführen und numerische (und verbale) Informationen zu speichern. Als Kompensationsstrategie werden dann u. a. Abzählstrategien eingesetzt. Das Arbeitsgedächtnis besteht nach dem Modell von Baddeley (1999) aus drei Teilen.

▪ *Zentrale Exekutive:* Aufmerksamkeitssystem mit limitierter Speicherkapazität; dieses stellt einen zentralen ausführenden Prozessor dar. Es kontrolliert die phonologische Schlaufe und den visuellen Skizzenblock und verbindet diese mit dem Langzeitgedächtnis.

■ *Phonolologische Schlaufe:* Sie ist spezialisiert für das Aufbewahren und Abrufen von verbaler Information (z. B. Zahlenfakten, Zahlwörter).

■ *Visueller Skizzenblock:* Er beinhaltet das Speichern von visuellen und räumlichen Fakten.

Zur Frage, welcher dieser Bereiche bei Kindern mit Schwierigkeiten beim Mathematiklernen beeinträchtigt wird, gibt es keine einheitlichen Forschungsergebnisse. Während z. B. Passolunghi/Siegel (2004) davon ausgehen, dass alle Bereiche betroffen sind, gibt es mehrere Untersuchungen, die der zentralen Exekutive, also dem ›Steuerungssystem‹ besondere Bedeutung zumessen (Andersson/Lyxell 2007; zusammenfassend Schuchardt et al. 2008, 515).

Allerdings gibt es auch Untersuchungen, die Hinweise geben, dass bei einer Gruppe von Kindern mit Schwierigkeiten beim Mathematiklernen die Speicherung im ›visuellen Skizzenblock‹ beeinträchtigt ist. So fanden z. B. Schuchardt et al. (2008), dass Kinder mit schwachen Mathematikleistungen in diesem Gedächtnisbereich Schwierigkeiten zeigten. Dies ist für die Entwicklung nicht abzählender Rechenstrategien von besonderer Bedeutung, weil für deren Erarbeitung das Einsetzen von strukturierten Mengendarstellungen und damit die Verarbeitung von visueller Information zentral ist.

Unterrichtliche Faktoren

Die verfestigte Verwendung von abzählenden Rechenstrategien hat ihre Ursache jedoch nicht nur in Beeinträchtigungen des Arbeitsgedächtnisses. Auch hier spielen unterrichtliche Variablen eine Rolle. Gaidoschik (2009) referiert Studien, in denen einerseits die verwendeten Unterrichtsmaterialien und -konzeptionen hinsichtlich der Präferenz von Abzählstrategien analysiert und andererseits die Rechenstrategien der Kinder erhoben worden waren. Die Ergebnisse geben Hinweise darauf, dass bestimmte Vorgehensweisen im Unterricht (intensives Auswendiglernen des Einspluseins, Gewichtung von Weiterzählen vom größeren Summanden aus, kaum Verwendung von Ableitungsstrategien) die Verwendung von Abzählstrategien fördern. Praxiserfahrungen zeigen zudem auch, dass im Unterricht oft Arbeitsmittel und Veranschaulichungen zum Rechnen eingesetzt werden, die Abzählstrategien fördern: Dies sind einerseits Arbeitsmittel ohne Fünfer- und Zehnerstruktur, andererseits lineare Darstellungen wie die Zahlreihe oder der Zahlenstrahl (vgl. Kap. 5.3). In einer Längsschnittstudie mit Schulanfängerinnen und -anfängern in Sonderklassen (Moser Opitz 2008, 157 ff.) wurde nachgewiesen, dass Kinder, bei denen Gewicht auf das Arbeiten mit strukturierten Mengenbildern und das Erarbeiten von Zahlbeziehungen (Verdoppeln, Halbieren, Ergänzen) gelegt wurde, im Nachtest signifikant weniger abzählten als Kinder, bei denen diese Intervention nicht oder nicht im selben Maße stattfand.

5.4.2   Rechnen ohne Abzählen

Die Entwicklung von Rechenstrategien, welche vom Abzählen wegführen, scheint sowohl vom Alter als auch vom Unterricht abhängig zu sein. Camos et al. (2003) wies nach, dass sich das Zählen in Einheiten größer als 1 mit zunehmendem Alter entwickelt. In verschiedenen Publikationen (z. B. Gaidoschik 2007; Gerster/Schultz 2004; Lorenz/Radatz 1993) wird darauf hingewiesen, dass das Erfassen von Einheiten größer als 1 im Hinblick auf die Ablösung vom zählenden Rechnen konsequent und intensiv erarbeitet und geübt werden muss. Besonders von lernschwachen Schülerinnen und Schülern ist aufgrund der vorliegenden Studien bekannt, dass sie diese Fähigkeit nicht von alleine erwerben und dabei Unterstützung brauchen: »Wenn wir also erreichen wollen, dass Kinder – alle Kinder – schon im Verlauf des ersten Schuljahres das zählende Rechnen zumindest weitgehend hinter sich lassen, dann haben wir im Unterricht einiges zu tun« (Gaidoschik 2009, 171).

Förderung einer flexiblen Zählkompetenz

Eine wichtige Voraussetzung zur Ablösung vom zählenden Rechnen ist eine sichere und flexible Zählkompetenz (Schmassmann/Moser Opitz 2008; Moser Opitz 2007); sie ist die Grundlage, um den Anzahlbegriff zu erwerben. Sogenannte »protonumerische Konstruktionen« (Schmidt 1983) – d. h. die Erfahrungen mit figuralen Mustern oder mit dem simultanen Erfassen kleiner Anzahlen (*subitizing*; vgl. Abschnitt ›Anzahlerfassung von kleinen Mengen‹) – werden erst durch die Integration mit dem Zählen numerisch. »Das Zählen verhilft – einerseits – zur Quantifizierung der ›protonumerischen Konstruktionen‹, wird aber auch – andererseits – durch diese Integration selbst modifiziert« (Schmidt 1983, 107). Dieser Prozess wurde in jüngerer Zeit von Condry/Spelke (2008) bestätigt. Die Autoren haben bei dreijährigen Kindern nachgewiesen, dass der Erwerb des Konzeptes der natürlichen Zahlen parallel bzw. anschließend an den Erwerb der Zahlwörter erfolgt.

Kinder beginnen im Alter von ca. drei Jahren mit Zählen (Fuson 1988, 58), und zwar durch soziale Vermittlung, indem sie Zählaktivitäten von Erwachsenen und älteren Kindern (und später von Vorbildern in der Schule) nachahmen und durch vielfältiges Anwenden immer kompetenter erwerben.

Zu einer sicheren Zählkompetenz gehören verschiedene Aspekte. Erstens ist die Kenntnis der Zahlwörter wichtig, d. h. das sichere Vorwärts- und Rückwärtszählen in Schritten unterschiedlicher Größe in verschiedenen Zahlenräumen. Neben Einerschritten ist insbesondere das Zählen in Zweier-, Fünfer- und Zehnerschritten zentral. Es ist deshalb wichtig, dass das verbale Zählen nicht nur in der Schuleingangsphase, sondern auch im Unterricht der Grundschule immer wieder praktiziert wird (vgl. Scherer 2005b, 18; Kap. 6.1.1).

Die Zählkompetenz beinhaltet weiter auch das Zählen von Objekten und die Einsicht, dass durch Zählen eine Anzahl bestimmt werden kann (Fuson 1988, 89 ff.). Gelman/Gallistel (1978, 52) beschreiben den Zählakt mit drei *how-to-count*- und mit zwei *what-to-count*-Prinzipien (vgl. auch Krauthausen/Scherer 2007, 12 f.).

- *Eindeutigkeitsprinzip* (*one-one principle*): Jedem Objekt der zu zählenden – endlichen Kollektion – wird ein und nur ein Zahlwort zugeordnet. Verschiedene Objekte erhalten stets verschiedene Zahlwörter.

- *Prinzip der stabilen Ordnung* (*stable-order principle*): Die beim Zählen benutzten Zahlwörter müssen in einer stabilen, d. h. stets in gleicher Weise wiederholbaren Ordnung vorliegen.

- *Kardinalprinzip oder Kardinalzahlwortprinzip* (*cardinal principle*): Das letzte Zahlwort, das bei einem Zählprozess benutzt wird, gibt die Anzahl bzw. die Kardinalzahl der gezählten Kollektion an.

- *Abstraktionsprinzip* (*abstraction principle*): Die ersten drei Zählprinzipien können auf eine beliebige Anzahl von abgrenzbaren Einheiten, also beliebige Objekte, angewendet werden.

- *Prinzip der Irrelevanz der Anordnung* (*order-irrelevance principle*): Die jeweilige Anordnung der Objekte ist für die Anzahl irrelevant.

Die Einsicht in diese Zählprinzipien ist eine wichtige Voraussetzung zum sicheren Umgang mit dem Zwanzigerfeld. Wenn diese nicht bzw. nicht vollständig erworben ist, können beim Erarbeiten des Zwanzigerfeldes Zählfehler passieren, die dazu führen, dass Einsicht in die Struktur des Feldes (›Kraft der 5‹, ›Kraft der 10‹) nicht oder nur unvollständig erarbeitet werden kann. In solchen Situationen müssen vielfältige Zählübungen auch ohne Zwanzigerfeld vorgenommen werden. Konkrete Hinweise finden sich in Keller et al. (2007; 2008) oder Gaidoschik (2007, 14 ff.).

Anzahlerfassung von kleinen Mengen

Untersuchungen zeigen, dass Kinder unstrukturierte Anzahlen bis 3 oder 4 ›auf einen Blick‹ durch sogenanntes *subitizing* erfassen können (Landerl/Kaufmann 2008, 115; für einen Überblick vgl. Scherer 2005a, 21 f.). Größere Anzahlen können nur erfasst werden, wenn sie (visuell) strukturiert und dadurch in kleinere Anzahlen zerlegt werden. Acht kann z. B. als zwei Vierergruppen oder als zwei Dreier- und eine Zweiergruppe von Objekten gesehen werden. Radatz et al. (1999, 35) sprechen hier von »quasi-simultaner« Auffassung der Zahlen, da die eigentliche simultane Auffassung nur mit Anzahlen bis vier möglich ist. Scherer (2005a) spricht von »strukturierter Anzahlerfassung«, die vom Erfassen einzelner Objekte abgegrenzt wird.

Die für Vorschulkinder bereits bekannteste Anordnung einer solchen Strukturierung sind die Würfelbilder. Andere Anordnungen (Abb. 5.24) müssen mit den Kindern erarbeitet werden (für Beispiele, Kopiervorlagen und Vorgehensweisen vgl. Scherer 2005a). Sie bilden die Grundlage für die Ablösung vom zählenden Rechnen.

Abbildung 5.24 Verschiedene Anordnungen von 6 Plättchen

Bei solchen Übungen zur quasi-simultanen Anzahlerfassung ist zum einen wichtig, dass zuerst mit kleinen Anzahlen (< 10) gearbeitet wird und die Schülerinnen und Schüler genügend Zeit haben, diese zunächst ggf. durch Zählen zu bestimmen und dann Strukturen zu erkennen bzw. eine Strukturierung vorzunehmen. Zum anderen muss darauf geachtet werden, dass diese Prozesse reflektiert werden. Die Strukturierung sollte durch Handlung bzw. Zeichnung verdeutlicht und/oder sprachlich begleitet werden. Die Kinder sollen verbalisieren, welche Strukturen bzw. welche Gruppen sie sehen. ›Ich sehe hier vier Punkte und noch zwei Punkte. Das sind zusammen sechs.‹ Oder: ›Ich sehe hier drei und drei‹ (Moser Opitz 2007b; Scherer 2005a, 145 f.). Hier ist zu beachten, dass solche Zahldarstellungen nicht eine offensichtliche Struktur enthalten, sondern dass diese vom Individuum konstruiert bzw. ›hineingesehen‹ werden muss und sich somit individuell unterscheiden können kann (Scherer 2005a, 26 ff.; Söbekke 2005, 21 ff.; Steinbring 2005, 11 ff.). Das kann bedeuten, dass ein Kind eine Zahldarstellung anders sieht als die Lehrperson. Was dieser als ›klar‹ erscheint, ist für das Kind nicht offensichtlich. Es ist somit wichtig, dass Lehrpersonen dies im Unterricht berücksichtigen.

Erarbeitung Zwanzigerfeld

Die Weiterführung der strukturierten Anzahlerfassung von kleinen Anzahlen geschieht idealerweise mit dem Zwanzigerfeld bzw. anderen strukturierten oder strukturgleichen Materialien (vgl. Abb. 5.25 und Kap. 5.3). Durch die Vorstrukturierung (vier Fünfer bzw. zwei Zehner) wird der Tatsache, dass Anzahlen größer als 4 nur durch eine visuelle Gruppierung erfasst werden können, Rechnung getragen.

Lernwege der Kinder unterstützen

Bei der Arbeit mit dem Zwanzigerfeld ist wichtig, dass eine Balance gefunden wird zwischen dem Finden eigener Lernwege und der Vorgabe von Verabredungen bzw. Konventionen, insbesondere wenn die Kinder von sich aus keine erfolgreichen Vorgehensweisen finden. »Wenn Kinder z. B. abwechslungsweise rote und blaue Plättchen legen oder zwischen diesen Lücken lassen, kann die Regel vorgegeben werden, dass zuerst nur eine Farbe verwendet wird und dass keine Lücken gemacht werden. Es gibt auch Kinder, die beginnen ohne erkennbares Prinzip einmal in der oberen Reihe und einmal in der unteren, einmal links und einmal rechts mit dem Legen der Plättchen. Mit diesen Kindern kann nach sorgfältiger Beobachtung der Händigkeit und des dominanten Auges z. B. festgelegt werden, wo jeweils mit dem Legen der Plättchen begonnen wird« (Moser Opitz 2007b, 260).

Auch bei der Arbeit am Zwanzigerfeld ist die verbale Begleitung wichtig. Zudem muss darauf geachtet werden, dass bei der Zahldarstellung verschiedene Anordnungen verwendet werden, in dem 12 z. B. als ein voller Zehner in der oberen Zeile und zwei Punkte in der zweiten Zeile oder als zwei Sechser untereinander dargestellt wird (vgl. Abb. 5.25 Kaufmann/Wessolowski 2006, 53 ff.; Scherer 2005a, 162 ff.).

Abbildung 5.25 Zwei Darstellungen von 12 auf dem Zwanzigerfeld

Vorstellung aufbauen

Weiter muss berücksichtigt werden, dass die Schülerinnen und Schüler nach und nach innere Vorstellungen der verschiedenen Anzahlen aufbauen und diese später zum Lösen von Rechenaufgaben nutzen können. Diese Vorstellung entwickelt sich jedoch bei Kindern mit Lernschwächen oft nicht automatisch, sondern dieser Prozess muss angeleitet und begleitet werden (Moser Opitz 2007b, 260). Dabei muss beachtet werden, dass nicht nur die Varianten ›Handlung‹ oder ›Abstraktion‹, sondern auch Zwischenstufen bzw. verschiedene Phasen im Aufbau von mentaler Vorstellung existieren (vgl. Flexer 1989, 23; Scherer 2007a; Kap. 5.3).

Zuerst handeln die Schülerinnen und Schülern mit konkreten Objekten (legen z. B. Plättchen am Zwanzigerfeld) und sehen das Ergebnis vor sich. Anschließend vollziehen sie diese Handlungen mental, in dem sie die Objekte betrachten und sich innerlich vorstellen, was bei der Handlung mit diesen geschieht. Später ist es ausreichend, wenn eine Darstellung betrachtet wird, auf der die Objekte abgebildet sind. Die Operation kann ausgehend vom Bild innerlich vollzogen werden. In einer weiteren Phase sind die Kinder weder auf Material noch auf Bilder angewiesen, sondern können die Operation rein mental vollziehen. Der letzte Schritt besteht in der Automatisierung, dem ›blitzartigen‹ Abrufen von Ergebnissen. Wichtig ist, dass die verschiedenen Abstraktionsebenen durch entsprechende Übungen miteinander in Verbindung gebracht werden.

Folgendes Beispiel kann einen Ausschnitt aus diesem Prozess veranschaulichen. Schülerin A legt bspw. 13 Plättchen auf das Zwanzigerfeld, Schüler B bestimmt diese Anzahl. Dann wird er aufgefordert, die Augen zu schließen und sich das Punktbild innerlich vorzustellen, während Schülerin A die Plättchen vom Feld wegnimmt. Zur Kontrolle, ob Schüler B wirklich ein ›inneres Bild‹ von der Anzahl 13 hat, kann er die 13 Plättchen anschließend wieder in derselben Anordnung auf das Feld legen oder in ein leeres Zwanzigerfeld einzeichnen. Eine andere Kontrollmöglichkeit besteht darin, dass er aus einer Auswahl von Karten mit Darstellungen von Anzahlen am Zwanzigerfeld die ›richtige Karte‹, d. h. die 13 in der vorher verwendeten Anordnung, auswählt.

Beziehung Teil-Ganzes und Zahlzerlegung

Ein wichtiger Aspekt für die Ablösung vom zählenden Rechnen ist die Zerlegung von Anzahlen. Das Verständnis, dass eine Menge in verschiedene Anzahlen zerlegt und wieder zusammengesetzt werden kann, stellt die Grundlage dar zur Erkenntnis, dass Zahlen auch Beziehungen zwischen Mengen modellieren (Ennemoser/Krajewski 2007). Diese Einsicht in die Beziehungen des Ganzen und seinen Teilen ist eine wichtige Voraussetzung zum Erwerb der Grundoperationen. In einer Untersuchung mit Kindern mit schwachen Mathematikleistungen führte eine Förderung dieser Einsicht zu einer Verbesserung der Mathematikleistung (Krajewski/Ennemoser 2007). Für die Ablösung vom zählenden Rechnen und die Entwicklung effizienter Rechenstrategien ist insbesondere die Zerlegung von Zehner-, Hunderter- und Tausenderzahlen wichtig. Übungen zu Zahlzerlegungen im Zahlenraum bis 10 lassen sich am Zwanzigerfeld, mit statischen Fingerbildern oder am Rechenrahmen durchführen (Kaufmann/Wessolowski 2006, 84 ff.; Radatz et al. 1996, 70 ff.; Scherer 2005a). Weiter muss dem Verdoppeln und dem Halbieren besondere Bedeutung beigemessen werden. Dazu finden sich Übungen bei Schmassmann/Moser Opitz (2007, 65 ff.), Gaidoschik (2007, 108 ff.) und Scherer (2005a, 167 ff.). Die Erarbeitung solcher ›Kernaufgaben‹ (Verdoppeln, Halbieren, Ergänzen bis 10 und 20, Aufgaben mit 10+x) bilden eine wichtige Grundlage für das Üben und das spätere Automatisieren.

Operatives Üben

Wenn Schülerinnen und Schüler tragfähige Vorstellungen zur Addition und Subtraktion erworben haben, geht es in einem nächsten Schritt darum, auf der Grundlage der ›einfachen‹ Kernaufgaben schwierigere Aufgaben abzuleiten (vgl. auch Kap. 5.2.4). Dies geschieht mithilfe des Zwanzigerfeldes. Eine einfache und bekannte Aufgabe wie z. B. 6+6 wird mit Plättchen am Zwanzigerfeld gelegt. Durch das Wegnehmen oder Hinzulegen eines Plättchens wird eine neue Aufgabe dargestellt. Aus 6+6 wird z. B. 6+7 bzw. 7+6. Das Ergebnis ist um 1 größer als das Ergebnis der einfachen Aufgabe 6+6. Auch hier ist wichtig, dass die Darstellung am Feld durch sprachliche Begleitung und den zuvor beschriebenen Aufbau von Vorstellung (Augen schließen, sich die Punktdarstellung bzw. die veränderte Aufgabe vorstellen) begleitet wird.

5.4.3 Finger als Hilfsmittel zum Rechnen?

Von Eltern und Lehrpersonen wird häufig die Frage gestellt, ob und in welcher Form die Finger als Hilfsmittel zum Rechnen eingesetzt werden können. Die Ansichten hierüber sind sehr unterschiedlich. Befürworter argumentieren, dass man dieses Material immer ›dabei hat‹. Dies ist jedoch nur vordergründig ein Vorteil, denn das Fingerrechnen beinhaltet einige wesentliche Nachteile:

Besonders problematisch ist der ›dynamische‹ Einsatz der Finger (Lorenz 1989). Damit ist das Abzählen in Einerschritten mithilfe der Finger gemeint. 4+3 wird z. B. so gerechnet, dass ein Kind vier Finger (einen nach dem anderen) ausstreckt und dann den zweiten Summanden durch das Ausstrecken von weiteren Fingern, die gezählt werden, addiert. Dieses Vorgehen ist äußerst fehleranfällig. Oft verzählen sich die Kinder um 1 oder wissen nicht mehr, wie viele Finger schon dazu gezählt wurden. Der dynamische Gebrauch der Finger beinhaltet all die Nachteile des zählenden Rechnens, die in Kap. 5.4.1 aufgezählt worden sind.

Wichtig für die Ablösung vom zählenden Rechnen ist der ›statische‹ Einsatz der Finger (Lorenz 1989), insbesondere im Zusammenhang mit der Erarbeitung einer strukturierten Anzahlerfassung. Beim statischen Einsatz werden Anzahlen als ›Fingerbild‹ gezeigt. 7 wird z. B. mit fünf Fingern der einen Hand und zwei Fingern der anderen Hand dargestellt, wobei die Finger nicht einzeln nacheinander, sondern auf einmal ausgestreckt werden. Diese Verwendung der Finger kann zur Förderung der Anzahlerfassung eingesetzt werden (weitere Hinweise finden sich bei Gaidoschik 2007, 44 ff.) und die Ablösung vom zählenden Rechnen unterstützen.

Wenn Schülerinnen und Schüler zählend rechnen, ist es i. d. R. äußerst aufwendig, mit ihnen andere – effizientere – Strategien zu erarbeiten und eine Ablösung der Zählstrategien zu erreichen. Es ist deshalb wichtig, im Anfangsunterricht darauf zu achten, dass verfestigte Abzählstrategien gar nicht erst entstehen können. Die Förderung einer flexiblen Zählkompetenz (insbesondere das Zählen in Schritten), die Anzahlerfassung, die Einsicht in die Beziehung Teil-Ganzes und die Zahlzerlegung sowie operatives Üben können dazu einen wichtigen Beitrag leisten.

6 Zentrale Inhalte des Mathematikunterrichts

Im vorliegenden Kapitel wollen wir einige Inhalte, die für die Förderung lernschwacher Schülerinnen und Schüler im Mathematikunterricht von zentraler Bedeutung sind, genauer beleuchten. Dabei handelt es sich nicht um eine vollständige Auflistung, sondern lediglich um eine Auswahl. Abgedeckt werden in Kap. 6.1, 6.2 und 6.3 die drei Inhaltsbereiche Arithmetik, Geometrie und Sachrechnen bzw. die entsprechenden Leitideen (vgl. KMK 2005). In Kap. 6.1 erfolgt die grobe Orientierung an zentralen Themen der Schuljahre 1 bis 4 im Primarbereich. Diese Zuordnung zu den verschiedenen Schuljahren ist jedoch nicht zu eng zu verstehen, und viele Aussagen gelten jeweils für den gesamten Primarbereich. Dies ist insbesondere für Schülerinnen und Schüler mit erheblichen Schwierigkeiten im Mathematikunterricht von Bedeutung, da immer davon auszugehen ist, dass sie die Lerninhalte nicht im durch den Lehrplan vorgegebenen Zeitraum erwerben können. Wir werden deshalb immer wieder die Bedeutung eines Inhalts in den verschiedenen Schuljahren oder Zahlenräumen verdeutlichen.

6.1 Arithmetik

6.1.1 Zahlbegriffserwerb: Folgerungen für den Anfangsunterricht

Konzeptionen für den mathematischen Anfangsunterricht

Wenn Schülerinnen und Schüler beim Mathematiklernen im Anfangsunterricht Schwierigkeiten haben, taucht oft die Frage auf, welche Kompetenzen ›vor den Zahlen‹ erworben werden müssen. In Anlehnung an das Zahlbegriffskonzept von Piaget (Piaget/Szeminska 1972) wurde viele Jahre davon ausgegangen, dass es sogenannte pränumerische Voraussetzungen gibt, Erfahrungen bzw. Übungen ohne Zahlen, deren Kenntnis dem Erwerb numerischer Kompetenzen vorausgeht (vgl. zusammenfassend Hasemann 2007, 11 ff.; Moser Opitz 2008, 27 ff.). Das führte dazu, dass mathematische Lehrgänge – insbesondere für lernschwache Schülerinnen und Schüler – so aufgebaut waren, dass vor der Arbeit mit Zahlen über längere Zeit solche Übungen durchgeführt wurden (z. B. Hoenisch/Niggemeyer 2007). Im Anschluss daran wurden, u. a. um einer Überforderung der Schülerinnen und Schüler vorzubeugen, die Zahlen schrittweise eingeführt: Zuerst die 1, dann die 2 usw. (vgl. z. B. Werner 2007; auch Klauer 1991). Aufgrund verschiedener Untersuchungsergebnisse wird diese Vorgehensweise heute infrage gestellt, und zwar sowohl bezüglich der Bedeutung der pränumerischen Aufgaben als auch bezüglich des kleinschrittigen Vorgehens beim Aufbau des Zahlenraums (vgl. zusammenfassend Hasemann 2007, 11 ff.; Moser Opitz 2008, 27 ff.). Dies wollen wir im Folgenden exemplarisch ausführen.

Erwerb numerischer Kompetenzen

Der Erwerb numerischer Kompetenzen wird i. d. R. als Zahlbegriffserwerb bezeichnet. Hier gilt es zu beachten, dass es nicht ›den Zahlbegriff‹ gibt, sondern dass die Integration verschiedener Zahlaspekte zu einem umfassenden Zahlbegriffsverständnis führt. Freudenthal (1977, 159) hat deshalb darauf hingewiesen, dass die Verwendung des Singulars in Verbindung mit dem Zahlbegriff eigentlich irreführend sei. Radatz/Schipper (1983, 49) unterscheiden folgende Zahlaspekte (vgl. auch Hasemann 2007, 77 f.; Beispiele nach Krauthausen/Scherer 2007, 9):

- Kardinalaspekt: z. B. 3 Äpfel, 5 Gongschläge, 9 Zahlen

- Ordinalaspekt: Zählzahl (eins, zwei drei, vier …) und Ordnungszahl (›Ich bin der Fünfte im Wartezimmer.‹)

- Maßzahlaspekt: z. B. 10 Minuten, 2 Meter, 5 Euro

- Operatoraspekt: z. B. noch fünf Mal schlafen bis zu den Ferien

- Rechenzahlaspekt: z. B. $36 + (17 + 4) = (36 + 4) + 17$

- Codierungsaspekt: z. B. Postleitzahl, Telefonnummer, ISBN-Nummer

Studien haben aufgezeigt, dass viele Vorschulkinder verschiedene und z. T. vielfältige Erfahrungen zu Zahlaspekten gemacht haben und mit entsprechenden Vorkenntnissen in die Schule kommen (z. B. Hengartner/Röthlisberger 1995; Moser et al. 2005; Moser Opitz 2008; Weinhold Zulauf et al. 2003). Auch wenn es sich dabei oft um Teilkenntnisse handelt und man nach Selter/Spiegel (1997, 113) nicht in eine »Kompetenzeuphorie« verfallen soll (vgl. auch Hasemann 2007, 31 f.; Schipper 1998), gilt es doch, im Unterricht einerseits vorhandene Vorkenntnisse und andererseits die verschiedenen Zahlaspekte zu berücksichtigen und zu systematisieren (Krauthausen/Scherer 2007, 10).

Bezüglich der Bedeutung numerischer Vorkenntnisse liegen noch weitere Forschungsergebnisse vor. Es wurde nachgewiesen, dass *zahl- und mengenspezifische Fähigkeiten* wie das Zählen, das Benennen von Zahlen, das Vergleichen von

Mengen bzw. von Zahlen oder das Erzählen und Bearbeiten von Rechengeschichten zentrale Prädiktoren für die spätere Mathematikleistung sind (z. B.
Desoete et al. 2009; Jordan et al. 2007; Krajewski 2003; Krajewski/Schneider
2009; Lembke/Foegen 2009). Aufbauend auf diesen Erkenntnissen wurden
Modelle zur Entwicklung des Zahlbegriffs erstellt und empirisch überprüft
(Krajewski 2008; Fritz et al. 2007; Weißhaupt/Peucker 2009). Gut abgestützt ist
das Modell von Krajewski (Krajewski/Schneider 2009), das im Folgenden dargestellt wird.

Modell zum Aufbau des Zahlbegriffs

Krajewski (Krajewski 2007; 2008; Krajewski/Schneider 2009) unterscheidet in
ihrem Modell (Abb. 6.1) drei Ebenen der Zahlbegriffsentwicklung:

- *Ebene I, Basisfertigkeiten:* Zu den Basisfertigkeiten gehört das Unterscheiden
  von kleinen Anzahlen (1 bis 4 Elemente; vgl. auch Kap. 5.4.2) und das
  Vergleichen von Mengen im Sinn von ›gleich viel‹, ›mehr‹, ›weniger‹ auf der
  Basis der räumlichen Ausdehnung von Objekten. Wird eine Menge als ›viel‹
  erkannt, bezieht sich dies in erster Linie auf die Tatsache, dass die Menge
  viel Raum einnimmt (Krajewski 2007, 276). Der Mengenvergleich geschieht
  also noch nicht auf der numerischen Ebene.

  Weiter ist das Aufsagen der Zahlwortreihe wichtig. Es geht dabei noch
  nicht um das korrekte Zählen von Objekten bzw. um das Bestimmen einer
  Anzahl, sondern um den Erwerb der Zahlwörter. Erst wenn die Kinder die
  Zahlwörter sicher kennen, ist es ihnen auch möglich, diese korrekt anzuwenden (Krajewski/Schneider 2009, 514).

- *Ebene II, Anzahlkonzept:* Beim Erwerb des Anzahlkonzepts geht es um die
  Erkenntnis, dass Zahlwörter Mengen repräsentieren, bzw. um die Einsicht,
  dass Mengen mit Zahlwörtern beschrieben und bestimmt werden können.
  Krajewski/Schneider (2009, 514) unterscheiden zwei Phasen: Zuerst ist das
  Anzahlkonzept unpräzise in dem Sinne, als dass die Kinder wissen, dass
  bestimmte Zahlwörter (z. B. 1 oder 2) ›wenig‹ bedeuten und andere ›viel‹
  (z. B. 20 oder 100). Darüber können die Kinder auch entscheiden, wenn sie
  die Zahlwortreihe bis 20 noch nicht sicher beherrschen (vgl. auch Sarnecka
  et al. 2007). Allerdings sind exakte Mengenvergleiche noch nicht möglich,
  da die Zahlen 19 und 20 bspw. beide zur Kategorie ›viel‹ gehören. Sobald
  die Kinder die Zahlwörter korrekt den Mengen zuordnen bzw. mit dem
  kardinalen Wert verbinden können, wird auch das exakte Vergleichen von
  Mengen möglich. Damit verbunden ist auch das vollständige Verständnis
  der Zählprinzipien, wie sie in Kap. 5.4.2 beschrieben worden sind, sowie
  die Erfahrung, dass sich Mengen durch die Zu- und Abnahme verändern
  und dass sich Anzahlen in Teile zerlegen lassen.

- *Ebene III, Mengenrelationen als Anzahlen:* Auf dieser Ebene vollzieht sich der
  Übergang zu einem arithmetischen Verständnis von Zahlen. Die Kinder

können erkennen, dass sich eine bestimmte Anzahl aus (zwei) anderen Anzahlen zusammensetzt und dass dies mit Zahlwörtern beschrieben werden
kann: Fünf Plättchen lassen sich aufteilen in zwei Plättchen und drei Plättchen. Die Kinder gelangen zudem zur Einsicht, dass Zahlen auch Beziehungen zwischen Zahlen modellieren (z. B. ›Der Unterschied zwischen
3 und 7 ist 4‹, oder ›6 ist 2 mehr als 4‹). Diese letztgenannte Kompetenz
(Beziehung Teil-Ganzes) ist eine wichtige Voraussetzung für den Erwerb
der Grundoperationen (Ennemoser/Krajewski 2007; Krajewski 2007).

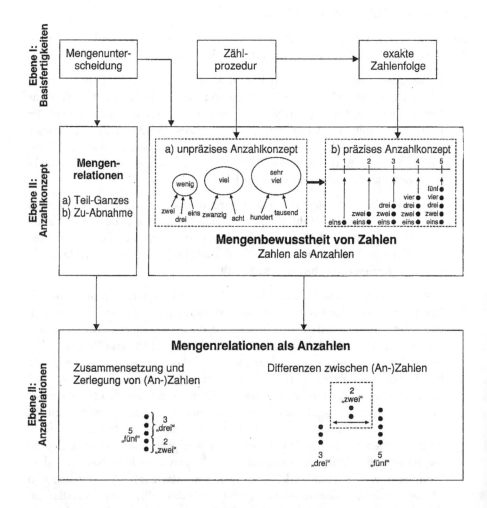

Abbildung 6.1 Modell zum Aufbau des Zahlbegriffs (Krajewski 2007, 276)

Krajewski/Schneider (2009) haben in einer Längsschnittstudie (Kindergarten bis 4. Schuljahr) nachgewiesen, dass die Fähigkeit, Zahlwort und Anzahl miteinander zu verbinden, einen zentralen Prädiktor für die spätere Mathematikleistung darstellt. Die Kinder, die im Kindergarten in diesem Bereich Schwierigkeiten hatten, zeigten in Klasse 4 schlechtere Mathematikleistungen als Kinder, die über diese Kompetenzen verfügten. Wie die zuvor beschriebene Ebene II des Modells zeigt, handelt es sich bei der Verbindung von Zahlwort und Anzahl um einen komplexen Vorgang, bei dem verschiedene Zahlaspekte integriert werden müssen und der mittels aktiver Konstruktionsprozesse der Kinder über längere Zeit und mit vielfältigen Aufgabenstellungen erarbeitet werden muss.

Eine wichtige Voraussetzung, um Anzahlen und Zahlwörter miteinander in Verbindung zu bringen, ist die sichere verbale Zählkompetenz.

Zählkompetenzen

Wichtig für den Aufbau der Zählkompetenz ist die Einsicht in die Zählprinzipien: das Eindeutigkeitsprinzip, das Prinzip der stabilen Ordnung, das Kardinal- bzw. Kardinalzahlprinzip, das Abstraktionsprinzip und das Prinzip der Irrelevanz der Anordnung (vgl. Kap. 5.4.2). Mit den ersten Erfahrungen der Kinder mit Zahlwörtern, die sie von Eltern oder Geschwistern in der frühen Kindheit hören, beginnt der Prozess der Zählentwicklung, der von Fuson (1988) ausführlich untersucht und beschrieben worden ist. Sie unterscheidet fünf verschiedene Phasen (Fuson 1988, 33 ff.; Weißhaupt/Peucker 2009, 60 ff.):

- *String Level:* Die Zahlwortreihe wird als unidirektionale Ganzheit aufgefasst und wie ein Lied oder ein Gedicht rezitiert. Dabei werden die Zahlwörter zum Teil noch nicht voneinander unterschieden. Vier-fünf-sechs kann z. B als eine immer wieder vorkommende Einheit betrachtet werden. Die Elemente werden nicht gezählt, und die Zahlwörter haben keine kardinale Bedeutung.

- *Unbreakable List Level:* Die Zahlwörter werden als Einheiten aufgefasst. Die Kinder können die Zahlwortreihe aufsagen, allerdings müssen sie immer wieder bei 1 beginnen, eine beliebige Zahl kann noch nicht als Ausgangspunkt genommen werden. Vorgänger und Nachfolger einer bestimmten Zahl können nur genannt werden, indem das Kind sie innerhalb der Zahlwortreihe zu bestimmen versucht. Eins-zu-eins-Korrespondenz zwischen Zahlwort und Element kann hergestellt werden. Die Kinder können durch Zählen eine bestimmte Anzahl an Elementen bestimmen (›Gib mir drei‹).

- *Breakable Chain Level:* Die Zahlwortreihe kann von einem beliebigen Zahlwort aus aufgesagt werden. Vorgänger und Nachfolger können direkt genannt werden. Rückwärtszählen gelingt teilweise. Fuson (ebd.) merkt an, dass sich das Rückwärtszählen z. T. erst zwei Jahre nach dem Vorwärtszählen entwickelt.

▪ *Numberable Chain Level:* Jedes Zahlwort wird als Einheit betrachtet. Von jeder Zahl aus kann eine bestimmte Anzahl an Schritten weiter gezählt werden (›Zähle von 14 aus drei Schritte vorwärts‹).

▪ *Bidirectional Chain Level:* Es kann von jeder Zahl aus vorwärts und rückwärts gezählt werden. Richtungswechsel erfolgen schnell und ohne Schwierigkeiten, Vorgänger und Nachfolger einer bestimmten Zahl können unverzüglich genannt werden.

Die deutsche Zahlsyntax beinhaltet besondere Anforderungen. Die Zahlwörter bis 12 werden gelernt, danach kann von 13 bis 19 nach einem einheitlichen Prinzip konstruiert werden (drei*zehn*, vier*zehn* usw.). Die Zahlwörter für die Zehnerzahlen (dreißig, vierzig usw.) sind verwandt mit den Zahlwörtern im ersten Zehner, müssen jedoch mit der Endung ›zig‹ versehen (z. T. mit Besonderheiten: zwanzig und nicht zweizig, dreißig und nicht dreizig, siebzig und nicht siebenzig) und somit auch erlernt werden. Anschließend kann konstruiert werden: einundzwanzig, zweiundzwanzig usw. Dabei erschweren Unregelmäßigkeiten in der Aussprache der deutschen Zahlwörter den Erwerb der Zahlwortreihe. Ab 13 werden zuerst die Einer, dann die Zehner genannt, ab 21 zusätzlich durch die Silbe ›und‹ verbunden. Nach 100 muss ein Richtungswechsel vollzogen werden. Von 101 an wird zuerst der Hunderter genannt (i. d. R. ›hundert‹ und nicht ›einhundert‹), dann der Einer, dann der Zehner. Protokolle von verbalen Zählaktivitäten von Kindern zeigen, dass solche Unregelmäßigkeiten zu Fehlern und Abweichungen führen können (Selter/Spiegel 1997, 49). Insbesondere Kinder mit einer anderen Erstsprache als Deutsch sind in diesem Prozess benachteiligt. Moser Opitz et al. (2010b) haben aufgezeigt, dass diese Kinder schlechtere Zählkompetenzen auf Deutsch zeigen als Kinder mit der Erstsprache Deutsch und dass sie vor allem Fehler bei der Aussprache und der Zusammensetzung der Zahlwörter machen. Diese Kinder sind somit auf besondere Unterstützung und Förderung angewiesen.

Es gibt jedoch auch ›typische‹ Fehler, die bei Kindern mit deutscher Erstsprache vorkommen. Häufig werden Zahlen ausgelassen (Moser Opitz et al. 2010b; Schmidt 1982). Das verbale Zählen stellt hohe Anforderungen an das Arbeitsgedächtnis, und eine nachlassende Konzentration beim Zählakt kann zu diesen Auslassungen führen. Eine besondere Form der Zahlauslassung stellen Zahlen mit gleichen Ziffern, die sogenannten ›Schnapszahlen‹ dar (33, 44, 55 usw.). Dafür lassen sich verschiedene Erklärungen finden (Scherer 2003b, 25): Wenn die Kinder den Vorgänger einer solchen Zahl aussprechen (z. B. ›drei und vierzig‹), finden sich zwei Zahlwörter in der bekannten Reihung. Dies lässt die Kinder vermuten, dass als nächste Zahl eine 5 kommt. In der Folge wird die 44 ausgelassen und die 45 als nächste Zahl gesagt. Es kommt auch vor, dass Kinder auf die Nachfrage, warum z. B. die 44 ausgelassen worden ist, argumentieren, diese sei ›eben gesagt worden‹. Da im Wort ›drei*und*vierzig‹ die Vier vorkommt, gehen die Kinder davon aus, dass die Zahl ›vierundvierzig‹ eine Wiederholung wäre und deshalb nicht mehr gesagt werden muss.

Dokumente von Zählfähigkeiten von Kindern (Selter/Spiegel 1997, 49) und Untersuchungen (Moser Opitz 1999, 30 f.; Scherer 1999a, 176 f.) zeigen zudem, dass der Übergang über den Zehner oft eine Hürde darstellt. Anstelle von neunundzwanzig oder neununddreißig wird z. B. das Zahlwort ›neunzig‹ genannt, die Kinder erfinden neue Zahlwörter (»elfzig, einundelfzig, dreiundelfzig ...«. Selter/Spiegel 1997, 49) oder zählen wie folgt: ›... 30, 31, 32, 33 ... 37, 38, 39, 30‹ (vgl. auch Scherer 2003b, 25), d. h. sie kennen das Zahlwort für 40 noch nicht und verwenden entweder ein bekanntes Wort, das auf ›zig‹ endet oder erfinden ein Zahlwort.

Die bisherigen Ausführungen zeigen, dass der Zählkompetenz für den Aufbau des Zahlbegriffs eine zentrale Rolle zukommt, der in der Förderung und im Anfangsunterricht besondere Aufmerksamkeit geschenkt werden muss.

Zur Bedeutung pränumerischer Kompetenzen

Wie dargelegt wurde, sind für den Aufbau des Zahlbegriffs zahl- und mengenspezifische Kenntnisse zentral. Dabei stellt sich die Frage, welche Rolle pränumerische Kompetenzen spielen. Grundsätzlich wird davon ausgegangen, dass diese nicht die Bedeutung haben, die ihnen lange Zeit zugeschrieben worden ist (vgl. Moser Opitz 2008), dass sie aber dennoch weiter beachtet und gefördert werden müssen. Zu diesen Folgerungen führten u. a. die erwähnten Untersuchungen zu den numerischen Kompetenzen von Schulanfängerinnen und -anfängern. So wurde der Nachweis erbracht, dass auch Kinder im Förderschwerpunkt Lernen bei Schuleintritt über höhere numerische Kompetenzen verfügen, als lange Zeit angenommen wurde (Moser Opitz 2008, 139 f.). Es war bspw. 70 % der untersuchten Lernenden möglich, Zahlen im Zahlenraum von 1 bis 10 zu benennen, und 55,6 % konnten bis 10 oder weiter zählen (ebd., 142 ff.). Gleichzeitig wiesen diese Kinder deutlich schlechtere Leistungen beim Addieren und Subtrahieren auf als Kinder in Regelklassen (ebd., 145 f.).

Mehrfach untersucht wurde auch die Bedeutung der Anzahlinvarianz, die in der Zahlbegriffsentwicklung nach Piaget – und in der Folge in Schulbüchern und Förderkonzepten – eine zentrale Rolle spielte (vgl. Moser Opitz 2008, 19 f.). Dabei wird untersucht, ob die Kinder erkennen, dass zwei Reihen mit gleich vielen Plättchen, die unterschiedlich angeordnet sind, gleichmächtig sind. Zuerst wird mit zwei Plättchenreihen eine Eins-zu-eins-Zuordnung hergestellt (Abb. 6.2 links), und es wird die Frage gestellt, ob in beiden Reihen gleich viele oder in einer Reihe mehr oder weniger Plättchen sind. Anschließend werden die Plättchen in einer Reihe zusammengeschoben und die Frage wird wiederholt (Abb. 6.2 rechts). Viele Kinder bejahen die erste Frage. Auf die zweite Frage antworten sie, dass in der oberen Reihe mehr Plättchen sind.

Abbildung 6.2 Invarianzaufgabe

Brainerd (1979) hat aufgezeigt, dass Kinder Additions- und Subtraktionsaufgaben im Zahlenraum bis 10 beherrschten, bevor sie Invarianzaufgaben auf bildlicher Ebene lösen konnten. Offensichtlich verfügen Kinder über ein Teilkonzept des Zahlbegriffs, auch wenn das Invarianzkonzept noch nicht verstanden ist (Baroody 1987, 125; vgl. zusammenfassend Moser Opitz 2008, 51). Sophian (1995, 559 ff.) hat zudem festgestellt, dass das Zählen die Bearbeitung der Invarianzaufgabe beeinflussen kann. Kinder, die bei dieser Aufgabe zählten, erzielten bessere Ergebnisse als Kinder, die dies nicht gemacht haben. Das weist darauf hin, dass der Invarianzbegriff und die Zählkompetenz nicht unabhängig voneinander betrachtet werden können bzw. dass bestimmte numerische Kenntnisse dem Invarianzbegriff vorgeordnet sind bzw. parallel zu diesem verlaufen (Hasemann 2007, 33).

Kritisch diskutiert wird auch die Versuchsanordnung der Invarianzaufgabe, und zwar auf verschiedenen Ebenen. Untersuchungssituationen (und auch Unterrichtssituationen) sind nie frei von vermeintlichen Erwartungen und einem bestimmten Verständnis der gestellten Fragen. Donaldson (1991, 69 ff.; vgl. auch McGarrigle/Donaldson 1974) hat aufgezeigt, dass die Kinder in der klassischen Versuchsanordnung innerhalb von kurzer Zeit auf zwei verschiedene Fragen antworten müssen: auf die Frage nach der Gleichheit der Menge in der Ausgangssituation und anschließend auf die Frage nach der Gleichheit der Mengen nach dem Zusammenschieben der einen Reihe. Das kann dazu führen, dass die Kinder denken, sie müssten die zweite Frage anders beantworten als die erste. Da die einzige Veränderung der Versuchsanordnung in der unterschiedlichen Länge der beiden Reihen besteht, beziehen die Kinder ihre Antwort darauf. Bei Veränderungen dieser Versuchsanordnung wurde die Aufgabe besser gelöst.

Weiter muss beachtet werden, dass der Erfolg beim Lösen der Invarianzaufgabe von der spezifischen Aufgabenstellung bzw. -konstruktion abhängt. Eine einfachere Möglichkeit als die klassische Problemstellung stellt die sogenannte Identitätsaufgabe dar (Fischer/Beckey 1990). Dabei wird nur eine Menge vorgegeben, die Objekte werden jeweils nur anders angeordnet, und die Kinder müssen entscheiden, ob gleich viel, mehr oder weniger Dinge vorhanden sind, bzw. Darstellungen mit gleich vielen Objekten, jedoch unterschiedlichen Anordnungen finden (vgl. Abb. 6.3).

Abbildung 6.3 Immer 7 (nach Wittmann/Müller 2007, 16)

Weitere Forschungsresultate liegen zur Bedeutung von Klassifikation, Seriation und Eins-zu-eins-Zuordnung vor. Nach Zur Oeveste (1987, 121) sind nur die Aufgaben »einfache Klassifikation« (das Ordnen von Gegenständen nach einem Merkmal wie z. B. die Form oder die Farbe) und »einfache Reihenbildung« der Kardinalzahl (im Sinn eines Vergleichs von zwei Mengen durch eine Eins-zu-eins-Zuordnung) entwicklungsmäßig vorgeordnet. Diese Fähigkeiten entwickeln sich jedoch schon in der frühen Kindheit, und es wurde nachgewiesen, dass auch ein großer Teil der Kinder an der Förderschule/Schwerpunkt Lernen beim Schuleintritt über diese Kompetenzen verfügt (Moser Opitz 2008, 139). So gelang es 79,7 % der untersuchten Kinder, zwei Mengen durch das Herstellen einer Eins-zu-eins-Zuordnung miteinander zu vergleichen (ebd., 149). Die Eins-zu-eins-Zuordnung ist eine wichtige Kompetenz im Zusammenhang mit einer erfolgreichen Anzahlbestimmung: Erst wenn die Zuordnung eingehalten wird, ist es möglich, eine Anzahl korrekt zu bestimmen (vgl. die Ausführungen zu Zählprinzipien in Kap. 5.4). Es wird davon ausgegangen, dass sich die Einsicht in die Eins-zu-eins-Zuordnung und die Zählkompetenz parallel entwickeln und sich auch gegenseitig beeinflussen (Hasemann 2007, 33). Das bedeutet für die Förderung, dass nicht die eine Kompetenz als Voraussetzung für die andere betrachtet werden darf, sondern dass durch Aktivitäten in einem Bereich auch Fähigkeiten im anderen gefördert werden. Dazu eignen sich bspw. Würfelspiele (Moser Opitz 2002). Es muss gezählt werden, zudem erfolgt beim Vorwärtsgehen mit der Spielfigur immer wieder eine Eins-zu-eins-Zuordnung.

Für den mathematischen Anfangsunterricht und insbesondere für die Förderung von lernschwachen Schülerinnen und Schülern bedeuten die referierten Ergebnisse erstens, dass pränumerische Aufgaben nicht als Vorläuferfertigkeiten des Zahlbegriffs betrachtet werden dürfen, sondern dass das Ordnen, Zuordnen, Sortieren und Vergleichen von Mengen parallel zum Arbeiten mit Zahlen gefördert werden muss und auch mit numerischen Inhalten in Verbindung zu bringen ist. Das kann z. B. so geschehen, dass Spielfiguren oder Bauklötze nicht nur nach Form oder Farbe geordnet werden, sondern dass gleichzeitig auch Fragen gestellt werden wie ›Wie viele sind es?‹ oder ›Sind es mehr rote oder mehr blaue Klötze? Zähle.‹, usw. Zweitens ist spezifisch numerischen Inhalten besondere Beachtung zu schenken, insbesondere dem Zählen.

Hinweise zum mathematischen Anfangsunterricht

Beobachtung und Aufgreifen von Vorkenntnissen

Schulanfängerinnen und -anfänger bringen unterschiedliche numerische Vorkenntnisse mit. Auch wenn heute davon ausgegangen werden kann, dass ein Teil der Kinder über umfassende Kenntnisse verfügt, gibt es andere Lernende, denen diese fehlen (vgl. z. B. Moser et al. 2005). Es ist deshalb wichtig, die Lernvoraussetzungen der Kinder zu erfassen. Dies kann durch Beobachtung während des Unterrichts geschehen oder aber durch den Einsatz geeigneter Verfahren (Grundsätzliches zum Thema Diagnostik siehe Kap. 4).

Als standardisiertes Einzelverfahren steht der Osnabrücker Test zur Zahlbegriffsentwicklung (OTZ) zur Verfügung (van Luit et al. 2001). Neben pränumerischen Kompetenzen werden vor allem die Zählkompetenzen umfassend erfasst. Ein weiteres standardisiertes Instrument ist der Test zur Erfassung numerisch-rechnerischer Fertigkeiten vom Kindergarten bis zur 3. Klasse (TEDI-MATH; Kaufmann et al. 2009). Er bietet insbesondere differenzierte Möglichkeiten zur Erfassung der Zählkompetenz über mehrere Schuljahre hinweg. Teilweise ist auch eine qualitative Beurteilung der Aufgabenbearbeitungen möglich.

Weiter gibt es einige qualitative Verfahren, und von Peter-Koop et al. (2007) liegt bspw. das elementarmathematische Basisinterview (EMBI) vor. Es handelt sich um einen materialgestützten Interviewleitfaden zu den Themen Zahlen und Operationen, Raum und Form sowie Größen und Messen. Das Instrument erlaubt materialgestützte Handlungen und die Berücksichtigung der verbalen Äußerungen der Kinder.

Beim Goldstückspiel (Moser Opitz 2002; Schmassmann/Moser Opitz 2007, 7 f.) können anhand eines Würfelspiels, das mit einem einzelnen Kind oder mit einer Kleingruppe durchgeführt werden kann, pränumerische und numerische Kompetenzen (Zählen, Anzahlerfassung, Zahlenlesen usw.) beobachtet werden.

Umfassend erfasst werden können numerische Kenntnisse mit der Lernstandserfassung von Scherer (2005a, 25). Zu den Bereichen ›simultane bzw. strukturierte Zahlerfassung‹, ›Anzahlbestimmung; Lesen und Schreiben von Zahlen; Bestimmen von Geldbeträgen‹, ›Anzahlvergleich bzw. Größenvergleich zweier Zahlen‹ und ›Addition und Subtraktion‹ liegen verschiedene Aufgaben vor. Diese werden durch Durchführungshinweise, Beispiele und Fördermöglichkeiten ergänzt.

Diskussion verschiedener Förderkonzepte

Wir wollen im Folgenden einige Materialien und Lehrwerke, die für die vorschulische Förderung bzw. für den Anfangsunterricht angeboten werden, vorstellen bzw. auf ihre Eignung hin kritisch diskutieren (vgl. auch Hasemann 2007, 22 ff.).

Auf dem Markt sind verschiedene Förderkonzepte, mit denen versucht werden soll, die ›fantasievolle und spielerische Welt der Kinder‹ mit der ›abstrakten Welt der Zahlen‹ zu verbinden. In diesen Konzepten wird davon ausgegangen, dass Kinder über kindgerechte ›Vehikel‹ wie Fantasiegeschichten und Phantasiefiguren zur Auseinandersetzung mit mathematischen Inhalten geführt werden und Zahlen dadurch ganzheitlich lernen sollen (Friedrich 2006; zusammenfassend Moser Opitz 2010).

Im *Entdeckungen im Zahlenland* (Preiß 2004, 3) wird bspw. angemerkt, dass bei der Einführung der Zahlen dem »narrativen Aspekt« besondere Beachtung geschenkt werden soll. Dies geschieht mit Geschichten, in denen Zahlen menschliche Züge annehmen. Die 5 hat z. B. Geburtstag und lädt die anderen Zahlen zur Geburtstagsparty ein. Ein ähnliches Konzept liegt von Friedrich/de Galgóczy (2004) vor mit *Komm mit ins Zahlenland* (Friedrich/Munz 2003). Hier verkörpern Puppen einzelne Zahlen.

Mit den erwähnten Förderkonzepten werden einige mathematische Inhalte thematisiert: Das Zählen, das Kennenlernen von Zahlsymbolen, die Würfelbilder und die Auseinandersetzung mit Formen. Die genannten Programme beinhalten jedoch auch eine Reihe von problematischen Aspekten. Im Mittelpunkt steht nicht die Auseinandersetzung mit mathematischen Inhalten, sondern eine Geschichte oder eine Identifikationsfigur. Das beinhaltet die Gefahr, dass die Aufmerksamkeit nicht auf die mathematischen Strukturen und den mathematischen Inhalt an sich gerichtet wird, sondern auf das ›Vehikel‹ (Geschichte, Puppe), das den Kindern die Inhalte nahebringen bzw. vermitteln soll. Die Geschichte der 5, die Geburtstag hat, hat z. B. dieselbe Bedeutung wie ein Märchen, oder die Puppe ist ein Spielzeug wie jedes andere. Dass es dabei um die Zahl 5 geht, rückt für die Kinder in den Hintergrund (vgl. Moser Opitz 2010). Von Krajewski (2007) wird zudem angemerkt, dass im Zahlenland wichtige Kompetenzen ungenügend gefördert werden, bspw. auf der Ebene der Basisfertigkeiten die Zahlerfassung und auf der Ebene des Anzahlkonzepts die Förderung des präzisen Anzahlkonzepts.

Ein weiteres Beispiel für solche vermeintlichen Hilfen findet sich in Abb. 6.4 (vgl. Wittoch 1983, 298) für die Beziehungsrelation ›kleiner/größer‹: Die Zahlsymbole werden aufsteigend nach Wert in größerer räumlicher Ausdehnung dargestellt. Auch hier müsste genauer analysiert werden, wie nützlich eine solche Hilfe tatsächlich ist und ob Kinder nicht eher verunsichert werden. Es bleibt offen, wie dieses Muster fortgeführt wird: Ist 10 größer oder kleiner als 9? Was macht ein Kind in anderen Kontexten, in der diese Größenverhältnisse anders sind, etwa wenn alle Zahlsymbole die gleiche Größe haben oder wenn auf einem Preisschild das Symbol der 2 zufällig größer ist als das der 4? Welches ›gelernte‹ Merkmal (räumliche Ausdehnung oder Mächtigkeit) ist jetzt dominant? (Zu weiteren kritischen Beispielen, auch für andere Zahlenräume vgl. etwa Scherer 1999a, 70 f.; zur Mehrdeutigkeit derartiger Darstellungen vgl. auch das Beispiel in Hasemann 2007, 40 f.)

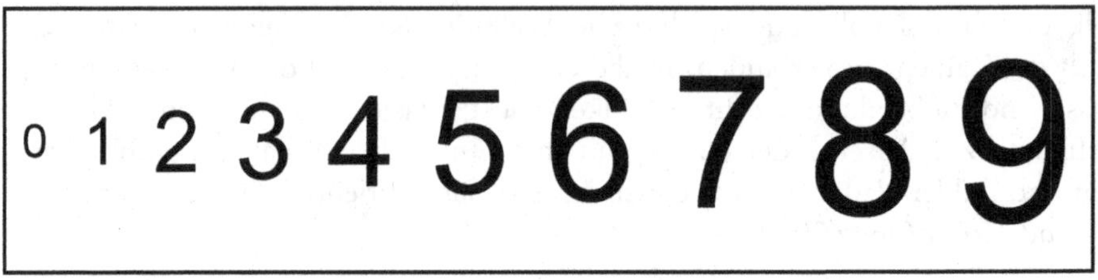

0 1 2 3 4 5 6 7 8 9

Abbildung 6.4 Darstellung der Ziffern zur Verdeutlichung der ›Kleiner/größer-Relation‹ (nach Wittoch 1983, 298)

Die Verbindung von Fantasiefiguren, Farben o. Ä. mit Zahlen kann sich insbesondere für lernschwache Schülerinnen und Schüler negativ auswirken. Da diesen der Erwerb abstrakter Lerninhalte oft schwerfällt, besteht die Gefahr, dass durch die beschriebene Vorgehensweise eine Fixierung auf die Figuren aus den Geschichten bzw. die Farben stattfindet und numerische Vorstellungen nicht aufgebaut werden können.

Grundsätzlich stellt sich die Frage nach Fördermöglichkeiten bzw. nach der Effektivität von bestimmten Programmen. So wurde bspw. das Zahlenland von Friedrich/de Galgóczy (2004) im Vergleich mit einem anderen Förderprogramm evaluiert (Pauen/Pahnke 2008). Kinder, deren Erzieherinnen das Förderkonzept während zehn Wochen einsetzten, machten große Leistungsfortschritte, ebenso eine Gruppe, die mit einem anderen Programm (*Das kleine Zahlenbuch*) gefördert worden war. Da jedoch eine Kontrollgruppe ohne Förderung fehlte, konnte nicht festgestellt werden, ob die Fortschritte auf die Intervention zurückgeführt werden können oder ob es sich um eine natürliche Entwicklung handelte (ebd., 205). Zudem geht aus der Beschreibung der Untersuchung nicht hervor, ob die Eingangsvoraussetzungen der verschiedenen Gruppen vergleichbar waren.

Die Wirksamkeit von numerischer Förderung im Vorschulalter wurde auch von Grüßing/Peter-Koop (2008) und Peter-Koop et al. (2008) überprüft. Sie haben eine große Anzahl von Kindern in Kindertageseinrichtungen bezüglich der mathematischen Vorkenntnisse untersucht und anschließend ›Risikokinder‹ – Kinder mit wenig numerischen Voraussetzungen – während eines halben Jahres gefördert. In der einen Gruppe geschah dies als Einzelförderung nach individuellen Förderplänen, in der anderen Gruppe durch die Erzieherinnen im ›Kita-Alltag‹. Inhaltlich lag der Schwerpunkt im Bereich Zählen und Anwendung von Zahlwissen; methodisch wurde versucht, an die Alltags- und Spielerfahrungen der Kinder anzuknüpfen. Vor Schuleintritt und am Ende des 1. Schuljahres wurden die Leistungen der Kinder wieder überprüft. Die Ergebnisse zeigten insgesamt einen erfreulichen Leistungszuwachs der geförderten Kinder, und zwar in beiden Fördergruppen. Insgesamt hatte der Anteil der Risikokinder abgenommen, obwohl es nach wie vor Kinder mit sehr schwachen Leistungen gab. Am deutlichsten profitiert hatten die Kinder mit Zuwanderungsgeschichte. Obwohl auch in dieser Untersuchung keine Kontrollgruppe einbezogen war, konnten am Ende des 1. Schuljahres Kinder getestet werden, die nicht am Förderprogramm teilgenommen hatten. Diese zeigten signifikant schwächere Leistungen als die ›Förderkinder‹ (Grüßing/Peter-Koop 2008, 81). Diese Ergebnisse weisen darauf hin, dass die Auseinandersetzung mit numerischen Inhalten in der vorschulischen Förderung Kindern helfen kann, fehlende Voraussetzungen zumindest teilweise zu erwerben. Im nächsten Abschnitt wird deshalb auf Fördermöglichkeiten eingegangen.

Auseinandersetzung mit mathematischen Inhalten und Mustern

Das Ziel eines erfolgreichen mathematischen Anfangsunterrichts muss es sein, Kinder an die Welt der Mathematik bzw. Welt der Zahlen heranzuführen und diese mit ihnen zusammen zu entdecken. Zentral sind dabei sicherlich die »Muster der Mathematik« (Devlin 1998; Steinweg 2001). Kinder haben sehr wohl auch Zugang zu abstrakten mathematischen Mustern, etwa wenn sie Regelmäßigkeiten und Unregelmäßigkeiten in der Zahlwortreihe entdecken, wenn sie schon im Vorschulalter versuchen, möglichst große Zahlen zu nennen und dabei das ›Muster‹ in diesen Zahlwörtern weiterzuführen (tausend, hundert*tausend*, zehn Millionen-*hunderttausend*), wenn sie Symmetrien erkennen oder herstellen, wenn sie mit Plättchen ein Muster legen oder ein geometrisches Muster erkennen bzw. zeichnen. Zu dieser Welt der Zahlen gibt es verschiedene Zugänge, einerseits Alltagssituationen, andererseits didaktisierte Situationen, in denen Lehrpersonen die Auseinandersetzung mit mathematischen Inhalten und geeigneten Materialien bewusst anregen.

Alltagssituationen: Kinder setzen sich auch im Alltag mit numerischen Inhalten auseinander, etwa wenn sie beim Spielen (ab)zählen, wenn sie im Fahrstuhl, auf dem Telefon oder auf der Fernbedienung des Fernsehers Zahlen lesen, wenn sie überprüfen, ob sie gleich viele Süßigkeiten erhalten haben wie ein anderes Kind, oder wenn sie numerische Informationen zum Beschreiben von Situationen nutzen (›Ich muss noch drei Mal schlafen bis zu meinem Geburtstag‹.). Diese Situationen gilt es zu nutzen, um mit den Kindern über Mathematik ins Gespräch zu kommen (›Kennst du die anderen Zahlen auf der Fernbedienung auch?‹, ›Wie viele Kinder hast du zu deiner Geburtstagsparty eingeladen?‹) oder sie anzuregen, ihre mathematischen Aktivitäten fortzuführen bzw. weiterzuentwickeln (bspw. ›Schreibe alle Zahlen auf, die du kennst‹). Dabei ist wichtig, dass die verschiedenen Zahlaspekte berücksichtigt werden. Dies soll nicht in der Form geschehen, dass dies von den Kindern explizit gefordert wird, sondern es geht darum, dass die Lehrkräfte über das entsprechende Hintergrundwissen verfügen und Unterrichtssituationen schaffen, in denen die Auseinandersetzung und Erfahrungen mit verschiedenen Zahlaspekten erfolgen kann (Krauthausen/Scherer 2007, 10).

Möglichkeiten dafür ergeben sich auch beim Einsatz von ›gewöhnlichen‹ Bilderbüchern, die keine spezifische mathematikdidaktische Intention und Konzeption enthalten. In vielen Büchern (und etwa auch im Rahmen freier Spiele) sind mathematikhaltige Situationen gegeben, die beim Betrachten und Vorlesen mit den Kindern thematisiert werden und zur Auseinandersetzung mit Mathematik anregen können (vgl. Scherer et al. 2007; van den Heuvel-Panhuizen et al. 2007; van den Heuvel-Panhuizen/van den Boogaard 2008). Wichtig ist, dass Lehrpersonen das ›mathematische Potenzial‹ solcher Situationen erkennen und dieses in der beschriebenen Art und Weise nutzen.

Didaktisierte Situationen: Die referierten Forschungsergebnisse zur Förderung von Peter-Koop et al. (2008) und Grüßing/Peter-Koop (2008) weisen darauf hin, dass der mathematischen Förderung in didaktisierten Situationen insbesondere für Risikokinder Bedeutung zukommt. Dazu müssen Materialien ausgewählt werden, die mathematische Strukturen kindgerecht repräsentieren. Geeignet sind dazu etwa Darstellungen in Schulbüchern für den Anfangsunterricht (Bilder mit Alltagssituationen, Rechengeschichten, Zählbilder usw.). Mittlerweile gibt es auch Lehrwerke, die für den Vorschulbereich entwickelt worden sind und sich auch für den Einsatz mit lernschwachen Schülerinnen und Schülern eignen. Vielfältige Möglichkeiten zur Auseinandersetzung mit mathematischen Mustern bieten das Schulbuch *Kinder begegnen Mathematik* (Keller/Noelle Müller 2007a) und das Frühförderprogramm *Zahlenbuch* (Wittmann/Müller 2009a; 2009b). Beide Förderwerke sind für Kinder ab vier Jahren konzipiert worden. Zu *Kinder begegnen Mathematik* gehört ein großes Bilderbuch mit Bildern von Situationen, die den Kindern vertraut sind (Schulhof, Schwimmbad, Zirkus, Festplatz, Kindergeburtstag usw.) und die zur Auseinandersetzung mit mathematischen Inhalten (Zahlen, Mengen, Formen) anregen. Die Kinder können die Bilder gemeinsam betrachten und zählen und erzählen, was sie sehen. Wenn nötig, kann die Lehrperson die Aktivitäten und das Gespräch durch Fragen leiten (Keller/Noelle Müller 2008): ›Was sieht man auf dem Bild?‹, ›Was davon kannst du zählen?‹ usw.

In *Das Zahlenbuch. Spiele zur Frühförderung 1 und 2* wird Gewicht gelegt auf die Auseinandersetzung mit mathematischen Mustern. Das geschieht durch Aktivitäten wie Zeichnen und Legen von Figuren, Falten, das Erkennen von Formen, das Bestimmen von Anzahlen, das Ordnen von Zahlen usw. (Wittmann/Müller 2009a; 2009b).

Die beschriebenen Materialien lassen sich sehr gut im Anfangsunterricht an der Förderschule Schwerpunkt Lernen einsetzen und tragen dazu bei, wichtige mathematische Kompetenzen aufzubauen.

Förderung von Zählkompetenzen

Die Zählkompetenz stellt für die Zahlbegriffsentwicklung einen zentralen Faktor dar und muss deshalb im Unterricht besonders berücksichtigt werden, insbesondere auch, weil Zählen kulturell vermittelt wird und Kinder mit dem Zählen beginnen, wenn sie es von Eltern, Geschwistern oder anderen Personen in ihrem Umfeld hören. Mangelnde Zählkompetenz kann somit auch mit fehlenden Erfahrungen zusammenhängen.

Verbales Zählen: Beim verbalen Zählen geht es um die Kenntnis der Zahlwortreihe, ohne dass dabei zwingend Objekte gezählt werden. Einigen Kindern fällt das verbale Zählen leichter, wenn sie dazu keine Zählhandlungen ausführen müssen, für andere wiederum stellt gerade dies eine Hilfe dar. Im Unterricht müssen deshalb beide Möglichkeiten angeboten werden. Sorgfältig geprüft werden muss weiter die Verbindung von Zählen mit Bewegungen (Klatschen, Stampfen, Hüpfen usw.). Wenn die Kinder den Zählprozess spontan mit rhythmischen Bewegungen wie Klopfen mit dem Fuß oder einer Handbewegung unterstützen, sind solche Aktivitäten aufzunehmen und zu unterstützen. Oft ist es jedoch so, dass die Koordination von Bewegung und Zählakt eine zusätzliche Anforderung darstellt und das Zählen für die Kinder erschwert. Die Verbindung von Zählen und Bewegung ist deshalb eher als Herausforderung für Kinder zu sehen, die die Zahlwortreihe schon sicher beherrschen.

Grundsätzlich ist wichtig, dass der Zahlenraum beim Zählen nicht eingeschränkt wird und dass die Schülerinnen und Schüler angeregt werden, so weit wie möglich zählen. Mit Abzählversen und Liedern, in denen die Zahlwortreihe vorkommt, lassen sich Aktivitäten durchführen, die der Phase der Ganzheitsauffassung im Modell von Fuson (vgl. Abschnitt ›Zählkompetenzen‹) entsprechen und wichtig sind für Schülerinnen und Schüler, die erst wenige Zahlwörter kennen. Im Anschluss daran können Zählaufgaben mit unterschiedlichem Schwierigkeitsgrad und unterschiedlichen Möglichkeiten für die Formulierung der jeweiligen Aufgabe gestellt werden (vgl. z. B. Scherer 2005a, 54, 128 f.).

- Zahlwortreihe vorwärts und rückwärts so weit wie möglich aufsagen, Zählen von verschiedenen Startzahlen aus.

- Fehler im Zählakt erkennen: Die Lehrperson (oder ein Kind) zählt (z. B. von 1 bis 20, von 20 bis 40) und macht dabei absichtlich Fehler, die anderen Kinder müssen die Fehler entdecken.

- Zählen in Zweierschritten (oder in einer anderen Schrittgröße) vorwärts und rückwärts, mit geraden oder ungeraden Startzahlen.

- Von 5 drei (Schritte) vorwärts, von 10 vier (Schritte) rückwärts zählen.

Zählen von Objekten/Bestimmen von Anzahlen: Beim Zählen von Objekten geht es darum, dass die Schülerinnen und Schüler die Zählprinzipien (vgl. Kap. 5.4.2) verstehen und sicher anwenden. Hier können verschiedene Hilfestellungen gegeben werden, indem bspw. darauf geachtet wird, dass die zu zählenden Objekte gut unterschieden werden können (z. B. Muscheln, Steine, Knöpfe), dass die Objekte geordnet werden oder dass durch Verschieben deutlich gemacht wird, welche Objekte schon gezählt worden sind und welche noch nicht. Wichtig ist, dass in verschiedenen, für die Kinder interessanten Situationen und Kontexten immer wieder die Frage ›Wie viele sind es?‹ gestellt wird und die Kinder dadurch zum Zählen angeregt werden. Besonders eignen sich dazu Zählbilder, Zähltische oder Zählecken (Keller/Noelle Müller 2007b, 10; Scherer 2005a, 164). In freien Arbeitsphasen oder im Rahmen gezielter Aktivitäten zählen die Kinder auf Tischen oder in Schachteln bereitgestellte – auch große –Anzahlen von Gegenständen (Knöpfe, Bohnen, Muscheln). Dabei können Zählprotokolle erstellt werden (z. B. in Form von Zeichnungen, Strichlisten oder Textprotokollen), und/oder die Anzahlen werden notiert (bspw. auf einen Haftzettel) und verglichen.

Keller/Noelle Müller (2007b, 19) schlagen weiter vor, Zählplakate zu gestalten. Die Kinder erhalten bspw. den Auftrag, aus Versandkatalogen oder Werbeprospekten nach eigenen (oder von der Lehrperson vorgegebenen) Kriterien eine bestimmte Anzahl von Dingen auszuschneiden und auf einem Plakat aufzukleben. »Man könnte Bilder suchen, auf denen immer fünf oder acht oder zehn Dinge abgebildet sind«, »Man könnte ein Bild suchen, auf dem man einen Gegenstand sieht, dann ein Bild mit zwei Gegenständen, dann eines mit drei und so weiter« (ebd.).

Diese Aktivitäten sind von großer Bedeutung, da dadurch das präzise Anzahlkonzept erworben werden kann.

Ganzheitliche Erarbeitung des Zahlenraums

Es wurde dargelegt, dass die Zahlen insbesondere in den sonderpädagogischen Schulbüchern oft schrittweise eingeführt werden. Dies kann den Aufbau des Zahlbegriffs erschweren, weil die Zahlen nacheinander gelernt werden und dadurch die Übersicht über das Ganze und damit über die »natürlichen Einheiten« wie den Zwanziger-, Hunderter- und Tausender-Raum fehlt (Scherer 1999a, 58). Wenn die Zahlen von 1 bis 10 im Kontext des Zehners erarbeitet werden (vgl. z. B. für die kardinale Bedeutung Abb. 6.5), können ausgehend von der ›Kraft der Fünf‹ und der ›Kraft der 10‹ zwischen den verschiedenen Zahlen Beziehungen hergestellt werden.

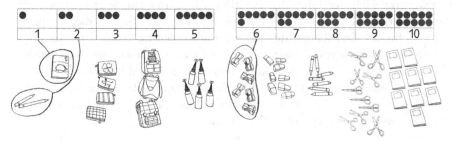

Abbildung 6.5 Die Zahlen von 1 bis 10 (Wittmann/Müller 2007, 8 f.)

Äußerungen zur Darstellung der Zahlen von 1 bis 10, wie sie in Abb. 6.5 zu sehen sind, können bspw. lauten, dass fünf Plättchen in einer Reihe und zehn Plättchen in zwei Reihen sind oder dass bei der Vier noch ein Plättchen fehlt, bis die Reihe voll ist. Wenn der Zahlenraum als ›Ganzheit‹ angeboten wird, bedeutet das jedoch nicht, dass die Schülerinnen und Schüler gleich alle Zahlen ›kennen‹ müssen. Diese werden auch hier einzeln betrachtet, jedoch immer im Kontext der anderen Zahlen.

Die Ausführungen haben gezeigt: Damit Kinder Mengen, Zahlwörter und Zahlsymbole miteinander in Verbindung bringen können, brauchen sie eine Förderung bezüglich mengen- und zahlspezifischer Inhalte. Besonders wichtig ist dabei die Zählkompetenz. Pränumerische Inhalte wie Ordnen, Sortieren, Ein-zu-eins-Zuordnung dürfen nicht als Voraussetzung zum Arbeiten mit Zahlen betrachtet werden, sondern sind parallel zu thematisieren. Zum Aufbau des Zahlraums ist ein Vorgehen anzustreben, das diesen bis 10 bzw. 20 ganzheitlich als Angebot zur Verfügung stellt, die einzelnen Zahlen anschließend im Kontext dieser Ganzheit erarbeitet, vielfältige Zahlbeziehungen thematisiert und die verschiedenen Zahlaspekte berücksichtigt.

6.1.2 Erarbeitung des Einmaleins

Im 2. Schuljahr geht es üblicherweise zunächst um die Erweiterung des Zahlenraumes bis 100; für das Verständnis des Aufbaus des Dezimalsystems durch das Stellenwertprinzip wird hier die Basis gelegt. Wir werden diese zentrale Thematik in Kap. 6.1.3 am Beispiel des Tausenderraums genauer beleuchten. Bei der Erarbeitung des Hunderterraumes werden die Operationen Addition und Subtraktion nun auf größere Zahlen übertragen. Damit einher geht die Entwicklung von Rechenstrategien, die zum einen Bezug auf bereits erarbeitete operative Strategien des Einspluseins nehmen, zum anderen aber auch neue, u. a. auf das Stellenwertprinzip bezogene Strategien und Vorgehensweisen nahelegen. Derartige Rechenstrategien werden in Kap. 6.1.4 mit ihren Bezügen zu schriftlichen Algorithmen thematisiert.

Ein weiterer wichtiger Inhalt bei der Bearbeitung des Hunderterraumes stellt die Einführung der Operationen Multiplikationen und Division dar. Wichtige Aspekte für die Erarbeitung des Einmaleins werden im folgenden Abschnitt ausgeführt. Ein sicheres Verständnis dieser Operation sowie die Automatisierung gewisser Basisfertigkeiten sind für spätere Inhalte und Lernprozesse zwingend erforderlich. Festzustellen sind hierbei häufig, gerade bei leistungsschwachen Schülerinnen und Schülern, Schwierigkeiten, die wir im Folgenden kurz skizzieren wollen (vgl. Scherer 2003a; 2005b).

Mögliche Problembereiche

Automatisierung

Im Vergleich zur Automatisierung des Einspluseins fällt es vielen lernschwachen Schülerinnen und Schülern schwerer, das Einmaleins vollständig zu automatisieren, und selbst in höheren Klassen sind nicht alle Aufgaben verfügbar: Viele Kinder müssen eine Aufgabe wie 6·7 immer wieder neu berechnen, oftmals durch Aufsagen der gesamten Einmaleins-Reihe (7, 14, 21, 28, 35, 42; vgl. auch Lorenz/Radatz 1993, 138; Scherer 2003a). Oftmals damit verbunden ist das Fingerrechnen bzw. zählendes Rechnen, wobei diese Hilfe für die Multiplikation recht anspruchsvoll und damit fehleranfällig ist: Die Teilergebnisse der einzelnen Zählschritte und der Multiplikator müssen gleichzeitig im Blick behalten werden (vgl. Anghileri 1997; Krauthausen/Scherer 2007, 14 f.; Scherer 2003a; Kap. 5.4). Das stellt hohe Anforderungen an das Arbeitsgedächtnis, an einen Bereich, der gerade bei lernschwachen Schülerinnen und Schülern oft beeinträchtigt ist (vgl. Kap. 5.4.1).

Ein Beispiel soll dies illustrieren: Im Rahmen eines Miniprojektes, in dem Fünftklässler der Förderschule/Schwerpunkt Lernen gemessen und berechnet hatten, dass sie in einer Stunde vier Kilometer wandern/laufen können, brachten sie selbst die Frage ein, wie viele Kilometer sie wohl an einem Tag, in 24 Stunden, schaffen würden. Aufgaben wie 24·4 waren im aktuellen Unterricht noch nicht behandelt worden (zur ausführlichen Darstellung vgl. Scherer 1997a). Die folgende Abbildung zeigt zwei Schülerstrategien.

Sandrina notierte die Aufgaben von 1·4 bis 24·4, ohne diese zunächst auszurechnen (Abb. 6.6 links). Sie begann mit der ersten, vermutlich leichtesten Aufgabe und berechnete nach und nach die weiteren Ergebnisse, wobei sie in den Zeilen verrutschte und irgendwann diesen mühseligen Weg aufgab.

Jan wollte die Aufgabe 24·4 zerlegen in 10·4 + 10·4 + 4·4, und auch er berechnete zunächst die Ergebnisse des Einmaleins in tabellarischer Form (Abb. 6.6 rechts). Leider unterlief ihm in der Tabelle ein Fehler, der sich dann weiter durchzog: Er erhielt für die Aufgabe 9·4 das Ergebnis 34, das er zwar später korrigierte; für die Aufgabe 10·4 ging er aber einen Viererschritt weiter und notierte das Resultat 38.

Abbildung 6.6 Sandrinas (links) und Jans (rechts) Lösungsstrategien (Scherer 1997a, 39 f.)

Diese beiden Dokumente zeigen, dass eine einfache Aufgabe wie 10·4, eine sogenannte Kern-, Anker- oder Schlüsselaufgabe, nicht selbstverständlich und direkt abgerufen und notiert wird. Dies kann im obigen Beispiel u. a. auf die beschriebene, für die Kinder neuartige Aufgabe und damit u. U. komplexe Anforderung zurückzuführen sein. Wenn Wissenselemente automatisiert sind, sollte jedoch genau dies möglich sein.

Dass sich eine mangelnde Automatisierung negativ auf spätere mathematische Inhalte auswirken kann, zeigt eine Untersuchung von Cawley et al. (1998). Hier ging es vorrangig um Testleistungen bei den schriftlichen Algorithmen (im Tausender- und Zehntausender-Raum), wobei Bezüge zu den Basisfertigkeiten hergestellt wurden. Die Teilanforderungen der am häufigsten falsch gelösten Aufgaben (schriftlicher Algorithmus) wurden in Einzelaufgaben umgesetzt und genauer untersucht. Die Aufgabe 496·348 wurde u. a. in folgende Einzelaufgaben, die ggf. zur Berechnung der Ausgangsaufgabe notwendig wären, zerlegt: 4·3, 4·4, 4·8, 9·3, 9·4, …, 49·3, 49·4, 49·8, …, um auf diese Weise die Verfügbarkeit der Basisfertigkeiten zu überprüfen. Es zeigte sich hier beim Vergleich lernschwacher und durchschnittlicher Schülerinnen und Schüler, dass Nachteile insbesondere bei den Basisfertigkeiten des Einmaleins bestanden. Beim Vergleich 12-/13-/14-jähriger Schüler lösten fast alle durchschnittlichen Schülerinnen und Schüler diese Aufgaben problemlos, während die Lernschwachen eine erhöhte Fehlerrate zeigten.

Beziehungen zwischen einzelnen Aufgaben

Aufgaben wie $6 \cdot 7$ oder $9 \cdot 7$ werden nicht von einfacheren Aufgaben ($5 \cdot 7$ bzw. $10 \cdot 7$) abgeleitet. Bei lernschwachen Schülerinnen und Schülern werden meistens keinerlei Stützpunktvorstellungen zu den Kernaufgaben genutzt, wie auch im Beispiel von Sandrina und Jan deutlich wurde.

Rechengesetze

Auch Rechengesetze wie etwa das Kommutativgesetz werden nicht genutzt: Stellt man Kindern die Aufgabe $6 \cdot 7$ und nach erfolgreicher Berechnung sofort im Anschluss die Aufgabe $7 \cdot 6$, so berechnen nicht wenige diese Aufgabe wieder völlig neu. Betont werden soll hier, dass diese Schwierigkeiten nicht unbedingt als Merkmale der Schülerinnen und Schüler zu verstehen sind, sondern auch Folge des erlebten Unterrichts sein können. Wenn bspw. das Einmaleins in einer eher kleinschrittigen Unterrichtskonzeption erarbeitet wird (Einführung und Durcharbeitung der Einmaleins-Reihen isoliert voneinander), dann lernen die Kinder die Aufgabe $7 \cdot 6$ in der 6er-Reihe und zu einem anderen Zeitpunkt die Aufgabe $6 \cdot 7$ in der 7er-Reihe. Dass die Schüler die Beziehung dann nicht nutzen, mag nicht verwundern. Erfahrungen zeigen zudem, dass selbst eine im Schulbuch vorgeschlagene ganzheitliche Konzeption zur Erarbeitung des Einmaleins nicht unbedingt von Lehrpersonen umgesetzt wird und manche die eher traditionelle, kleinschrittige Erarbeitung bevorzugen.

Erweiterungen

Erweiterungen zum sogenannten Stufeneinmaleins werden durch eher mechanisches Ausnutzen von Regeln vollzogen: Für die Aufgabe $3 \cdot 60$ wird bspw. die Einmaleinsaufgabe $3 \cdot 6$ herangezogen und eine Regel abgeleitet: ›Für das neue Ergebnis muss eine Null angehängt werden.‹ Entsprechend werden bei der Aufgabe $30 \cdot 60$ zwei Nullen angehängt (›Addiere die Anzahl der Nullen bei den Faktoren und hänge genauso viele Nullen beim Ergebnis an‹). Solch eine eher bedeutungslos verinnerlichte Regel kann Schülerinnen und Schüler aber in Verwirrung bringen, wenn das Ergebnis der ursprünglichen Einmaleinsaufgabe schon eine Endnull aufweist: Soll bspw. $50 \cdot 60$ berechnet werden, kann der Rückgriff auf $5 \cdot 6 = 30$ erfolgen. Viele Kinder notieren als Ergebnis fälschlicherweise 300 und berücksichtigen nicht, dass bereits das ursprüngliche Ergebnis eine Endnull aufwies (vgl. Scherer 2003a; Moser Opitz 2007a, 197 f.). Bei weiteren Rechnungen über 1000 hinaus und damit einhergehend einer größeren Anzahl von Nullen können sich diese Unsicherheiten verstärken.

Wechsel der Repräsentationsebene

Rückübersetzungen auf die anschauliche Ebene gelingen häufig nicht mehr. So sind viele lernschwache Schülerinnen und Schüler nicht in der Lage, eine rein symbolische Aufgabe wie 7·8 am Punktfeld zu veranschaulichen oder eine Kontextsituation zu diesem Zahlensatz anzugeben. Symbolische und anschauliche bzw. handelnde Ebenen sind für manche Kinder zu unterschiedlichen, völlig voneinander entkoppelten Welten geworden.

Wir wollen nun einige zentrale Schritte bei der Erarbeitung des Einmaleins konkretisieren und zunächst die zugehörigen Grundvorstellungen beleuchten:

Als Grundvorstellung der Multiplikation liegen verschiedene Modelle vor: das zeitlich-sukzessive Modell, das kombinatorische Modell sowie das räumlich-simultane Modell (vgl. Krauthausen/Scherer 2007, 27 ff.). Dabei wurden die beiden erstgenannten Modelle lange Zeit bevorzugt. Inzwischen findet überwiegend das räumlich-simultane Modell in Schulbüchern Verwendung. Sein Vorteil ist, dass es verschiedene Veranschaulichungen der Multiplikation zulässt wie lineare Darstellungen, Zahl- oder Würfelbilder, zusammengefasste Mengen und Punktfelder (vgl. Wittmann/Müller 1990, 108 f.). So kann die Aufgabe 5·4 bzw. 4·5 bspw. durch vier 5er-Bündel oder fünf 4er-Bündel dargestellt werden (Abb. 6.7 oben, unten) oder aber durch Felderstrukturen (Abb. 6.8 links, rechts).

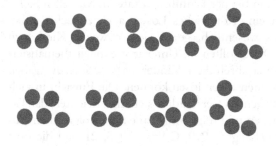

Abbildung 6.7 Darstellung der Aufgaben 5·4 (oben) und 4·5 (unten) durch Bündel

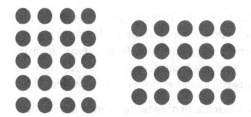

Abbildung 6.8 Darstellung der Aufgaben 5·4 (links) und 4·5 (rechts) durch Punktfelder

Dabei spricht eine Reihe von Argumenten für die Verwendung von Feldern (vgl. Wittmann/Müller 1990, 109; auch Scherer 2005b, 58 f.; Selter 1994a, 86 f.): Zahlreiche multiplikative Muster des täglichen Lebens haben von sich aus die Felderstruktur (z. B. Flaschenkästen, Eierkartons, Malkästen, Regale, Fensterfronten). So bringen die Schülerinnen und Schüler verschiedene Erfahrungen aus ihrem Erfahrungsbereich mit, die aufgegriffen und für die weiteren Lernprozesse genutzt werden können. Aufgrund der leichten Uminterpretierbarkeit der beiden Faktoren lassen sich an Feldern am besten Gesetzmäßigkeiten entdecken und veranschaulichen. Insbesondere können an ein und demselben Feld Aufgabe und Tauschaufgabe abgelesen werden: Ein solches Feld zeilenweise zu lesen (5·4-Feld wird interpretiert als fünf Viererzeilen), ist lediglich eine Konvention, und auch die spaltenweise Deutung ist möglich (s. u.). Felder betonen außerdem im Gegensatz zu linearen Anordnungen die Eigenständigkeit der Multiplikation gegenüber der Addition und führen zur Veranschaulichung von Produkten mithilfe von Flächen. Darüber hinaus können die durch das Feld definierte Malaufgabe und ihr Ergebnis ökonomisch bestimmt werden.

Wichtige Etappen bei der Behandlung des Einmaleins

Wie bereits anfangs festgehalten, ist die Automatisierung des Einmaleins als langfristiges Ziel zu sehen. Der Weg dorthin ist dabei von entscheidender Bedeutung und soll im Folgenden kurz skizziert werden. Wesentlich ist, dass die Schülerinnen und Schüler sich auch diesen Inhalt in aktiv-entdeckender Weise aneignen (vgl. Kap. 3.1) und schon bei der Einführung ihre individuellen Sichtweisen einbringen können. Für ein erfolgreiches Lösen, auch zunächst unbekannter Aufgaben, erscheint es wesentlich, gerade lernschwache Kinder zu eigenen Wegen zu ermuntern. Diese sollten im Unterricht explizit thematisiert und besprochen werden. Nur so erfahren diese Kinder, dass sie *selbst* Aufgaben oder allgemein Probleme mit eigenen Ideen lösen können. Die Einsicht in vielfältige Beziehungen kann grundlegendes Verständnis sichern, erleichtert das Erlernen, Verinnerlichen und Behalten und trägt somit zu einer erfolgreichen Automatisierung bei (vgl. Anthony/Knight 1999; Calkins 1998, 21 und die dort angegeb. Literatur; Schipper 1990, 22; vgl. auch Kap. 5.2).

Verständnisbasierte Einführung mit vielfältigen Bezügen

Generell ist es im Mathematikunterricht wichtig, Beziehungen zwischen Zahlen, Aufgaben und zwischen den verschiedenen Operationen sehen und nutzen zu lernen. Solche Beziehungen müssen immer aktiv vom Individuum konstruiert werden; sie werden auch nicht automatisch ausgebildet, sondern müssen durch geeignete Aufgabenstellungen ausdrücklich herausgefordert werden.

Im 1. Schuljahr werden üblicherweise Beziehungen zwischen Operationen herausgearbeitet: Die Beziehung zwischen Addition und Subtraktion sollte durch die Reversibilität, das Rückgängigmachen der Operationen, angesprochen werden, d. h., die *Umkehr*operation wird durch Aufgabe und Umkehraufgabe thematisiert. Bei der Einführung der Multiplikation (dem neuen Lernstoff) ist darüber hinaus auch die Beziehung zur Addition (dem bekannten Lernstoff) zu erarbeiten (vgl. auch Scherer 2003a).

Wie bereits oben verdeutlicht, können für einen ganzheitlichen Einstieg in die Multiplikation mit dem Fokus des räumlich-simultanen Modells reale Objekte mit Felderstrukturen genutzt werden. Eine erste Aktivität wäre, die Aufgaben zu nennen und zu notieren, die die Schülerinnen und Schüler in den jeweiligen Objekten sehen (vgl. hierzu etwa Kobel/Doebeli 1999; Müller 1990; Selter 1994a; Scherer 2002; 2005b). Zu einem (eher ungewohnten) 8er-Eierkarton notierten Förderschülerinnen und Förderschüler bspw. die Aufgaben, wie in Abb. 6.9 gezeigt.

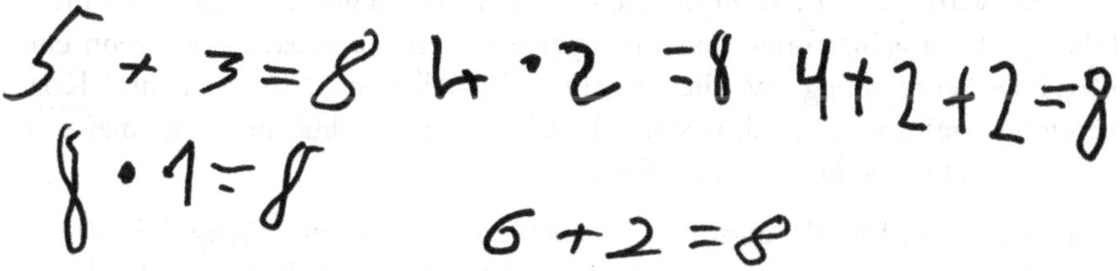

$$5 + 3 = 8 \qquad 4 \cdot 2 = 8 \qquad 4 + 2 + 2 = 8$$
$$8 \cdot 1 = 8 \qquad\qquad 6 + 2 = 8$$

Abbildung 6.9 Sichtweisen zu einem 8er–Eierkarton

Wesentlich bei dieser Aktivität ist das Verdeutlichen der jeweiligen Sichtweise durch Einkreisen (am Bild) bzw. Umfahren der Teile bzw. Gruppierungen (am realen Objekt). So können die Schülerinnen und Schüler erkennen, dass zu ein und derselben Sichtweise unterschiedliche Notationen gehören können: 4 Eier und 4 Eier zu sehen, kann als 4+4 oder aber als 2 mal 4 bzw. 2·4 notiert werden. Dies macht eine zentrale Beziehung zwischen Addition und Multiplikation deutlich. Einige Sichtweisen können nur additiv und nicht multiplikativ notiert werden: Diese verkürzte Notationsform kann lediglich bei gleichen Summanden gewählt werden, nicht aber bei unterschiedlichen Summanden (z. B. 6+2 oder 5+3). Dies muss explizit thematisiert werden. Betont werden soll an dieser Stelle noch einmal, dass die mathematische Struktur erst durch einen geistigen Akt in eine solche Darstellung hineingelesen wird: »Es gibt keinen direkten Weg von Veranschaulichungsmitteln zum Denken des Schülers« (Lorenz 1995, 10; vgl. auch Kap. 5.3).

Gerade in einer solchen Einstiegsphase ins Thema Multiplikation kann es Diskrepanzen geben zwischen dem Benennen von Aufgaben und der zugehörigen Notation: Eine Förderschülerin äußerte zu einem 4·5-Briefmarkenbogen: »Ich sehe die Aufgabe 20 mal die 1«, und begann anschließend mit der Notation 1+1+1+1+1+.... In ihrer Vorstellung notierte sie 20-mal eine 1, aber eben in additiver Weise. Derartige Schwierigkeiten zu Beginn eines Lernprozesses sind nicht unbedingt als problematisch anzusehen, sondern können hilfreich sein, um das Spezifische eines neuen Inhalts, hier der Multiplikation und ihrer Notation (als verkürzte Addition), herauszuarbeiten.

Insgesamt sollen die Schülerinnen und Schüler verstehen, dass zu ein und derselben Anordnung, allgemein zu einem Diagramm, ganz unterschiedliche Sichtweisen existieren (zu dieser strukturellen Mehrdeutigkeit vgl. Steinbring 1994; s. u. Vernetzung verschiedener Repräsentationsebenen). Dies ist gerade auch im Hinblick auf das Verstehen von Rechengesetzen usw. wichtig. Im vorliegenden Fall kann diese Einsicht außerdem zum Finden weiterer Aufgaben verhelfen (›Kannst du 10+10 auch als Malaufgabe schreiben?‹). Der Übergang zur konventionellen Sichtweise (etwa das zeilenweise Lesen eines Feldes) sollte erst zu einem späteren Zeitpunkt erfolgen. Fokussiert man zu früh auf solche ›Endformen‹, wird die Einsicht in die vielfältigen Beziehungen und damit die Flexibilität nicht gesichert oder manchmal gar nicht erst aufgebaut. Nur wenn eine tragfähige Verbindung zwischen eigenen Vorstellungen, Strategien und Konventionen geschaffen wird, besteht die Chance, Flexibilität im Mathematikunterricht zu entwickeln und zu erhalten.

Sinnvoll für die Einführungsphase ist auch die umgekehrte Übung: Die Veranschaulichung eines bestimmten Zahlensatzes (Abb. 6.10, z. B. Veranschaulichen der Aufgabe 3·4 mithilfe von Plättchen). Dabei kann die symbolische Darstellung sowohl auf die ikonische (durch Bilder) als auch auf die enaktive (durch Handlung) Ebene übersetzt werden; hier ist ebenfalls das Einkreisen oder allgemein das Verdeutlichen der Faktoren empfehlenswert. Unter den Darstellungen der Schülerinnen und Schüler können sich neben Felderstrukturen auch lineare oder unstrukturierte Anordnungen finden (Abb. 6.10). Diese Darstellungen sind alle korrekt; für unterschiedliche Zwecke ist die eine oder andere Darstellung aber mehr oder weniger effizient, der Übergang zu Konventionen erfolgt jedoch erst später (s. o.). Da die Felderstruktur eine zentrale Bedeutung hat, sollte diese von allen verstanden und in jedem Fall auch nachgelegt werden. Auch hier zeigt sich, dass ein und derselben Anordnung (vgl. die mittleren beiden Darstellungen in der unteren Zeile) unterschiedliche Sichtweisen zugrunde liegen können.

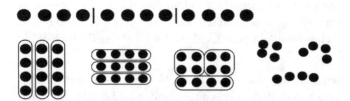

Abbildung 6.10 Von Kindern mit Plättchen gelegte Malaufgaben zu 3·4

Zur weiteren Erhöhung der Flexibilität kann auch das Finden von Rechengeschichten bzw. das Auffinden von realen Situationen zu einer gegebenen Aufgabe beitragen (z. B. Dröge 1991; vgl. auch Kap. 6.2).

Operative Durcharbeitung

Nach vielfältigen einführenden Übungen geht es anschließend um die operative
Durcharbeitung, d. h. das systematische Herausarbeiten von Beziehungen. Fle-
xibles Rechnen bzw. allgemein die Flexibilität im Umgang mit Zahlen sind ein
wesentliches Ziel des Mathematikunterrichts. Beim Einmaleins geht es um die
Beziehungen innerhalb der Operation, aber auch um Beziehungen zu anderen
Operationen.

Vernetzung von Aufgaben innerhalb einer Operation: Die Beziehung zwischen
Aufgaben innerhalb einer Operation kann und soll durchaus auf den verschiedenen Repräsentationsebenen verdeutlicht werden. Zu den wichtigen Beziehungen zählt einerseits das Kommutativgesetz (vgl. auch Baroody 1999; Mc-
Intosh 1971; Schipper 1990): Die Kinder sollten erfahren und verstehen, dass
zu Aufgabe und zugehöriger *Tauschaufgabe* das gleiche Ergebnis gehört (vgl.
auch die einführenden Übungen oben). Dies kann spontan von den Kindern
gefunden (im Beispiel des 8er-Eierkartons: vier mal zwei Eier oder zwei mal
vier Eier, $4 \cdot 2 = 2 \cdot 4$) und anschließend besprochen werden. Finden die Schülerinnen und Schüler diese Aufgaben nicht auf Anhieb von sich aus, bietet die
Thematisierung dieser Beziehung die Möglichkeit, weitere Aufgaben aufzufin-
den (›Finde und zeige die Tauschaufgabe zu $5 \cdot 4$ oder zu $20 \cdot 1$‹). Im Vergleich
zu linearen Darstellungen bietet die Felderstruktur die Möglichkeit, Aufgabe
und Tauschaufgabe in ein und derselben Darstellung zu repräsentieren (vgl.
Scherer 2005b, 58; Wittmann/Müller 1990, 109; Abb. 6.8). Manchmal können
die in Schulbüchern verwendeten Felderdarstellungen diesen Verstehensprozess
aber auch erschweren (Abb. 6.11).

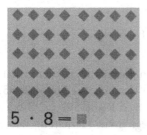
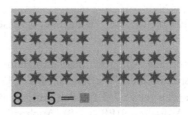

Abbildung 6.11 Felderdarstellungen zur Multiplikation (Klauer 1991, 211, 223)

Die linke Darstellung in Abb. 6.11 nutzt nicht die ›Kraft der 5‹, sondern wählt
eine Zäsur nach vier Punkten, was zu erheblichen Verwirrungen führen kann.

Bei beiden Darstellungen ist kritisch anzumerken, dass Aufgabe und zugehörige Tauschaufgabe nicht die gleiche Art der Darstellung haben (links wird zeilenweise abgelesen, rechts müssen die halben Zeilen abgelesen und zwei Päckchen erfasst werden). Hier sind Lehrpersonen gefordert, ungeeignete Darstellungen zu identifizieren und ggf. auszutauschen, in jedem Fall aber durch angemessenere zu ergänzen.

Auf dem Weg zum Erlernen und Verinnerlichen aller Einmaleinsaufgaben kommt auch den *Nachbaraufgaben* eine besondere Bedeutung zu. Die Schülerinnen und Schüler können leichte, möglicherweise schon automatisierte, Aufgaben nutzen, um sich anspruchsvollere Aufgaben abzuleiten: Allgemein ausgedrückt: »Die Schüler müssen [...] die grundlegende Strategie lernen: Schwierige Aufgaben löst man über geeignete leichte Aufgaben« (Winter 1996a, 43).

Viele Kinder haben bspw. frühzeitig die Quadratzahlen automatisiert, da vermutlich deren Struktur einen besonderen Reiz ausübt. Ist $6 \cdot 6 = 36$ schon verinnerlicht, lässt sich die Aufgabe $7 \cdot 6$ herleiten ($7 \cdot 6 = 6 \cdot 6 + 1 \cdot 6 = 36 + 6 = 42$; vgl. auch Baroody 1999, 182). Wichtig ist, dass dies nicht nur formal geschieht, sondern auch auf der anschaulichen Ebene verdeutlicht wird (Abb. 6.12).

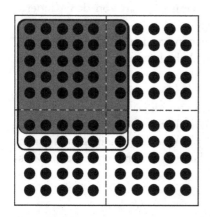

Abbildung 6.12 Ableiten von $7 \cdot 6$ aus $6 \cdot 6$, dargestellt am Punktfeld

Analog können alle Aufgaben des Einmaleins aus den sogenannten kurzen Reihen oder Kernaufgaben (Wittmann/Müller 1990, 115 ff.; auch Ter Heege 1985) abgeleitet werden (etwa $7 \cdot 3$ aus den Aufgaben der kurzen Reihe $5 \cdot 3 + 2 \cdot 3$ oder $9 \cdot 8$ aus den Aufgaben $10 \cdot 8 - 1 \cdot 8$). Auch diese Strategien zur Herleitung neuer Aufgaben sind nicht als Schematismus zu verstehen, sondern müssen von den Schülern aktiv konstruiert werden. Zudem ist wichtig, dass Strategien flexibel angewendet werden: So kann die Aufgabe $4 \cdot 8$ abgeleitet werden aus den Aufgaben $2 \cdot 8 + 2 \cdot 8$ oder aus $5 \cdot 8 - 1 \cdot 8$ oder durch Verdopplung des Ergebnisses der Aufgabe $2 \cdot 8$ entstehen (z. B. Anthony/Knight 1999, 31).

Als operative Beziehungen sollten in jedem Fall auch die elementaren Strategien des *Verdoppelns* und *Halbierens* angesprochen werden (vgl. Ter Heege 1999): etwa das Verdoppeln und Halbieren des ersten Faktors (Multiplikator) bei gleichem zweiten Faktor (z. B. $2 \cdot 4 = 8$; $4 \cdot 4 = 16$; $8 \cdot 4 = 32$) oder auch das Verdoppeln und Halbieren bei konstantem Ergebnis (Konstanz des Produkts, z. B. $4 \cdot 6 = 8 \cdot 3$). Diese Strategien sind wichtig, um weitere Aufgaben ableiten zu können. Zudem haben Mabbott/Bisanz (2003, 1098) nachgewiesen, dass Aufgaben mit dem Faktor 2 (d. h. verdoppeln) und 5 (als Hälfte von 10-mal) schneller gelöst werden als z. B. Aufgaben mit dem Faktor 3 und 4. Auch dieses Ergebnis weist auf die Bedeutung des Verdoppelns und Halbierens hin. Die jeweiligen Aufgaben sollten nicht nur auf der symbolischen Ebene gelöst, sondern auch an Punktfeldern oder linearen Darstellungen (durchaus auf unterschiedliche Weise) veranschaulicht werden. Die Schülerinnen und Schüler sollten möglichst auch versuchen, die Gemeinsamkeiten der jeweiligen Aufgabenpärchen zu beschreiben und zu begründen.

Wichtig erscheint, auch Aufgaben mit 0 zu integrieren, um nicht langfristig Fehlvorstellungen entstehen zu lassen. Gerster (1989) vermutet, dass Fehler mit der Null nach dem Einführen der Multiplikation häufiger auftreten und die Kinder in Analogie zur Addition und Subtraktion bspw. $3 \cdot 0 = 3$ rechnen. Hier sollte vermieden werden, dass die Kinder sich Regeln ohne Bedeutung (z. B. ›Drei mal Null ist Null‹) aneignen. Dies kann erreicht werden, wenn Aufgaben, in denen eine Null vorkommt, bewusst aufgenommen und diskutiert werden.

Vertiefende Übungen

Im weiteren Verlauf des Lernprozesses sind vielfältige Aktivitäten zur Vertiefung des Einmaleins denkbar. Diese können bspw. in Form operativer Päckchen, substanzieller Aufgabenformate oder auch sinnvoller spielerischer Aktivitäten substanzieller Aufgabenformate realisiert werden (vgl. z. B. Scherer 2005b, 68 ff.; Verboom 2002; Wittmann/Müller 1990, 133 ff.). Bedacht werden sollte, dass auch bei Aktivitäten, die vorrangig auf der symbolischen Ebene durchgeführt werden, die Vernetzung der verschiedenen Repräsentationsebenen mit einzubeziehen ist: Diese Vernetzung ist nicht als Einbahnstraße zu verstehen im Sinne des Ziels, vorrangig auf der symbolischen Ebene operieren zu können. Im Mathematikunterricht sollen Schülerinnen und Schüler auch in der Lage sein, symbolische Darstellungen zu decodieren, d. h. flexibel zwischen verschiedenen Repräsentationsebenen hin und her wechseln können. Dabei sind die Übersetzungsprozesse wiederum aktiver Natur und müssen von den Schülerinnen und Schülern selbst konstruiert werden. Auch bei solchen Übersetzungen ist die Mehrdeutigkeit zu berücksichtigen, d. h. zuzulassen, aber ggf. auch explizit zu provozieren. Die Lehrperson muss sich generell der Mehrdeutigkeit von Darstellungen, Sprache oder auch Handlungen bewusst sein (vgl. auch Kap. 5.3).

Automatisierung

Gerade bei einem Inhalt wie dem Einmaleins gerät leicht das Automatisieren in den Blick, jedoch ist vor einer vorschnellen Automatisierung zu warnen. Auch wenn als langfristiges Ziel das geläufige Beherrschen einer Grundfertigkeit wie der des Einmaleins, d. h. dessen Automatisierung zu sehen ist (vgl. z. B. Anthony/Knight 1999, 29 f.), so ist damit nicht ein einseitiges Abrufen von Aufgaben (vgl. auch Calkins 1998; McIntosh 1971) im Sinne des bloßen Abspeicherns isolierter Einzelfakten gemeint (vgl. auch Kap. 5.2). Das flexible Erfassen und Anwenden von multiplikativen Situationen und Darstellungen sowie das Ausnutzen von Beziehungen – und dies von Anfang an – stellen dabei eine zentrale Voraussetzung für das Automatisieren dar. Dies wird dabei keineswegs vernachlässigt, aber eben auch nicht vorschnell zum Lerngegenstand gemacht. Der Weg über das Verstehen und flexible Ausnutzen zentraler Beziehungen fördert insgesamt den Automatisierungsprozess (Anthony/Knight 1999, 29). Es geht dann eben nicht nur um bloßes Auswendiglernen, sondern um ein verständnisvolles Verinnerlichen, was auch die Rekonstruktion von Vergessenem ermöglicht.

Grundsätzlich ist zu berücksichtigen, dass lernschwache Schülerinnen und Schüler bezüglich des Automatisierens von Malaufgaben unterschiedlich weit kommen werden. Während es einigen Lernenden gelingen wird, das gesamte Einmaleins zu automatisieren, wird es andere geben, die nur auf einen Teil dieser Aufgaben flexibel zugreifen können (z. B. auf die Kernaufgaben und einige davon direkt abgeleitete Aufgaben). Auch solche Teilkenntnisse sind jedoch eine wichtige Grundlage für den weiteren mathematischen Lernprozess und sind insgesamt als wichtiger zu bewerten als auswendig gelernte Einmaleinsreihen.

In diesem Kapitel wurden wesentliche Aspekte für einsichtiges und flexibles Rechnen am Beispiel der Multiplikation, ausgehend von Felderstrukturen, verdeutlicht. Zu berücksichtigen sind daneben die verschiedenen Grundvorstellungen zur Multiplikation, weitere Darstellungsmöglichkeiten zu den jeweiligen Grundvorstellungen oder auch das Spannungsfeld zwischen Anwendungsorientierung und Strukturorientierung (vgl. MSW 2008b). Eine wichtige Rolle spielen die Arbeitsmittel und Veranschaulichungen, um Strategien und Beziehungen zu zeigen, aber auch um Vorgehensweisen zu beschreiben und zu begründen. Weiter soll die Versprachlichung, anhand von Darstellungen oder Symbolen, ein durchgängiges Ziel des Mathematikunterrichts sein. Die Flexibilität kann auch gefördert werden, indem eine Aufgabe bzw. eine mathematische Beziehung in vielfältiger Weise ausgedrückt wird: ›12 geteilt durch 4 ist 3‹ oder ›3 mal 4 ist 12‹ oder ›12 ist in der 4er-Reihe‹ oder ›12 ist in der 3er-Reihe‹ … (vgl. McIntosh 1971, 2; auch Calkins 1998, 20 f.).

Berücksichtigt werden müssen sicherlich auch weitere Basisfertigkeiten, die für das Lösen von Multiplikationsaufgaben sowie für die Division wesentlich sind:

Dies sind etwa das Zählen in Schritten, die Addition und Subtraktion im Zwanzigerraum oder auch das simultane bzw. strukturierte Erfassen von Punktmustern oder ähnlichen Darstellungen (vgl. hierzu bspw. Kap. 5.4 oder 6.1.1).

Nicht unterschätzt werden sollte die Auswahl des Zahlenmaterials: Um einerseits den individuellen Leistungen gerecht zu werden, empfiehlt sich die Variation von leichten und anspruchsvolleren Aufgaben. Dies kann u. a. durch sogenannte offene Aufgaben realisiert werden, zudem natürlich auch durch Aufgaben mit 1 (als sehr leichte) oder Aufgaben mit 0 (als ›vermeintlich‹ anspruchsvolle Aufgaben). Die vorher diskutierte häufiger anzutreffende Fehlvorstellung $3 \cdot 0 = 3$ (möglicherweise als Analogie zur Addition) kann unter Nutzung des Kontextes besprochen werden (vgl. bspw. in Abb. 6.35 die Darstellung des Wurfspiels, in der etwa der Bereich außerhalb der Wurfscheibe mit 0 bezeichnet werden könnte). Darüber hinaus sollten aber auch durch das gewählte Zahlenmaterial die wesentlichen Beziehungen wie Tauschaufgaben, Umkehraufgaben und abgeleitete Aufgaben explizit geübt werden.

6.1.3   Dezimales Stellenwertsystem

Im 3. Schuljahr stellt die Behandlung des Tausenderraums einen der wichtigsten Lerninhalte dar. Bisher erworbene Kenntnisse zum dezimalen Stellenwertsystem aus dem Zahlenraum bis 100 werden erweitert bzw. auf den neuen Zahlenraum übertragen und dadurch vertieft. Die Einsicht in die dezimale Struktur des Tausenderraums ist Voraussetzung für das Verständnis des Zahlsystems allgemein und um die Grundoperationen auf größere Zahlen übertragen zu können.

Wir zeigen in diesem Kapitel am Beispiel des Tausenderraums einerseits die grundlegende Bedeutung des dezimalen Stellenwertsystems auf und weisen andererseits auf wichtige Aspekte bei der Erarbeitung hin. Diese Hinweise gelten grundsätzlich auch für die kleineren und größeren Zahlenräume, und wir werden an den entsprechenden Stellen einzelne Beispiele dazu einfügen.

Zunächst werden die Bedeutung des dezimalen Stellenwertsystems und einige Forschungsergebnisse aufgezeigt. Am Beispiel der Grundprinzipien ›fortgesetzte Bündelung‹ und ›Stellenwertprinzip‹ folgen anschließend Ausführungen zum dekadischen Aufbau des Zahlsystems und zu häufig auftretenden Schwierigkeiten. Darauf aufbauend werden Folgerungen für die Förderung abgeleitet.

Bedeutung des dezimalen Stellenwertsystems

Die Darstellung von Zahlen im dezimalen Stellenwertsystem ist nicht nur ein äußerst wichtiger Lerninhalt der Grundschulmathematik, sondern stellt auch eine zentrale mathematische Grundidee dar (vgl. z. B. Winter 2001; Wittmann 1994). »Das Besondere, Fundamentale an der Stellenwertdarstellung von Zahlen als Symbolik ist ihre höchst effiziente Systematik. Mit einer endlichen Anzahl von Ziffern (in unserem Dezimalsystem zehn) kann jede Zahl (bis ins Unendliche) unter Nutzung des Schreibraumes (Stelle) eindeutig dargestellt werden« (ebd., 2).

Wenn Schülerinnen und Schüler nicht bzw. nur teilweise über Einsicht ins dezimale Stellenwertsystem verfügen, fehlen wichtige Voraussetzungen für erfolgreiche arithmetische Lernprozesse: das Verständnis von Zahlen und damit verbunden die Basis für den Erwerb der Grundoperationen (mündliches Rechnen, halbschriftliches Rechnen, schriftliches Rechnen; vgl. auch Kap. 6.1.4); das Verständnis von großen Zahlen, Zahlvorstellungen, Dezimalzahlen und Größen; die Basis für das Schätzen, Überschlagen und das Runden von Zahlen – kurz die Grundlage für arithmetisches Lernen überhaupt (Cawley et al. 2007, 22; Scherer 2009a; Schmassmann 2009).

Einige Forschungsergebnisse

In einer Reihe von Untersuchungen wurde die Bedeutung des dezimalen Stellenwertsystems für den arithmetischen Lernprozess nachgewiesen. Carpenter et al. (1997) haben aufgezeigt, dass Schülerinnen und Schüler mit guten Kenntnissen des dezimalen Stellenwertsystems weniger Fehler beim Addieren und Subtrahieren machten und vielfältigere Strategien anwendeten als Lernende mit schlechteren Kenntnissen. Ähnliche Ergebnisse liegen von Hiebert/Wearne (1996) vor. Sie wiesen nach, dass eine spezifische Förderung bezüglich der Einsicht ins Dezimalsystem längerfristig zu einer Leistungsverbesserung in Mathematik führt.

Auch aus dem deutschsprachigen Raum liegen mehrere Studien vor, die die Bedeutung des dezimalen Stellenwertsystems für den arithmetischen Lernprozess hervorheben. Moser Opitz (2007a, 217 f.) hat in einer Untersuchung mit lernschwachen Schülerinnen und Schülern und einer Vergleichsgruppe ohne Rechenschwäche in Klasse 5 und 8 aufgezeigt, dass die Kenntnis des Dezimalsystems einen zentralen Prädiktor für die Mathematikleistung im entsprechenden Schuljahr darstellt. Schülerinnen und Schüler, die Aufgaben aus der Grundschulmathematik zum Bündeln, Entbündeln, zur Stellenwerttafel und zum teilweise beschrifteten Zahlenstrahl nicht bzw. fehlerhaft lösten, gehörten zu den leistungsschwachen Lernenden. Zudem zeigte eine Fehleranalyse, dass insbesondere beim Multiplizieren und Dividieren sehr häufig Stellenwertfehler in der Art von 30·40 = 120 oder 160:40 = 400 auftraten (ebd., 198 ff.; vgl. zu derartigen Schwierigkeiten auch Kap. 6.1.2). Zu einem ähnlichen Ergebnis bezüglich der Schwierigkeiten mit dem Dezimalsystem ist Schäfer (2005, 184) in einer Studie im 5. Schuljahr an Hauptschulen gekommen. Humbach (2008; 2009) hat Jugendliche in Jahrgangsstufe 10 untersucht und festgestellt, dass 25 % dieser Schülerinnen und Schüler nur über ein Verständnis des Zahlenraums bis 20 000 verfügten und nur im Zahlenraum bis 1000 sicher rechnen konnten. Sie hat nachgewiesen, dass die Fehlerquoten anstiegen, je größer die Zahlen wurden und je mehr Stellen in einer Zahl mit einer Null besetzt waren. Diese Schwierigkeiten zeigten sich insbesondere bei den Schülerinnen und Schülern an den Haupt- und Gesamtschulen. Die Fehlerquoten bei den entsprechenden Testaufgaben stiegen für diese Schulformen zum Teil auf 40 % an (Humbach 2008, 120).

Weitere Ergebnisse liegen von Scherer (2009a) vor. In einer Interviewstudie wurden Schülerinnen und Schülern im 5. und 6. Schuljahr der Förderschule Schwerpunkt Lernen verschiedene Aufgabenstellungen zum Verständnis des Stellenwertsystems im Tausenderraum gestellt. Hier zeigte sich eine Reihe von Problemen, insbesondere bei Aufgabentypen, die nicht den üblichen Standardaufgaben entsprachen. Es wurden u. a. Aufgaben zum Zerlegen und Zusammensetzen von Zahlen aus Stellenwerten vorgelegt. Eine Aufgabe wie 70+200 +3, in der die Stellenwerte nicht in der üblichen Reihenfolge (H, Z, E) vorgegeben waren, führte etwa zu Fehllösungen wie 723 oder 7023 (ebd., 836). Für diesen Aufgabentyp wurde zudem sehr häufig der schriftliche Algorithmus angewendet, anstatt die Zahlen ›direkt‹ zusammenzusetzen.

Diese Ergebnisse zeigen insgesamt, dass viele lernschwache Schülerinnen und Schüler in höheren Schuljahren das dezimale Stellenwertsystem nicht oder unzureichend verstanden haben und dass dadurch arithmetische Lernprozesse beeinträchtigt sind. Das bedeutet auch, dass der Erarbeitung des dezimalen Stellenwertsystems in der Grundschule eine zentrale Bedeutung zukommen muss, um den beschriebenen Schwierigkeiten vorzubeugen. Im Folgenden werden wichtige Aspekte, mögliche Schwierigkeiten und geeignete Vorgehensweisen dargestellt.

Dekadischer Aufbau des Zahlsystems

Stellenwertsysteme werden durch zwei Prinzipien charakterisiert: das Prinzip der fortgesetzten Bündelung und das Stellenwertprinzip.

Prinzip der fortgesetzten Bündelung

Beim Bündeln werden die Elemente einer vorgegebenen Menge zu gleich großen (›gleichmächtigen‹) Gruppen und damit zu einer nächst größeren Einheit zusammengefasst, bis keine weiteren Gruppen mehr gebildet werden können (Krauthausen/Scherer 2007, 17; Schmassmann/Moser Opitz 2008b, 51). Im Zehnersystem werden die Einer zu Zehnern, die Zehner zu Hundertern usw. zusammengefasst. Müller/Wittmann (1984, 192) weisen darauf hin, dass das Bündeln für die Einsicht ins dekadische System als grundlegendes und durchgängiges Prinzip herausgestellt werden muss.

Das Bündelungsprinzip gilt jedoch nicht nur für das Dezimalsystem, sondern für verschiedene Zahlsysteme (Krauthausen/Scherer 2007, 17; Padberg 2005, 58 ff.). Im Fünfersystem werden z. B. immer fünf Elemente zu Fünferbündeln zusammengefasst, fünf dieser Bündel geben ein 25er-Bündel usw. Die ›Basis‹

der Bündelungsvorschrift gibt vor, wie viele Elemente jeweils zu einem Bündel gehören, ob es drei, vier, fünf oder wie im Dezimalsystem zehn sind (Krauthausen/Scherer 2007, 17).

Die Bedeutung der nicht dezimalen Bündelung für die Grundschule wird in der Fachliteratur unterschiedlich gesehen. Krauthausen/Scherer (2007, 17) weisen darauf hin, dass solche Bündelungsaktivitäten im Mathematikunterricht der Grundschule ihren Platz haben können, solange sie nicht formal durchgeführt werden. Padberg (2005, 61 f.) betont den Nutzen der nicht dezimalen Bündelung. Er argumentiert, dass der Aufwand für die Schülerinnen und Schüler bei der enaktiven Erarbeitung des Bündelungsprinzips mit der Basis 10 sehr groß sei, da zum Herstellen von zehn Zehnerbündeln viel Zeit und Material benötigt werde. Er geht somit davon aus, dass dieser Aufwand durch eine kleinere Basis reduziert werden kann. Zudem würde das Aufbauprinzip des dezimalen Stellenwertsystems durch das Kennenlernen von verschiedenen Systemen verbessert.

Im Unterricht mit lernschwachen Schülerinnen und Schülern muss beachtet werden, dass die Behandlung des Bündelungsprinzips mit einer anderen Basis als 10 vor bzw. parallel zum Zehnersystem zu Schwierigkeiten führen kann, da die notwendigen Transferleistungen oft nicht gelingen und der Blick auf das Wesentliche verloren geht. Gemäß dem Prinzip der Konzentration auf die Grundideen der Arithmetik (Wittmann/Müller 2004, 7 f.) ist es jedoch wichtig, dass lernschwache Schülerinnen und Schüler zuerst über sichere Kenntnisse der Bündelung mit der Basis 10 verfügen. Das schließt nicht aus, dass zu einem späteren Zeitpunkt, wenn die Einsicht ins dezimale Stellenwertsystem erworben worden ist, auch Bündelungsaktivitäten mit einer anderen Basis als Ausgangspunkt für Entdeckungen in anderen Zahlsystemen genutzt werden können.

Das ›Entbündeln‹ stellt den umgekehrten Vorgang zum Bündeln dar: Einheiten werden in kleinere Einheiten umgetauscht (›aufgebrochen‹). Ein Zehnerstab (Dienes-Material) wird z. B. umgetauscht in zehn Einerwürfel oder eine Hunderterplatte in zehn Zehnerstäbe. Dieser Vorgang ermöglicht es, Elemente von der nächst kleineren Einheit wegzunehmen: Von einem Hunderter können bspw. drei Einer oder zwei Zehner weggenommen werden. Die Einsicht in Entbündelungsvorgänge stellt eine Voraussetzung dar für das Verständnis der Subtraktion mit Übergängen (über Zehner/Hunderter/Tausender usw.) und kann auch beim Rückwärtszählen bedeutsam sein: Bei den Übergängen (bspw. über einen Hunderter) muss die Erkenntnis erfolgen, dass sich die Hunderterstelle verändert (z. B. beim Rückwärtszählen in Zehnerschritten: 817, 807, 797, 787). Da lernschwache Schülerinnen und Schüler hier oft Schwierigkeiten zeigen, muss darauf im Unterricht besonders geachtet werden (vgl. Abschnitt ›Folgerungen für den Unterricht‹).

Stellenwertprinzip

Das Stellenwertprinzip betrifft die Notation der Bündelungsergebnisse. Jede Ziffer liefert dabei Informationen über die Anzahl der Bündel, hat aber gleichzeitig auch einen Stellenwert. »Die Position oder die Stelle (daher der Name Positions- oder Stellenwertsystem) einer Ziffer innerhalb einer Zahl gibt Aufschluss über den Wert dieser Ziffer: Die Ziffer 2 hat in den Zahlen 2, 527 oder 3209 jeweils einen anderen Wert, einmal sind es zwei Einer, im zweiten Beispiel zwei Zehner, und im dritten Beispiel ist die Ziffer 2 zwei Hunderter ›wert‹« (Krauthausen/Scherer 2007, 18). Ein wichtiger Faktor ist auch die Null, und zwar in jedem Stellenwertsystem (Winter 2001). Sie zeigt an, dass an einer bestimmten Stelle in der Stellenwerttafel kein Bündel vorhanden ist. Die Null kann daher beim Schreiben einer Zahl nicht einfach weggelassen werden (z. B. in der Zahl 4037), denn dann verändert sich der Wert der Zahl (437).

Noël/Turconi (1999) beschreiben die Einsicht, die bei der Erarbeitung des Stellenwertsystems erworben werden muss, als einen Transcodierungsprozess und unterscheiden zwei Phasen: das Zahlverständnis und die Zahlproduktion. Beim Zahlverständnis geht es darum, eine geschriebene Zahl zu verstehen: 437 bedeutet 4 Hunderter, 3 Zehner und 7 Einer. Bei der Zahlproduktion werden Zahlen vom Kind selbst gesprochen und geschrieben. Hier kann es vorkommen, dass bestimmte Regeln übergeneralisiert werden und die gehörte Zahl 102 bspw. als 1002 (einhundert und zwei) geschrieben wird. Der Prozess der Zahlproduktion kann insbesondere für Schülerinnen und Schüler mit einer anderen Erstsprache als Deutsch ein Problem darstellen, da die Sprechweise der Zahlen in der deutschen Sprache nicht einem stringenten Prinzip folgt (z. B. werden bei zweistelligen Zahlen die Einer zuerst genannt, bei dreistelligen Zahlen zuerst der Hunderter, bei vierstelligen Zahlen zuerst der Tausender, dann der Hunderter, dann die Einer und zuletzt die Zehner; vgl. Scherer 1999b, 163 ff.; Kap. 6.1.1).

Damit Zahlen im dezimalen Stellenwertsystem interpretiert werden können, müssen verschiedene Wissenselemente miteinander in Verbindung gebracht werden (Ross 1989, 47):

- *Stellenwert* (Position der Ziffer innerhalb der Zahl).

- *Multiplikative Eigenschaft:* Der Wert der einzelnen Stelle kann gefunden werden, wenn die Anzahl der Einheiten (Ziffer) mit dem Wert der jeweiligen Einheit (Position) multipliziert wird. Die 4 in der Zahl 429 bedeutet $4 \cdot 100$, die 2 bedeutet $2 \cdot 10$, und die 9 bedeutet $9 \cdot 1$.

- *Additive Eigenschaft:* Der Wert der Zahl setzt sich zusammen aus der Summe der Stellenwerte (400+20+9).

- *Eigenschaft der Basis 10:* Die Werte der Positionen wachsen um Zehnerpotenzen von rechts nach links bzw. nehmen von links nach rechts um 1 ab: $1000 = 10^3, 100 = 10^2, 10 = 10^1$.

Mögliche Schwierigkeiten

Wir wollen im Folgenden häufige Schwierigkeiten beim Verständnis des Bündelungs- und Stellenwertprinzips ausführen.

In der Untersuchung von Moser Opitz (2007a, 201) zeigte sich, dass 30 % der untersuchten Lernenden im 5. Schuljahr und 25 % im 8. Schuljahr die Frage, wie viele Zehner bzw. Zehnerbündel in der Zahl 57 stecken (Abb. 6.14), falsch beantworteten. Schäfer (2005, 109) hat Lernende im 5. Schuljahr der Hauptschule untersucht und ebenfalls große Schwierigkeiten beim Bündeln festgestellt. Einige Beispiele sollen veranschaulichen, welche Probleme sich für Schülerinnen und Schüler stellen können.

Bei Melissa (7. Schuljahr, Förderschwerpunkt Lernen) zeigten sich Schwierigkeiten beim Notieren von Zahlen außerhalb der Stellenwerttafel, wenn die Stellenwerte in ungewohnter Art vorgegeben waren (Abb. 6.13).

Abbildung 6.13 Melissas Notation von Zahlen innerhalb und außerhalb der Stellenwerttafel

Das erste Beispiel in Abb. 6.13 weist darauf hin, dass Melissa die Bedeutung des unbesetzten Stellenwerts innerhalb der Stellenwerttafel scheinbar verstanden hat, sie notiert bei der Zehnerstelle keine Zahl – allerdings auch keine Null. Das Notieren der Null ist innerhalb des spezifischen Kontexts der Stellenwerttafel auch nicht notwendig, wohl aber außerhalb dieses Kontexts (vgl. Scherer et al. 2008, 40). Melissa kann ihre Schreibweise in der Stellenwerttafel jedoch nicht auf die Notation der Zahl außerhalb der Stellenwerttafel übertragen, was dazu führt, dass sie als Ergebnis die Zahl 134 erhält (anstatt 1304). Im zweiten Beispiel in Abb. 6.13 schreibt sie die Zahlen richtig in die Stellenwerttafel (zur Notation von mehrstelligen Zahlen an einer Stelle vgl. Scherer/Steinbring 2004, 166 und Abschnitt ›Erarbeitung des Bündelungsprinzips und der Stellenwerte‹). Sie kann jedoch die mehrstellige Zahl 13 an der Zehnerstelle nicht als Zahl ›lesen‹ bzw. schreiben. Sie nimmt keine korrekte Deutung der Zahl vor und schreibt die Ziffern außerhalb der Stellenwerttafel so auf, wie sie in der Stellenwerttafel stehen: 2134 anstatt 334. Die Interviewstudie von Scherer (2009a) an der Förderschule Schwerpunkt Lernen weist darauf hin, dass solche Schwierigkeiten kein Einzelfall sind. Sie stellte bspw. fest, dass beim Zerlegen von Zahlen in Stellenwerte insbesondere bei unbesetzten Stellenwerten wie z. B. 209 interessante Notationen wie 209 = 200+0+9 oder 200, 00, 9 auftraten. Gerade das letztgenannte Beispiel weist darauf hin, dass Schwierigkeiten manchmal erst bei eher untypischen Aufgaben offenkundig werden, wenn Vorgehensweisen – bedingt durch das ›Untypische‹ – nicht mehr routinemäßig angewendet werden können.

Probleme beim Verständnis des Bündelungsprinzips und des Stellenwertsystems können auch an einer Aufgabenbearbeitung von Patricia, einer lernschwachen Schülerin im 5. Schuljahr (Gesamtschule), aufgezeigt werden. Sie hat verstanden, dass sich die Zahl 57 aus fünf Zehnerbündeln und sieben Einern zusammensetzt (Abb. 6.14).

Hier sind 57 schwarze Punkte. Wie viele „Zehnerpäckchen" oder Zehnerbündel kannst du machen?

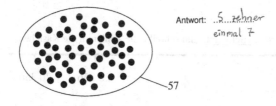

Antwort: ..5...zehner
einmal 7

57

Hier sind 124 schwarze Punkte. Wie viele „Zehnerpäckchen" oder Zehnerbündel kannst du machen?

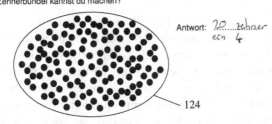

Antwort: 20....zehner
ein 4

124

Abbildung 6.14 Patricias Bearbeitung einer Bündelungsaufgabe

Bei der Zahl 124 findet sie jedoch keine richtige Lösung. Sie antwortet mündlich, dass 124 aus 20 Zehnern und vier Einern bestehen würde, und notiert dies als »20 zehner, ein 4«. Wahrscheinlich hat sie erkannt, dass die 2, also 20, an der Zehnerstelle steht. Sie bezeichnet diese jedoch als »20 Zehner«. Zudem hat Patricia nicht berücksichtigt, dass auch im Hunderter noch zehn Zehner enthalten sind. Das weist darauf hin, dass sie das Bündelungsprinzip – und im Zusammenhang damit auch das Stellenwertprinzip – noch nicht vollständig verstanden hat.

Ob die Schülerinnen und Schüler die Idee des Entbündelns verstanden haben, lässt sich möglicherweise auch beim Rückwärtszählen feststellen (vgl. auch Schäfer 2005, 108; Scherer 2009a). Wird z. B. in Zehnerschritten rückwärts gezählt, muss beim Übergang ein Hunderter ›aufgebrochen‹ werden: 710, 700, 690. Hier zeigen sich bei lernschwachen Schülerinnen und Schülern vermehrt Schwierigkeiten. In der Studie von Moser Opitz (2007a, 189 f.) haben diese Lernenden beim mündlichen Zählen bei solchen Übergängen mehr Fehler gemacht als die Vergleichsgruppe ohne Rechenschwierigkeiten. Das Beispiel von Lea (5. Schuljahr Hauptschule; Abb. 6.15) zeigt mögliche Schwierigkeiten auf.

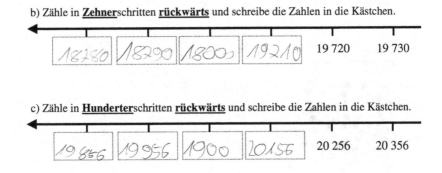

b) Zähle in **Zehner**schritten **rückwärts** und schreibe die Zahlen in die Kästchen.

19 720   19 730

c) Zähle in **Hunderter**schritten **rückwärts** und schreibe die Zahlen in die Kästchen.

20 256   20 356

Abbildung 6.15 Leas schriftliche Bearbeitung einer Aufgabe zum Zählen in Schritten

Zum Bearbeiten dieser – auf der symbolischen Ebene zu lösenden – Aufgabe sind verschiedene Vorgehensweisen möglich. Es kann z. B. in Stellenwerten gedacht werden (der Hunderter muss mental ›entbündelt‹ werden), oder es kann versucht werden, das Zahlenmuster zu notieren (im ersten Beispiel etwa 19'710, 19'700, 19'690). Bei Lea zeigen sich Schwierigkeiten beim Übergang über den Hunderter und den Tausender. Sie verändert beim Hunderterübergang nicht die Hunderter-, sondern die Tausenderstelle. Zudem lässt sie bei diesem Zählschritt die Hunderter und die Zehner weg und nennt die Zahl »18'000«. Anschließend notiert sie die Zehnerstelle richtig (18'790, 18'780), jedoch mit einer falschen Hunderter- und einer falschen Tausenderstelle. Beim Rückwärtszählen in Hunderterschritten tritt ebenfalls ein Fehler auf. Lea erkennt hier richtig, dass 19'000 der ›neue Tausender‹ ist. Sie notiert jedoch nur 1'900 und lässt wieder die Zehner und die Einer (56) weg. Interessanterweise werden die folgenden Zählschritte trotz des Fehlers beim Übergang richtig ausgeführt. Bei Lea wäre zu erfragen, wie sie beim Lösen der Aufgabe vorgegangen ist, ob sie möglicherweise die glatten Tausender bzw. Zehntausender als ›Brücke‹ für den Übergang notiert hat. Es könnte auch sein, dass 1'900 ein Folgefehler ist und Lea sich an der Zahl 18'000 in der ersten Aufgabe orientiert hat. Zudem müsste mit weiteren Aufgaben – auch in anderen Zahlenräumen – überprüft werden, ob dort ähnliche Fehler auftreten, und es müsste beobachtet werden, welche Übergänge sie in welchen Zahlenräumen beherrscht. Erst auf der Basis solcher Informationen kann entschieden werden, welche Fördermaßnahmen notwendig sind.

Lehrpersonen berichten häufig, dass bei lernschwachen Schülerinnen und Schülern beim Lesen und Schreiben von Zahlen sogenannte Inversionen vorkommen und bspw. die Zahl 234 als 243 gelesen oder geschrieben wird. Solche Fehler können einerseits mit fehlender Einsicht ins Bündelungsprinzip und in die Stellenwertschreibweise zusammenhängen. Andererseits ist es auch möglich, dass die Aussprache der deutschen Zahlwörter (vgl. Kap. 6.1.1) oder auch Schwierigkeiten im Bereich der räumlichen Orientierung zum Vertauschen der Stellen führen. Gerade wenn die beiden letztgenannten Gründe zutreffen, kann die vertiefte Einsicht in die Stellenwertschreibweise helfen, mit diesen Schwierigkeiten umzugehen.

Veranschaulichungen und Zahlaspekte

In Kap. 5.3 wurde dargelegt, dass nicht jede Veranschaulichung bzw. jedes Arbeitsmittel für jeden mathematischen Inhalt in gleicher Art und Weise geeignet ist. Das betrifft insbesondere auch die konventionellen mathematischen Veranschaulichungen (z. B. Hunderter- und Tausenderpunktfeld, Hundertertafel, Tausenderbuch, Zahlreihe, Zahlenstrahl). Diese repräsentieren jeweils verschiedene Zahlaspekte bzw. stehen je nach Veranschaulichung unterschiedliche Zahlaspekte im Vordergrund (vgl. Scherer 1995; Schmassmann/Moser Opitz 2008b, 40).

Das *Hunderter- und Tausenderpunktfeld* bzw. die Punktseite des Tausenderbuchs veranschaulicht bspw. den kardinalen Zahlaspekt und ist geeignet zur Entwicklung der Größenvorstellung, zum strukturierten Darstellen und Ablesen von Anzahlen und zum Zerlegen von 100 oder 1000 (Scherer 1995, 154).

Bei der *Hundertertafel* und der Zahlseite des *Tausenderbuchs* geht es vorrangig um den ordinalen Zahlaspekt bzw. um die Position der Zahlen (Radatz et al. 1998, 30). Somit steht die *Anordnung der Zahlen* von 1 bis 100 bzw. 1 bis 1000 im Vordergrund und nicht die *Anzahl* (100 bzw. 1000 Felder), obwohl diese auch sichtbar ist. Mit der Hundertertafel bzw. mit dem Tausenderbuch können Gesetzmäßigkeiten des Zahlaufbaus und der Zahlschreibweise deutlich gemacht werden, und die Tafel und das Feld sind geeignet zum Entdecken von Strukturen und Zahlenmustern (Scherer 1995, 155 ff.).

An der *Zahlreihe* sind sowohl der ordinale als auch der kardinale Zahlaspekt sichtbar: Die Anzahl der Kreise betont die Kardinalzahl, die lineare Anordnung und die geschriebenen Zahlen jedoch die Reihenfolge und damit die Ordinalzahl. Die Zahlreihe ist deshalb besonders geeignet zur Erarbeitung der Rangordnung der Zahlen (bspw. Bestimmen von Nachbarzahlen bzw. von Nachbarzehnern und -hundertern) und die Entwicklung von Zählstrategien. Allerdings ist die Hunderterreihe in den Schulbüchern i. d. R. nicht als Material beigelegt und auch nicht immer vollständig abgebildet. Die Tausenderreihe ist – wenn überhaupt – nur in Ausschnitten vorhanden und wird meistens durch den Zahlenstrahl ersetzt. Zur Behandlung der zuvor genannten Inhalte kann es notwendig sein, dass die Hunderterreihe und Ausschnitte aus der Tausenderreihe – insbesondere mit Hunderterübergängen – als Arbeitsmaterial hergestellt bzw. dargestellt werden.

Auch beim *Zahlenstrahl,* der zentrale Bedeutung für den Umgang mit Größen und für das Wiegen, Messen und Abmessen hat, müssen der ordinale und der kardinale Zahlaspekt miteinander in Verbindung gebracht werden. Der Zahlenstrahl ist jedoch von der Sache her komplex und für lernschwache Schülerinnen und Schüler oft schwierig zu verstehen (vgl. auch Höhtker/Selter 1995, 124; Radatz et al. 1998, 38). Im Vergleich zur Zahlreihe weist er mehrere wesentliche Unterschiede auf: Der in der Grundschule verwendete Zahlenstrahl beginnt i. d. R. bei 0 und nicht bei 1, und die *Ein*heiten sind keine eindeutigen Objekte. Während die Kreise oder Plättchen an der Zahlreihe für die Schülerinnen und Schüler meist problemlos als Einheiten zu deuten sind, müssen am Zahlenstrahl unterschiedliche Deutungen vorgenommen werden. Der Zahlenstrahl weist Markierungen (senkrechte Striche, z. T. mit Zahlsymbolen beschriftet) sowie die zugehörigen Zwischenabstände auf und kann kardinal (Anzahl der Einheiten, d. h. der Abstände), aber auch ordinal (Ordnung der Zahlen entsprechend der Markierungsstriche) gedeutet werden. Für lernschwache Schülerinnen und Schüler entstehen hier oft Konflikte; für sie ist nicht nachvollziehbar, was die verschiedenen Markierungsstriche und die Abstände bedeuten. So kann es einige verwirren, dass bspw. der sechste Strich die Zahl 5 kennzeichnet.

Weitere Schwierigkeiten ergeben sich aufgrund der unterschiedlichen Einteilungen auf verschiedenen Strahlen (vgl. Krauthausen/Scherer 2007, 252 f.). Ein ›vollständig beschrifteter‹ Zahlenstrahl, bspw. für den Zahlenraum bis 100, trägt eine Skalierung mit 100 Strichen, die *alle* mit Zahlen (von 1 bis 100) beschriftet sind. Diese Form wird eher selten verwendet, da sie unübersichtlich ist und zum zählenden Rechnen verleiten kann (vgl. Kap. 5.4). Beim teilweise beschrifteten Zahlenstrahl sind die Abstände der Zahlen ebenfalls eindeutig festgelegt; sie sind proportional zueinander, d. h., zu gleichen arithmetischen Abständen gehören gleiche geometrische Abstände (vgl. Scherer/Steinbring 2001, 192). So hat der ›teilweise beschriftete‹ Hunderterstrahl ebenfalls eine Skalierung mit 100 Strichen, meist mit hervorgehobenen Fünfer- und Zehnerstrichen, von denen nur einige Stützpunkte (Zehner) mit Zahlen benannt sind (Abb. 6.16). Das erfordert, dass erste strukturelle Beziehungen (z. B. Abstände) zwischen den Zahlen gedeutet werden müssen. Weitere Mehrdeutigkeiten entstehen, wenn bspw. an zwei identischen Zahlenstrahlen eine andere Beschriftung gewählt wird (vgl. Abb. 6.16): Wird der Zahlenraum größer, sind nicht mehr alle Einereinheiten markiert, je nach Skala bspw. nur noch die Tausender-, Hunderter- und Zehnerstriche. Der gleiche Abstand kann also einmal für eine 1 stehen, dann aber auch für eine 10, und was im ersten Fall ein Zehnerintervall war, muss nun als Hunderterintervall verstanden werden (vgl. Krauthausen/Scherer 2007, 252).

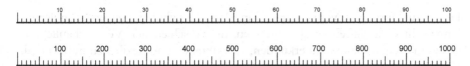

Abbildung 6.16 Verschiedene Deutungen eines Zahlenstrahls durch unterschiedliche Beschriftung (Krauthausen/Scherer 2007, 252)

Für jeden Zahlenstrahl können somit je nach Bedarf eine feinere oder eine gröbere Skalierung und die Art der Beschriftung gewählt werden. Die Schülerinnen und Schüler müssen dabei gleiche Striche und Abstände auf unterschiedlichen Skalen als jeweils etwas anderes deuten lernen. Gerade diese Flexibilität ist aber für das Verständnis des Zahlsystems anzustreben und für die Arbeit mit dem *leeren Zahlenstrahl* (bzw. *Zahlenstrich* oder *Rechenstrich*) zentral. Dieser besteht aus einer Linie, auf der die Zahlen in der richtigen Reihenfolge an ihrem ungefähren Platz eingetragen werden. Ungefähre Größenverhältnisse werden dabei akzeptiert (vgl. Treffers 1991; Scherer/Steinbring 2001, 192 ff.).

Am Zahlenstrahl (vollständig, teilweise beschriftet oder leer und unabhängig vom Zahlenraum) können Zahlen platziert und abgelesen werden. Am vollständig oder teilweise beschrifteten Zahlenstrahl bietet sich das Bestimmen von Nachbarzehnern, -hundertern und -tausendern an, oder es kann in Schritten gezählt werden. Am leeren Zahlenstrahl bzw. Zahlenstrich oder Rechenstrich können die Lernenden selbstständig arithmetische Aufgaben und Rechenoperationen darstellen (vgl. Kap. 6.1.4). Zudem kann er als Kommunikationsmittel zum Argumentieren und Begründen genutzt werden. Ungefähre Größenverhältnisse werden akzeptiert, und die maßgetreue Anordnung der Zahlen spielt eine untergeordnete Rolle (Krauthausen/Scherer 2007, 253; vgl. Kap. 6.1.4).

Im Unterricht ist somit einerseits zu berücksichtigen, welcher Zahlaspekt bei welcher Veranschaulichung im Vordergrund steht und für welche Aktivitäten sich diese besonders eignet. Andererseits muss darauf geachtet werden, dass geeignete Vorgehensweisen gewählt werden (vgl. Kap. 5.3). Sowohl eine ungeeignete Vorgehensweise als auch die Wahl eines ungeeigneten Materials können zu Schwierigkeiten führen. Wird z. B. die Hundertertafel, bei der der ordinale Zahlaspekt und die Position der Zahlen im Vordergrund stehen, einseitig als Veranschaulichung für die Anzahl 100 (kardinal) eingesetzt, kann dies zu Verwirrungen führen. Ein lernschwacher Schüler im 5. Schuljahr (Gesamtschule), mit dem der kardinale Zahlaspekt im Zahlenraum bis 100 in der Grundschule ausschließlich mit der Hundertertafel erarbeitet worden war, zeichnete die Anzahl 100 als ein Rechteck mit 6 mal 8 Feldern. Er hatte sich – bedingt durch das Vorgehen im Unterricht – an der ›äußeren Gestalt‹ der Tafel und nicht an der Anzahl orientiert. Für ihn war 100 ein Feld mit Quadraten, unabhängig von deren Anzahl. Er hatte in der Folge keinen adäquaten Anzahlbegriff erwerben können, was zu großen Problemen beim Mathematiklernen führte.

Diese Ausführungen weisen darauf hin, dass die Schülerinnen und Schüler im Unterricht Gelegenheit erhalten müssen, die verschiedenen Veranschaulichungen zum Dezimalsystem zu erkunden, zu verstehen und flexibel zu nutzen (vgl. Kap. 5.3). Das braucht einerseits oft viel Zeit und entsprechende Bemühungen. Andererseits bietet die beschriebene Komplexität gerade auch die Chance, Flexibilität im Umgang mit Darstellungen und Veranschaulichungen zu erwerben.

Folgerungen für den Unterricht

Ganzheitliche Erarbeitung der Zahlenräume

Damit Einsicht in das Bündelungsprinzip und das Stellenwertsystem entstehen, sollte der Zahlenraum grundsätzlich *ganzheitlich* und nicht kleinschrittig erarbeitet werden. Scherer (1995, 151) nennt folgende Vorteile des ganzheitlichen Vorgehens:

- »Bessere Berücksichtigung der individuellen Fähigkeiten und Vorkenntnisse,

- Berücksichtigung der Zone der nächsten Entwicklung,

- Lernerleichterung durch Einsicht in größere Zusammenhänge,

- vielfältige Möglichkeiten der natürlichen Differenzierung.«

Für die Behandlung der erweiterten Zahlenräume gilt dasselbe wie für den Zwanzigerraum im Anfangsunterricht (vgl. Kap. 6.1.1): Den Zahlenraum ganzheitlich anzubieten, meint nicht, dass die Schülerinnen und Schüler diesen gleich in vollem Umfang verstehen müssen, sondern der Überblick über ›das Ganze‹ soll helfen, die einzelnen Schritte besser zu verstehen (vgl. Donaldson 1991; Scherer 1995).

Besondere Anmerkungen sind noch zum Zeitpunkt der Thematisierung des Tausenderraums zu machen. Die Erweiterung des Zahlenraums bis 1000 beginnt an der Förderschule Schwerpunkt Lernen oft erst im 5. Schuljahr (z. B. Angendohr et al. 2000; Armbruster 2005). Dieses Vorgehen ist kritisch zu betrachten, weil wichtige Lerninhalte erst spät thematisiert werden und dadurch Einsicht in grundlegende Prinzipien verhindert wird: Die Grundidee der dezimalen Struktur wird erst im Zahlenraum bis 1000 richtig sichtbar. Erst wenn zehn Hunderter zu einem Tausender gebündelt werden, findet eine Bündelung dritter Ordnung statt, und das Prinzip der fortgesetzten Bündelung wird deutlich. Auch kann die für viele Schülerinnen und Schüler anspruchsvolle Thematik des Übertrags bei Addition und Subtraktion erst beim Rechnen mit dreistelligen Zahlen, d. h. im Tausenderraum, umfassend bearbeitet werden (Fuson 1998, 276). Aufgaben mit nur einem Übertrag ermöglichen diese Erkenntnis nur teilweise. Wird der Zahlenraum bis 1000 erst im 5. Schuljahr erweitert, fehlen den Lernenden zudem die Verständnisgrundlagen und Voraussetzungen für den Umgang mit Geld und mit Größen und damit Kompetenzen für die Bewältigung von Alltagsanforderungen. Es muss auch bedacht werden, dass insbesondere ältere Schülerinnen und Schüler oft demotiviert sind, wenn sie über mehrere Jahre hinweg nur in kleinen Zahlenräumen rechnen müssen. Die Motivation kann erhöht werden, wenn der Zahlenraum erweitert wird. Gemäß dem Spiralprinzip ist es auch möglich, Aufgaben aus dem Zwanziger- und dem Hunderterraum durch Analogiebildung mit Aufgaben im Tausenderraum zu verknüpfen (z. B. $3+4 = 7 \rightarrow 13+4 = 17 \rightarrow 130+40 = 170$ oder $37+26 = 63 \rightarrow 370+260 = 630$ oder $3 \cdot 4 = 12 \rightarrow 3 \cdot 40 = 120 \rightarrow 30 \cdot 40 = 1200$). Aufgaben aus kleineren Zahlenräumen, die evtl. noch nicht bewältigt werden, können so in einen erweiterten Kontext gestellt werden.

Erarbeitung des Bündelungsprinzips und der Stellenwerte

Zur Erarbeitung des Bündelungsprinzips mit lernschwachen Schülerinnen und Schülern können zusätzlich zu den konventionellen ikonischen Veranschaulichungen Tausenderbuch, Tausenderpunktfeld und Zahlenstrahl (bzw. Hundertertafel, Hunderterpunktfeld, Zahlreihe) auch enaktive Bearbeitungsmöglichkeiten angeboten werden. Damit diese jedoch zu Einsicht ins Stellenwertsystem führen, müssen sie zwingend mit der symbolischen Notation der Zahlen in der Stellenwerttafel verbunden werden. Nur so kann gewährleistet werden, dass die verschiedenen Repräsentationsebenen auch miteinander vernetzt werden können. Schwierigkeiten beim Verständnis des Prinzips der fortgesetzten Bündelung und des Stellenwertprinzips können u. a. auch entstehen, wenn dieser Vernetzung nicht genügend Beachtung geschenkt wird.

Im Folgenden werden einige Möglichkeiten zur Behandlung des Bündelungsprinzips in Verbindung mit der Stellenwertschreibweise am Beispiel des Hunderter- und Tausenderraums aufgezeigt.

Bündeln durch strukturiertes Zählen im Hunderterraum: In Form von Zählaufgaben können größere Mengen von Gegenständen (Knöpfe, Flaschendeckel, Wendeplättchen) gezählt und die Anzahl in der Stellenwerttafel notiert werden. Hier ist wichtig, dass zunächst einmal beobachtet wird, welche Zählstrategien spontan genutzt werden. Es gibt Schülerinnen und Schüler, die bspw. in Einerschritten zählen, sich verzählen und den Zählprozess immer wieder von vorn beginnen. Andere nehmen zwar Bündelungen vor, bilden jedoch ungleich große Gruppen, zählen z. B. einmal acht, einmal zehn oder einmal zwölf Objekte ab und addieren diese Zahlen anschließend. Solche Strategien führen i. d. R. nicht oder nur mit großem Aufwand zum Erfolg. Sie können jedoch als Ausgangspunkt genommen werden für Diskussionen über geeignetere bzw. effizientere Vorgehensweisen wie etwa das Bündeln in Zehnergruppen (Schmassmann/Moser Opitz 2008a, 51; Van de Walle 2007, 193).

Wie schon erwähnt, ist die Notation der Bündelungsergebnisse in der Stellenwerttafel von großer Bedeutung. Die Schülerinnen und Schüler müssen die enaktive bzw. ikonische Repräsentationsebene beim Bündelungsvorgang mit der symbolischen Notationsform verbinden. Für einige kann es deshalb hilfreich sein, wenn im Tabellenkopf die Einheiten vorerst ausgeschrieben werden: ›Hunderter, Zehner, Einer‹ oder auch ›Hunderterbündel, Zehnerbündel, Einer‹. Parallel dazu oder später können dann die Abkürzungen ›H, Z, E‹ verwendet werden.

Bündeln mit dem Dienes-Material im Tausenderraum: Für die fortgesetzte Bündelung im Tausenderraum eignet sich besonders das Dienes-Material (Abb. 6.17), wieder in Verbindung mit der Stellenwerttafel (Fuson 1998, 277; Radatz et al. 1999, 12). Das Material betont den kardinalen Zahlaspekt, und das Prinzip der fortgesetzten Bündelung kann gut veranschaulicht werden. Es lässt sich handelnd ›begründen‹, dass ein Zehnerstab aus zehn Einerwürfeln, eine Hunderterplatte aus zehn Zehnerstäben (bzw. aus 100 Einerwürfeln) und ein Tausenderwürfel aus zehn Hunderterplatten (bzw. zehn Zehnerstäben oder 1000 Einerwürfeln) besteht (Schmassmann/Moser Opitz 2008b, 72).

Abbildung 6.17 Tausenderwürfel, Hunderterplatte, Zehnerstab, Einerwürfel des Dienes-Materials

Das Prinzip kann gedanklich auch auf den Zahlenraum bis zu einer Million übertragen werden: zehn Tausenderwürfel ergeben einen Zehntausenderstab, zehn Zehntausenderstäbe eine Hunderttausenderplatte und zehn Hunderttausenderplatten einen Millionwürfel. Auch hier ist die Verbindung von der enaktiven zur symbolischen Repräsentationsebene zentral, und das Ziel solcher Aktivitäten sind ein flexibler Umgang mit dem Material und die Entwicklung mentaler Vorstellungen.

Einsichtig erarbeitet werden kann auch das Entbündeln, indem bspw. ein Tausenderwürfel umgetauscht wird in neun Hunderterplatten, neun Zehnerstäbe und zehn Einerwürfel. Anschließend kann z. B. ein Einer oder ein Zehner (oder eine andere Anzahl) weggenommen werden (Abb. 6.18). Die verbleibende Anzahl von Hunderterplatten, Zehnerstäben und Einerwürfeln kann gezählt und in der Stellenwerttafel notiert werden, bzw. es können passende Rechnungen (bspw. 1000–1 = 999 oder 1000–10 = 990) formuliert werden (Schmassmann/Moser Opitz 2008b, 72).

Abbildung 6.18 Veranschaulichung von 1000-1 mit dem Dienes-Material

Unterschiedliche Darstellung und Notation von Zahlen: Wichtig für die Einsicht ins Prinzip der fortgesetzten Bündelung und der Stellenwertschreibweise ist die Darstellung von Zahlen auf möglichst verschiedene Weisen und auf unterschiedlichen Repräsentationsebenen (vgl. Scherer 1995; Van de Walle 2007, 197). Übergänge und Beziehungen zwischen den Stellenwerten könnten so herausgearbeitet werden (Scherer/Steinbring 2004, 167). Das lässt sich gut mit dem Dienes-Material in Verbindung mit der Stellenwerttafel realisieren. Die Zahl 159 kann u. a. als ein Hunderter, fünf Zehner und neun Einer, als 159 Einer oder als 15 Zehner und neun Einer dargestellt werden (Abb. 6.19).

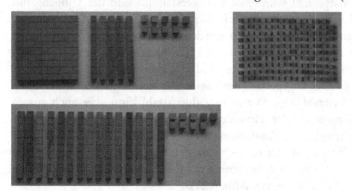

Abbildung 6.19 Verschiedene Darstellungen der Zahl 159 mit dem Dienes-Material

Auch dies ist eine Übung, die schon im Hunderterraum durchgeführt werden sollte, die aber erst im Zahlenraum bis 1000 ihre Wirkung voll entfalten kann und die eine gedankliche Durchdringung der Stellenwertbeziehungen und damit eine umfassende Einsicht ins dezimale Stellenwertsystem erlaubt. Wichtig ist dabei wiederum die Notation in der Stellenwerttafel. Üblicherweise wird an einer Stelle nur eine einstellige Zahl notiert, was ein leichtes Ablesen von Zahlen ermöglicht.

Um den Zusammenhang zwischen Bündelung und Stellenwert deutlich zu machen, kann es auch hilfreich sein, an einer Position eine mehrstellige Zahl zu notieren. Scherer/Steinbring (2004, 166) merken an, dass dies eine einsichtsvolle Unterstützung der Beziehungen und Übergänge zwischen den einzelnen Stellenwerten ermöglichen kann, mathematisch nicht zu beanstanden ist und neue Deutungen für die dezimale Struktur der Zahlen eröffnet. Mit den Schülerinnen und Schülern kann bspw. diskutiert werden, ob und warum es sich bei den in Abb. 6.20 notierten Zahlen wirklich immer um dieselbe Zahl handelt.

H	Z	E
1	5	9
		159
	15	9

Abbildung 6.20 Verschiedene Darstellungen der Zahl 159 in der Stellenwerttafel

Die Schülerinnen und Schüler können auch an anderen Arbeitsmitteln ein und dieselbe Zahl darstellen und aufgefordert werden zu begründen, warum es sich immer um dieselbe Anzahl handelt.

Aktivitäten an Zahlreihe und Zahlenstrahl

Wie weiter oben dargestellt wurde, ist das Verständnis und der Umgang mit dem Zahlenstrahl nicht unproblematisch. Deshalb sollen einige Anmerkungen zur Behandlung im Unterricht gemacht werden. Wichtig ist, dass Schülerinnen und Schülern die Möglichkeit gegeben wird, die Skalen von Strahlen in verschiedenen Zahlenräumen zu verstehen und zu erkunden. Dazu gibt es verschiedene Zugänge. Ausgangspunkt kann bspw. der leere bzw. der teilweise beschriftete Hunderterstrahl sein. Der leere Zahlenstrahl kann aber auch ausgehend von Handlungen an der Hunderterkette erarbeitet werden (Höhtker/ Selter 1995, 125 ff.; vgl. auch Kaufmann/Wessolowski 2006, 65 f.), indem die Schülerinnen und Schüler an der Kette zuerst den Ort von bestimmten Zahlen lokalisieren (›Orte finden‹) bzw. bestimmten Orten an der Kette die richtige Zahl zuweisen (›Zahlen finden‹; vgl. Abb. 6.21).

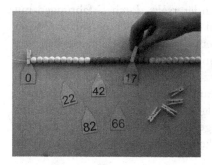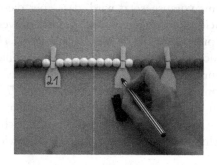

Abbildung 6.21 Orte finden und Zahlen finden (Freesemann/Wittich 2009, 35)

Davon ausgehend können anschließend der leere Hunderterstrahl (Abb. 6.22) und der Tausenderstrahl entwickelt werden.

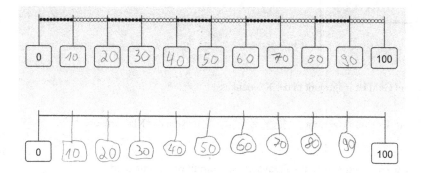

Abbildung 6.22 Der Übergang von der Hunderterkette zum leeren Zahlenstrahl

Umgang mit Geld

Diskutiert werden muss auch, ob und in welcher Art und Weise sich Geld für die Behandlung des dezimalen Stellenwertsystems eignet. Auf der einen Seite ist Geld ›konkret‹, und die Schülerinnen und Schüler bringen Alltagserfahrungen mit. Andererseits ist Geld aber auch sehr abstrakt. Ein Geldstück ist nur ein Stück Metall, ein Schein ein Stück Papier, deren Wert nicht unmittelbar ersichtlich ist (vgl. auch Scherer 2005a, 180 f.; Steinbring 1997). Man muss wissen und verstanden haben, dass z. B. zehn 10-Euro-Scheine dem Wert eines 100-Euro-Scheins entsprechen. Zudem sagt die Größe der Münzen und Scheine nichts über deren Wert aus. Das bedeutet, dass die Beziehung einer Größe aus einem Sachbereich und ihre mathematische Symbolisierung verstanden werden müssen (Steinbring 1997, 293). Deshalb muss beachtet werden, dass einerseits für den sicheren Umgang mit Geld das Verständnis des dezimalen Stellenwertsystems vorausgesetzt wird, dass aber dieses andererseits durch Erfahrungen mit Geld auch angeregt und gefördert werden kann (vgl. Schmassmann/Moser Opitz 2008a, 87; Radatz et al. 1998, 41), etwa wenn beim Herausgeben von Rückgeld ›entbündelt‹ wird. Wenn Schülerinnen und Schüler jedoch wenige Erfahrungen mit Geld haben, stellt der Einsatz dieses Arbeitsmittels für sie nicht immer eine Erleichterung dar. Bunita (7. Schuljahr, Förderschwerpunkt Lernen) hat anspruchsvolle Aufgaben mit mehrstelligen Zahlen in der Stellenwerttafel, wie sie in Abb. 6.13 dargestellt sind, richtig gelöst. Bei einer Aufgabe zum Bündeln mit Geld zeigten sich jedoch Schwierigkeiten (Abb. 6.23).

Pia und Max zählen das Geld in der Klassenkasse. Sie zählen:

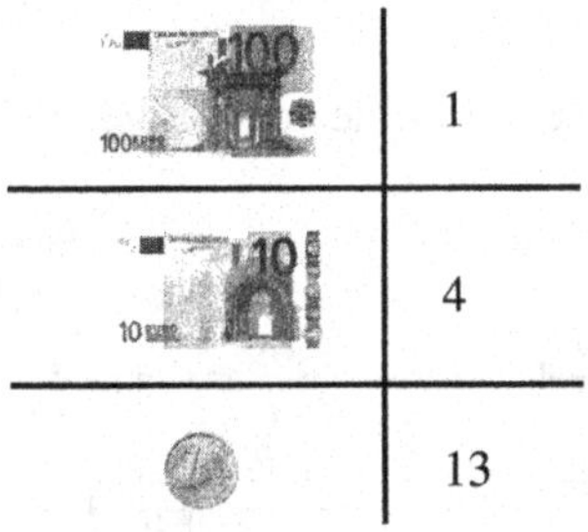

Wie viel Geld ist insgesamt in der Klassenkasse?

Antwort: Es sind insgesamt ___*18€*___ Euro in der Klassenkasse.

Abbildung 6.23 Bunitas Aufgabenbearbeitung zum Bündeln mit Geld

Sie hat Hunderter, Zehner und Einer als dieselbe Einheit betrachtet, diese addiert und so das falsche Ergebnis 18 € erhalten. Dieses kann auf verschiedene Art und Weise zustande gekommen sein. Es könnte sein, dass Bunita die Aufgabe aufgrund mangelnder Erfahrungen mit Geld falsch gelöst hat. Möglicherweise hat sie den Kontext überhaupt nicht beachtet (vgl. Kap. 6.2). Es könnte weiter sein, dass sie das Aufgabenformat mit der gegenüber der Stellenwerttafel veränderten Tabelle, in der die Stellen untereinander und nicht nebeneinander notiert sind, nicht verstanden hat. Möglich ist auch, dass sie sich wie beim schriftlichen Additionsalgorithmus nur an den senkrecht notierten Zahlen orientiert hat.

Für den Einsatz von Geld als Arbeitsmittel im Kontext der Behandlung des dezimalen Stellenwertsystems müssen Lehrpersonen sorgfältig prüfen, wann Geld als Veranschaulichung bzw. Arbeitsmittel eingesetzt werden soll und wann durch dessen Einsatz zusätzliche Anforderungen an die Lernenden gestellt werden (vgl. auch Steinbring 1997).

Koordinierungsübungen

Für das Verständnis des dezimalen Stellenwertsystems im Tausenderraum müssen die zentralen Veranschaulichungen Tausenderpunktfeld, Tausenderbuch, Zahlenstrahl und Stellenwerttafel eingeführt werden (im Hunderterraum die analogen Veranschaulichungen). Neben der sorgfältigen Einführung der verschiedenen Veranschaulichungen darf auch die Vernetzung der Darstellungen bzw. die Verbindung der Zahlaspekte nicht vergessen werden. Die Schülerinnen und Schüler müssen einerseits mit den einzelnen Darstellungen vertraut werden und diese ›lesen‹ und verstehen lernen, andererseits jedoch auch angeregt werden, diese zu vernetzen und flexibel einzusetzen (Scherer 2005a, 20; Schmassmann/Moser Opitz 2008a, 51). Hilfreich sind dazu Koordinierungsübungen, in denen eine Zahl an verschiedenen Veranschaulichungen bzw. Arbeitsmitteln darzustellen ist (vgl. Scherer 1995; 2005a, 171; Schmassmann/Moser Opitz 2008b, 80): Die Schülerinnen und Schüler wählen bspw. eine Zahl zwischen 1 und 1000 aus. Ein Kind stellt die Zahl mit Geld dar, ein anderes zeichnet sie auf dem Zahlenstrahl ein, eines legt sie mit Hunderterplatten, Zehnerstäben und Einerwürfeln, eines stellt sie am Tausenderfeld dar, das nächste im Tausenderbuch, usw. Die Übung kann im 2. Schuljahr analog auch für den Hunderterraum durchgeführt werden (vgl. z. B. Scherer 1999a, 232 ff.) bzw. ist generell auf andere Zahlenräume zu übertragen. Dabei ist auch wichtig, dass die Beziehungen zwischen den verschiedenen Zahlenräumen und zwischen den entsprechenden Veranschaulichungen hergestellt und thematisiert werden: Was sind bspw. die Gemeinsamkeiten von Hunderterfeld und Tausenderbuch oder von Hunderter- und Tausenderstrahl, und was sind die Unterschiede? Solche Aktivitäten bieten die Möglichkeit, flexibel mit den Veranschaulichungen umzugehen und dadurch Einsicht ins dezimale Stellenwertsystem zu erwerben.

In diesem Kapitel wurde auf die grundlegende Bedeutung des dezimalen Stellenwertsystems für arithmetische Lernprozesse hingewiesen. Am Beispiel des Tausenderraums wurden Möglichkeiten zu unterrichtlichen Vorgehensweisen aufgezeigt, die auf andere Zahlenräume zu übertragen sind. Wichtig ist grundsätzlich, dass ein flexibler Umgang mit den verschiedenen Repräsentationsebenen einerseits und den konventionellen Veranschaulichungen andererseits angeregt und gefördert wird.

6.1.4 Informelle Rechenstrategien und schriftliche Rechenverfahren

In der Mathematik und speziell auch im Mathematikunterricht für den Primarbereich existieren seit jeher eine Reihe festgelegter Rechenstrategien und -verfahren, die jeweils für aktuelle und weitere Lernprozesse wesentlich sind. Daneben haben mittlerweile aber auch informelle bzw. individuelle Rechenstrategien und allgemein das halbschriftliche Rechnen eine zentrale Bedeutung. Dabei lösen Schülerinnen und Schüler kompliziertere, möglicherweise noch unbekannte Rechnungen durch leichtere Teilaufgaben unter Verwendung von Rechengesetzen und Rechenvorteilen. Die Vorgehensweisen, Rechenschritte und Teilrechnungen und -ergebnisse können schriftlich festgehalten werden, wobei es keine verpflichtenden Notationsvorschriften gibt (vgl. hierzu Krauthausen 1993; 2009; Plunkett 1987). Versteht man Mathematiklernen als aktiven Prozess der Individuen (vgl. Kap. 3.1), dann sollten *alle* Schülerinnen und Schüler auf dem Weg zu eher konventionellen Vorgehensweisen zunächst Gelegenheit erhalten, ihre eigenen Lösungswege und Darstellungsweisen zu entwickeln. Dazu sind Lern- und Entwicklungsprozesse notwendig, in denen individuelle Strategien im Austausch mit anderen gezielt verglichen werden und so zu zunehmend effizienteren Vorgehensweisen führen. Beim Übergang von den individuellen Strategien zu Konventionen, bspw. den schriftlichen Algorithmen, sollten die eigenen Ideen und Wege aber weiterhin ihre Relevanz behalten: Nur über individuelle Kenntnisse und Vorstellungen kann man zu Verallgemeinerungen und Abstraktionen gelangen, und auch der Rückweg – d. h. der Weg von der Konvention zurück zum individuellen Weg – muss potenziell verfügbar und reaktivierbar bleiben. Gerade die Verknüpfung von informellem Vorgehen und konventionellem Weg verspricht Erfolg für ein besseres Verstehen von Konventionen, wie etwa der Algorithmen (vgl. Anghileri et al. 2002).

Halbschriftliche Strategien in größeren Zahlenräumen greifen auf vorangegangene Inhalte zurück, zum einen auf Basiskompetenzen (z. B. Einpluseins oder Einmaleins), aber eben auch auf Strategiewissen. Dieser Wissenserwerb muss sich bereits im Anfangsunterricht vollziehen. Schon hier sollte die Lehrperson ihr besonderes Augenmerk darauf richten, dass die Schülerinnen und Schüler Flexibilität entwickeln, vielfältige Zahlzerlegungen kennen lernen oder bspw. auch Aufgaben des Einspluseins mithilfe unterschiedlicher Strategien verinnerlichen. Das Herausarbeiten der charakteristischen Merkmale und auch das Benennen von Strategien sind dabei wesentlich.

Im Folgenden wollen wir vorrangig am Beispiel der Addition einige wichtige Etappen ausführen. Wir gehen dabei vom Zwanzigerraum über den Hunderterraum bis zur schriftlichen Addition im Tausenderraum und werden an verschiedenen Stellen exemplarisch wichtige Aspekte für die weiteren Grundoperationen ergänzen.

Addition im Zwanzigerraum

In Kap. 5.4 sowie 6.1.1 wurden bereits zentrale Aspekte für diesen Zahlenraum herausgearbeitet. Wichtige Aktivitäten und Voraussetzungen für die Entwicklung erweiterbarer Rechenstrategien stellen ein sicherer Zahlbegriff und Zählkompetenzen, die Anzahlerfassung kleinerer Mengen, insbesondere an strukturierten Darstellungen, sowie der Aufbau von Operationsvorstellungen dar. Dabei ist eine ganzheitliche Behandlung des Zahlenraumes anzustreben (vgl. z. B. Scherer 2005a).

Um ein tragfähiges Beziehungsnetz im Sinne des produktiven Übens (vgl. Kap. 5.2) aufzubauen, sind daneben auch sogenannte operative Übungen und Strategien zu behandeln (Tab. 6.1; vgl. Radatz et al. 1996, 84; Wittmann 1985).

Tabelle 6.1 Operative Übungen zur Aufgabe 8+7 (nach Radatz et al. 1996, 84)

Grundaufgaben		
Umkehraufgaben	Tauschaufgabe	Nachbaraufgaben
15-8	7+8	7+7 bzw. 9+7
15-7		8+6 bzw. 8+8
8+2+5	7+7+1	10+5
8+10-3	8+8-1	[aus (8+2) + (7-2)]
Zerlegen und Zusammensetzen	Verdoppeln und Halbieren	Gegensinniges Verändern bei Addition (Konstanz der Summe)
Grundstrategien		

Solche Übungen sind mit den entsprechenden Rechengesetzen und Beziehungen natürlich auch für die Subtraktion durchzuführen und auf andere Zahlenwerte zu übertragen sowie auf geeignete Veranschaulichungen abzustützen (vgl. auch Kap. 5.3), um grundlegende Kompetenzen zu sichern (vgl. Scherer 2005a). Das langfristige Ziel ist hierbei die Automatisierung von Einspluseins und Einsminuseins, um diese Basiskompetenzen in den weiteren Zahlenräumen sicher einsetzen zu können (vgl. auch Kap. 5.2.5). Die Bedeutung automatisierter Elemente wird insbesondere für lernschwache Schülerinnen und Schüler in verschiedenen konzeptionellen Vorschlägen betont (vgl. z. B. das Verdoppeln und Halbieren sowie die Zerlegungen bzw. das Ergänzen zur 10 bei Menne 1999; 20 f.; Menne 2001, 79 ff.; auch Gerster 2007; vgl. auch die Ausführungen zur Multiplikation in Kap. 6.1.2).

Addition im Hunderterraum

Die elementaren Strategien und Einsichten aus dem Zwanzigerraum gilt es auf größere Zahlen im Hunderterraum, Tausenderraum und darüber hinaus zu übertragen und zu erweitern. Die Behandlung der Operationen sollte auch hier ganzheitlich erfolgen, um relevante Beziehungen zu verdeutlichen. So ist es aus unserer Sicht wenig sinnvoll, die verschiedenen Additionstypen nach (vermeintlichem) Schwierigkeitsgrad gestuft einzuführen, etwa beginnend mit dem Typ ZE+E (zunächst ohne, dann mit Zehnerüberschreitung). Dieser Aufgabentyp könnte Schülerinnen und Schüler dazu verleiten, das Ergebnis aufgrund des kleinen zweiten Summanden durch zählendes Rechnen zu bestimmen. Hingegen kann eine komplexere Anforderung, z. B. durch den Aufgabentyp ZE+ZE schon für die Einführung der Addition die Entwicklung neuer Strategien herausfordern (vgl. auch Scherer 1999a).

Betrachtet man bspw. die Addition gemischter Zehnerzahlen (ohne Überschreitung), dann sind verschiedene halbschriftliche Strategien möglich, die wir in symbolischer Form am Beispiel der Aufgabe 35+23 systematisch beleuchten wollen. Die (Haupt-)Strategien sind ›Stellenwerte extra‹, ›Schrittweise‹, ›Hilfsaufgabe‹ und ›Vereinfachen‹ (vgl. Wittmann/Müller 1990, 82 ff.; Krauthausen 1993). Im Unterricht mit lernschwachen Schülerinnen und Schülern ist zu beachten, dass es bei der Behandlung halbschriftlicher Strategien im ersten Schritt nicht darum geht, alle Strategien kennenzulernen, zu verstehen und anzuwenden. Wichtig ist, dass die Lernenden einen für sie geeigneten Weg finden, um eine bestimmte Aufgabe zu lösen (Schmassmann/Moser Opitz 2008a, 43).

Stellenwerte extra: Hierbei werden *beide* Summanden in ihre Stellenwerte zerlegt und die jeweiligen Stellenwerte zusammengefasst.

$$35 + 23 = 50 + 8 = 58$$

$$30 + 20 = 50$$

$$5 + 3 = 8$$

Diese Strategie wird häufig von Schülerinnen und Schülern, auch lernschwachen, favorisiert und durchaus erfolgreich angewendet (vgl. z. B. Scherer 1999a; Selter 2000). Gründe für die Wahl liegen sicherlich in den leichten arithmetischen Anforderungen, da lediglich Aufgaben des Einspluseins bzw. deren Analogien mit glatten Zehnern berechnet werden müssen. Zudem kann diese Strategie bei allen Aufgaben in gleicher Art angewendet werden und lässt sich durch einige Materialien (z. B. Dienes-Material oder Rechengeld) gut veranschaulichen (vgl. auch Scherer 1999a, 244 ff.). Die Strategie ist auch aus didaktischer Sicht für den Übergang zum schriftlichen Additionsalgorithmus (s. u.) bedeutsam, weist aber auch Nachteile auf: Im Vergleich zu anderen Strategien sind mehr Teilrechnungen auszuführen, was insbesondere im Tausenderraum sehr aufwendig wird. An einer Veranschaulichung wie dem Rechenstrich lässt sie sich nicht darstellen (vgl. im Gegensatz dazu die Darstellung des schrittweisen Rechnens in Abb. 6.26 bzw. 6.27). Zudem ist die Strategie ›Stellenwerte extra‹ für die Subtraktion nicht unproblematisch (vgl. z. B. Radatz et al. 1998, 44). Bei Aufgaben ohne Zehnerüberschreitung kann die Verarbeitung der Teilergebnisse einige Schülerinnen und Schüler verwirren: Obwohl es insgesamt um eine *Subtraktion* geht, müssen die Teilergebnisse *addiert* werden.

$$58 - 23 = 30 + 5 = 35$$

$$50 - 20 = 30$$

$$8 - 3 = 5$$

Noch größere Probleme bereiten Aufgaben mit Überschreitungen. Die folgenden fehlerhaftem Vorgehensweisen können möglicherweise auftreten (vgl. auch Radatz et al. 1998, 44).

$$53 - 28 = 30 + 5 = 35 \qquad\qquad 53 - 28 = 30 - 5 = 25$$
$$50 - 20 = 30 \qquad\qquad\qquad 50 - 20 = 30$$
$$8 - \ 3 = 5 \qquad\qquad\qquad\ 8 - \ 3 = 5$$

Bei beiden Varianten werden für die Subtraktion der Einerstelle Minuend und Subtrahend einfach vertauscht, da die Aufgabe 3–8 nicht gerechnet werden kann. Bei der zweiten Variante wird zudem für die Verarbeitung der Teilergebnisse fälschlicherweise die Subtraktion anstelle der Addition gewählt. Fatalerweise führt diese falsche Strategie hier zur korrekten Lösung.

Die Tatsache, dass Schülerinnen und Schüler die Strategie ›Stellenwerte extra‹ verwenden, auch wenn sie im Unterricht nicht gelehrt wurde und sie dabei wenig erfolgreich sind (vgl. z. B. Beishuizen et al. 1997; Selter 2000), macht eine sorgfältige Beobachtung und Planung für deren Thematisierung unumgänglich: Einerseits sollte eine Auseinandersetzung mit verschiedenen halbschriftlichen Strategien für alle Operationen ermöglicht werden, so dass die Schülerinnen und Schüler alternative Vorgehensweisen zur Verfügung haben. Andererseits muss die Strategie ›Stellenwerte extra‹ sorgfältig thematisiert werden, wenn diese von den Lernenden favorisiert wird. Wittmann/Müller (1990, 83 f.) schlagen etwa folgenden Weg vor, bei dem symbolische Form und geeignete sprachliche Formulierung verbunden werden. Für die Aufgabe 53–28 wird gerechnet und erklärt ›Von 50 nehme ich 20 weg. Dann habe ich noch 30. Jetzt muss ich noch 8 wegnehmen. Ich nehme erst 3 weg und muss dann von 30 noch 5 wegnehmen. Ergebnis: 25.‹ Zusätzlich sollte dieser Weg auch auf geeignetes Material (z. B. Dienes-Material) abgestützt werden.

$$53 - 28 = 30 - 5 = 25$$
$$50 - 20$$
$$3 - \ 8$$

Die Strategie ›Stellenwerte extra‹ wurde für die Addition oben in einer bestimmten (eher standardisierten) Notationsform angegeben, die aber nicht zwangsläufig erforderlich ist. Vielmehr kann die Art und Weise der Notation sehr unterschiedlich geschehen, wie die beiden folgenden Dokumente von Förderschülern des 3. Schuljahrs zeigen (vgl. Scherer 2009c, 439). Sandra zerlegt zunächst die beiden Summanden in ihre Stellenwerte und belässt alle in einer Summe, anschließend addiert sie erst die Einer, dann die Zehner (Abb. 6.24). Sie nutzt dabei in natürlicher Weise das Assoziativgesetz sowie das Kommutativgesetz.

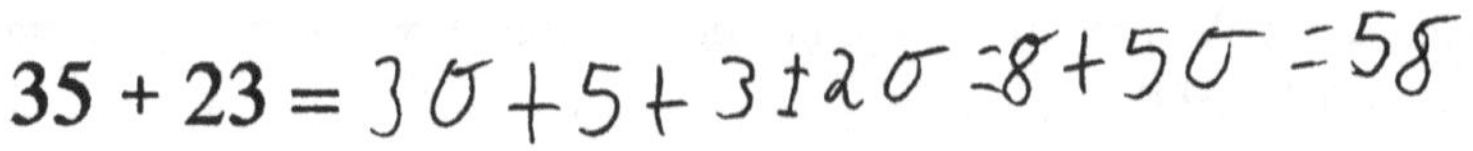

$$35 + 23 = 3\,0 + 5 + 3\,†\,2\,0\,\overline{}\,8 + 5\,0\,\overline{}\,58$$

Abbildung 6.24 Sandras Strategie zur Addition 35+23

Andi notiert seine Zerlegungen in einer neuen Zeile (Abb. 6.25), wobei die Addition der Zehner direkt im Kopf berechnet und nicht mehr explizit notiert wird. Die Einer werden noch separat notiert, um dann das Gesamtergebnis zu bestimmen.

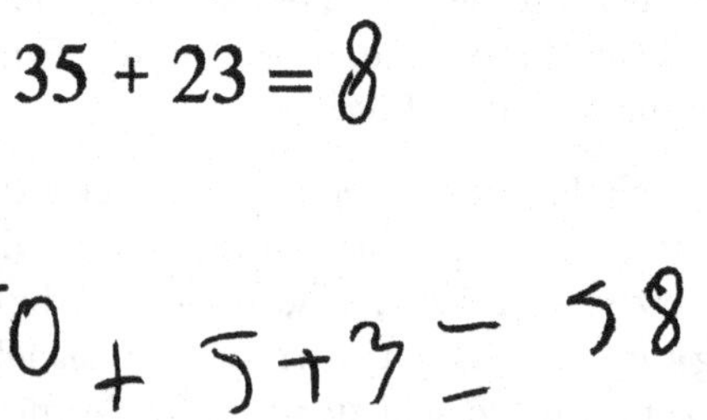

$$35 + 23 = 8$$

$$50 + 5 + 3 = 58$$

Abbildung 6.25 Andis Strategie zur Addition 35+23

Sollten Schülerinnen und Schüler nicht von sich aus geeignete Notationen entwickeln, dann ist zum einen die Abstützung auf eine Veranschaulichung eine mögliche Hilfe. Zum anderen können die Schülerinnen und Schüler verbale Beschreibungen des Weges oder der Teilschritte zusammen mit der Lehrperson in eine symbolische Form übersetzen. Eigene Lösungswege zu verbalisieren bzw. zu verschriftlichen, stellt u. U. recht hohe Anforderungen gerade an lernschwache Schülerinnen und Schüler, sollte jedoch als Ziel angestrebt werden. Die Kinder »können auf diese Weise mehr von dem zeigen, was sie wirklich können, und die Lehrerin hat mehr Gelegenheit, etwas über das Denken der Kinder zu erfahren« (Spiegel 1993, 7). Der Schwierigkeit, individuelle Vorgehensweisen korrekt zu notieren, kann vom 1. Schuljahr an begegnet werden. Das heißt nicht, die Schülerinnen und Schüler sofort auf die konventionellen Notationsformen zu verpflichten. Vielmehr sollten sie mit ihren individuellen Notationen Erfahrungen sammeln und dabei auch unterscheiden können zwischen Notationen, die für sie selbst als Denk- und Rechenhilfe gedacht sind, und den auch für andere nachvollziehbaren und mathematisch korrekten Notationsformen.

Um Schülerinnen und Schülern die Freiheit zur Verwendung dieser Notationsformen zu lassen, ist fachliches und fachdidaktisches Hintergrundwissen der Lehrperson erforderlich (vgl. Kap. 3). Hier ist es das Wissen, dass halbschriftliche Strategien in ihrer Notation – anders als die schriftlichen Algorithmen – nicht festgelegt sind: Es ist egal, in welcher Reihenfolge die Zehner und Einer notiert werden, ob alles in einer Summe belassen oder getrennt notiert oder ob ein Teilergebnis im Kopf berechnet wird. Zudem sollte die Kenntnis über die verschiedenen halbschriftlichen Strategien zu allen Rechenoperationen vorhanden sein, die im Weiteren exemplarisch für die Addition aufgeführt werden.

Schrittweise: Hierbei wird ein Summand belassen, der andere wird geeignet zerlegt (z. B. in seine Stellenwerte), und die jeweiligen Teilrechnungen werden durchgeführt.

$$35 + 23 = 58$$

$$35 + 20 = 55$$

$$55 + 3 = 58$$

Auch diese Strategie ist für beliebiges Zahlenmaterial anwendbar und weist im Vergleich zur vorangegangenen Strategie weniger Teilrechnungen auf. Sie erfordert aber bspw. die arithmetische Kompetenz, zu gemischten Zehnerzahlen beliebige Zehner zu addieren. Dies kann gerade für lernschwache Schülerinnen und Schüler eine hohe Anforderung darstellen und sollte speziell geübt werden (vgl. Menne 1999): So können bspw. an der Hunderterkette (mit Färbung der Fünfer- bzw. Zehnerstruktur) Zehnersprünge ausgeführt und bestimmte Muster entdeckt werden. Später können auch Vielfache von 10 gesprungen werden, und eine Übertragung auf den (leeren) Zahlenstrahl kann erfolgen. So rechnete Saskia die Aufgabe 35+23 schrittweise (mit Zehnersprüngen) und veranschaulichte dies am leeren Zahlenstrahl (Abb. 6.26).

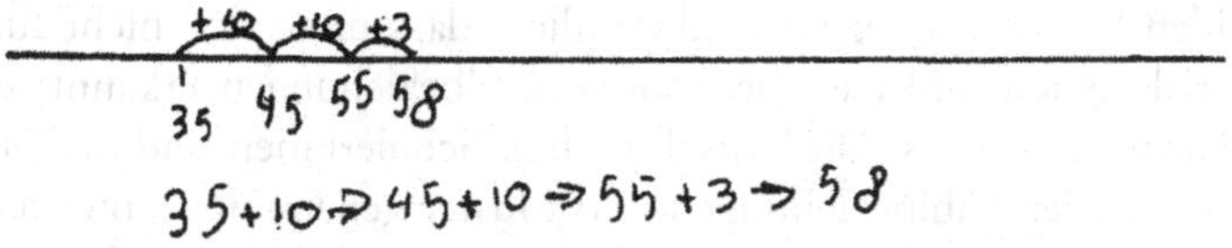

Abbildung 6.26 Saskias schrittweises Rechnen am leeren Zahlenstrahl (Menne 2001, 89)

Mit ihr könnte im Hinblick auf die Förderung daran gearbeitet werden, mehrere Zehnersprünge zu einem Sprung (hier Zwanzigersprung) zusammenzufassen.

Hilfsaufgabe: Hierbei wird eine verwandte, einfachere oder bekannte Aufgabe berechnet (hier ein Summand zu einem glatten Zehner verkleinert). Anschließend ist noch die Veränderung zu berücksichtigen und zu berechnen.

$$35 + 23 = 58$$

$$35 + 20 = 55$$

$$55 + 3 = 58$$

Oder:

$$35 + 23 = 58$$

$$30 + 23 = 53$$

$$53 + 5 = 58$$

Die erste Variante zu dieser Strategie verdeutlicht, dass unterschiedliche Intentionen für das Vorgehen (Hilfsaufgabe bilden oder schrittweise rechnen) durchaus zu gleichen Zahlzerlegungen und Teilrechnungen führen können.

Vereinfachen: Diese Strategie ähnelt der Hilfsaufgabe, denn auch hier wird eine einfachere Aufgabe gesucht. Allerdings wird die Veränderung unter Ausnutzung der Konstanz der Summe in einem Schritt vollzogen. Hier muss anschließend nichts mehr korrigiert werden, da man die intendierte Veränderung direkt ausgeglichen hat.

$$35 + 23 = 58$$

$$30 + 28 = 58$$

$$\text{aus } (35{-}5) + (23{+}5)$$

Bei den beiden letzten Strategien wird deutlich, dass diese sich nicht für jedes Zahlenmaterial eignen und dass besondere Zahlbeziehungen erkannt und genutzt werden müssen. Dies fällt lernschwachen Schülerinnen und Schülern oft schwer. Je mehr aber Zahlbeziehungen und Muster generell im Unterricht thematisiert werden, desto wahrscheinlicher kann sich Verständnis dafür einstellen und für den flexiblen Einsatz von verschiedenen Strategien genutzt werden.

Deutlich wird an den verschiedenen Strategien, dass sowohl ein sicheres Stellenwertverständnis (vgl. Kap. 6.1.3) als auch die operativen Strategien aus dem Zwanzigerraum zur Anwendung kommen.

Im Unterricht sollten nicht nur die formalen Notationen, sondern auch geeignete Veranschaulichungen (z. B. Dienes-Material, Rechenrahmen oder auch der leere Zahlenstrahl; vgl. z. B. Scherer 1999a, 243 ff.; Scherer 2003b, 112 ff.; Kap. 5.3 bzw. 6.1.3) angeboten werden, ohne dass allerdings Lösungswege vorgegeben werden. Wie bereits in Kap. 5.3 erläutert, können bestimmte Arbeitsmittel und Veranschaulichungen eine bestimmte Strategie nahelegen oder die Strategiewahl einschränken (vgl. z. B. Scherer 1999a, 243 f.).

Im Unterricht sollten immer auch Phasen der Reflexion über verschiedene Strategien erfolgen. Die Wege und Notationsformen können verglichen und Entsprechungen sowie Vorteile der einen oder anderen Strategie gesucht werden. Ein wichtiger Punkt scheint dabei auch das *Benennen* der einzelnen Strategien, um einerseits den Schülerinnen und Schülern das Dokumentieren ihrer Strategie zu erleichtern. Andererseits kann dadurch der Blick auch auf das Charakteristische und Allgemeine einer Strategie gerichtet werden, so dass allgemeines Denken und nicht die speziellen, gerade im vorliegenden Beispiel verwendeten Zahlen in den Vordergrund treten (vgl. auch Huinker et al. 2003). So ist das Charakteristische des schrittweisen Rechnens das Zerlegen einer der beiden Zahlen (s. o.). Dies kann, wie oben konkretisiert, die Zerlegung in die Stellenwerte sein. Schrittweise kann aber auch gerechnet werden, indem Zahlen so zerlegt werden, dass bei den Teilrechnungen glatte Zehner oder Hunderter erreicht werden. Abb. 6.27 zeigt verschiedene Möglichkeiten des schrittweisen Rechnens am leeren Zahlenstrahl für die Aufgabe 65–38. Während ganz links zunächst die einzelnen Zehner und dann der Einer subtrahiert werden, findet sich bei den anderen Wegen das Zerlegen des Einers. So kann im Verlauf von einem glatten Zehner aus weitergerechnet werden, was einigen Schülerinnen und Schülern leichter fällt.

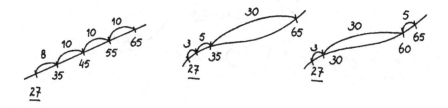

Abbildung 6.27 Verschiedene Möglichkeiten der schrittweisen Subtraktion am leeren Zahlenstrahl (Menne 2001, 196)

Lernschwache Schülerinnen und Schüler haben diese Einsicht allerdings nicht immer und vor allem nicht von Anfang an. Sie müssen dabei unterstützt werden, etwa indem im Klassenverband immer wieder gemeinsam nach dem passenden Namen gesucht wird oder indem diskutiert wird, welche Lernenden die gleiche Strategie verwendet haben (vgl. Lorenz 2003a, 39 f.).

Die Frage, welche Strategien sich bei welchen Aufgaben anbieten, lässt sich nicht pauschal beantworten. Natürlich kann das gegebene Zahlenmaterial eine bestimmte Strategie nahelegen, diese Wahl ist aber immer abhängig von der Kenntnis der jeweiligen Strategie und der individuellen Geläufigkeit/Sicherheit und den individuellen Rechenfertigkeiten (vgl. Threlfall 2002). Mitunter können verschiedene Einflussfaktoren konkurrieren wie bspw. die Anzahl der Teilaufgaben, leichte oder anspruchsvollere arithmetische Anforderungen (Einspluseins bzw. Analogien) und Strategiewissen (z. B. bei der Strategie ›Hilfsaufgabe‹

die vorzunehmenden geschickten Veränderungen und das entsprechende Rückgängigmachen) mit entsprechendem Blick auf Zahlbeziehungen oder geeignete
Zerlegungen (vgl. z. B. Scherer/Hoffrogge 2004).

Addition im Tausenderraum

Bei der Addition im Tausenderraum kommen zunächst die bekannten Strategien des Hunderterraumes zur Anwendung, die es nun zu erweitern gilt. Die
verschiedenen Strategien werden nun insofern komplexer, als dass hier mehr
Teilschritte oder mehr Zerlegungen vorzunehmen sind. Zudem sind u. U. die
arithmetischen Anforderungen der erforderlichen Teilrechnungen erhöht. Für
die Aufgabe 234+126 verwendete Senad (4. Schuljahr, Förderschule Schwerpunkt Lernen) die Strategie ›Stellenwerte extra‹, allerdings zerlegte er die beiden
Summanden nicht in die Stellenwerte Hunderter, Zehner und Einer, sondern
beließ Zehner und Einer zusammen (Abb. 6.28). Er adaptierte die Strategie
entsprechend seiner arithmetischen Kompetenzen: Die Aufgabe 34+26 führt
zu einer glatten Zehnerzahl und gehörte für Senad möglicherweise zu den leich-
teren Aufgaben.

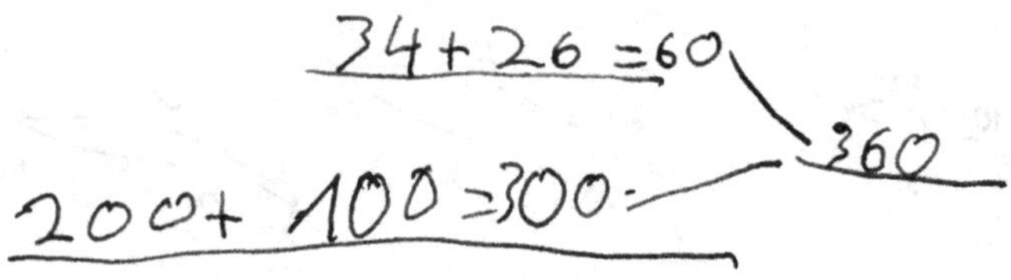

Abbildung 6.28 Senads halbschriftliche Strategie zur Aufgabe 234+126

Grundsätzlich wäre es wünschenswert, dass alle Schülerinnen und Schüler halbschriftliche Strategien flexibel nutzen könnten. Dies gelingt aber nicht unbedingt allen. So wählte auch Senads Klassenkameradin Jennifer für die Aufgabe
210+543 die Strategie ›Stellenwerte extra‹ und dies in eher standardisierter
Form (Abb. 6.29). Diese ist insofern bemerkenswert, als beim ersten Summanden die Einerstelle nicht besetzt ist und Jennifer explizit die Rechnung $0+3 = 3$
notierte. Hier mag man den Eindruck haben, dass sie diese Strategie eher re-
zepthaft (im Sinne: es müssen *immer* drei Teilrechnungen passend zu den Stellenwerten H, Z, E notiert werden) als mit umfassender Einsicht verwendet hat.
Ihre Notation sollte in jedem Fall noch einmal besprochen werden, und möglicherweise könnte Jennifer entdecken, dass sie die Zehner und den Einer direkt
(im Kopf) hätte addieren können.

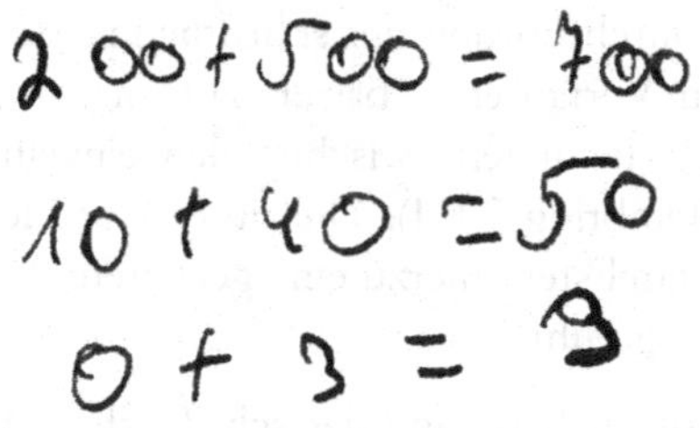

$$200 + 500 = 700$$

$$10 + 40 = 50$$

$$0 + 3 = 3$$

Abbildung 6.29 Jennifers halbschriftliche Strategie zur Aufgabe 210+543

Schriftliches Rechnen

Bei der Ausführung von Algorithmen geht es im Gegensatz zu den individuellen halbschriftlichen Wegen um *festgelegte* Vorgehensweisen: Eine bestimmte Aufgabe wird auf ein und demselben Weg, nach festgelegten Schritten, in festgelegter Reihenfolge und mit verbindlich vorgeschriebener Notation (und auch festgelegter Sprechweise) gelöst. Diese Schritte und Notationen unterscheiden sich bei den einzelnen Rechenoperationen z. T. erheblich: So verlangt die bei uns übliche Form der schriftlichen Addition einen Beginn mit dem kleinsten Stellenwert, während bei der schriftlichen Division zunächst die größten Stellenwerte verarbeitet werden. Hier wird klar, dass die Vorgehensweise bei einem Algorithmus für die Lernenden nicht unbedingt universell einsehbar ist, sondern für jedes Verfahren neu überlegt werden muss.

Algorithmen sind allgemeingültig und unabhängig von gegebenem Zahlenmaterial (vgl. Krauthausen 1993). Anders als beim halbschriftlichen Rechnen geht es um ein Rechnen mit *Ziffern*. Während beim halbschriftlichen Rechnen die Zahlen in ihrer Gesamtheit im Blick sind, wird nun stellenweise gearbeitet. Letztlich beruhen schriftliche Rechenverfahren in ihrer Funktionsweise auf der Darstellung der Zahlen im Dezimalsystem, was die Bedeutung eines sicheren Stellenwertverständnisses erneut betont (vgl. Kap. 6.1.3). Damit verbunden müssen insbesondere entstehende Überträge verarbeitet werden. Weiter sind verschiedene Basiskompetenzen wichtig, für die schriftliche Addition bspw. die automatisierte Verfügbarkeit des Einspluseins.

Algorithmen kann man sich notfalls ohne Verständnis einprägen und u. U. zuverlässig nutzen, und diese Gefahr ist gerade bei lernschwachen Schülerinnen und Schülern gegeben. Allerdings sind nicht verstandene schriftliche Verfahren auch fehleranfällig. In einer Untersuchung von Moser Opitz (2007a, 221) verwendeten lernschwache Schülerinnen und Schüler auch bei einfachen Kopfrechenaufgaben deutlich häufiger schriftliche Verfahren als Lernende ohne Schwierigkeiten, zeigten jedoch signifikant schlechtere Leistungen (ebd., 183 f.). Daher kommen der Einführung und der Reflexion der schriftlichen Rechenverfahren in Unterricht und Förderung eine wesentliche Bedeutung zu (vgl. auch

Schipper 2009, 125). Eine einsichtsvolle Durchführung der schriftlichen Addition – wie auch der anderen schriftlichen Verfahren – basiert auf einem bewussten Verstehen der Übergänge und Beziehungen zwischen den einzelnen Stellenwerten der Zahlen (vgl. Scherer/Steinbring 2004). Die unterschiedliche Darstellung von Zahlen in der Stellenwerttafel stellt hierzu eine geeignete Aktivität dar und wurde bereits in Kap. 6.1.3 ausgeführt.

Üblicherweise erfolgt im Tausenderraum die Behandlung der schriftlichen Addition. Dabei stehen häufig das Ausführen der Prozedur und ihre geläufige Beherrschung, weniger das Verständnis des Verfahrens mit seiner Verbindung zu den halbschriftlichen Strategien im Zentrum (vgl. auch Ma 1999). Die Verbindung zwischen halbschriftlichem und schriftlichem Rechnen, das Entwickeln eines schriftlichen Verfahrens aus den halbschriftlichen Strategien heraus, ist dabei keineswegs ein trivialer Übergang. Hier existieren bei den einzelnen Operationen unterschiedliche Anforderungen, und die Verbindung ist auch nicht für jede halbschriftliche Strategie möglich (vgl. z. B. Pepper 2002). Der Übergang von der halbschriftlichen zur schriftlichen Addition ist verständnisbasiert möglich (vgl. z. B. Scherer/Steinbring 2004), und wir wollen diesen im Folgenden genauer betrachten.

Bei der schriftlichen Addition werden die Stellenwerte von rechts nach links jeweils separat addiert. Der Algorithmus hat also eine Nähe zur halbschriftlichen Strategie ›Stellenwerte extra‹. Allerdings wird hier mit Ziffern in einer festgelegten Reihenfolge gearbeitet, und ein möglicherweise auftretender Übertrag (wenn die Summe an einem Stellenwert größer ist als 9) wird direkt verarbeitet. Abb. 6.30 zeigt diese Beziehung und verdeutlicht gleichzeitig, dass bei einem verkürzten Anwenden der halbschriftlichen Strategie (hier sofortiges Addieren der gemischten Zehnerzahlen) diese Beziehung nicht so direkt im Verarbeitungsprozess sichtbar ist. Um das Verfahren der schriftlichen Addition verständnisbasiert einzuführen, ist deshalb die Strategie ›Stellenwerte extra‹ in ihrer Standardform geeigneter.

Abbildung 6.30 Beziehung zwischen schriftlicher Addition und der Strategie ›Stellenwerte extra‹

Auch wenn die schriftliche Addition im Vergleich zu den anderen Operationen als vergleichsweise leichter Algorithmus gilt, so sind dennoch typische Fehler anzutreffen: Für die Aufgabe 275+616 gab Sarah (4. Schuljahr, Förderschule Schwerpunkt Lernen) das Ergebnis 8811 an. Sie addierte die jeweiligen Stellenwerte und erhielt an der Einerstelle das Ergebnis 11, welches sie ohne Umbündelung direkt notierte. Ihr Klassenkamerad Andreas notierte zunächst das Ergebnis 886 (Abb. 6.31).

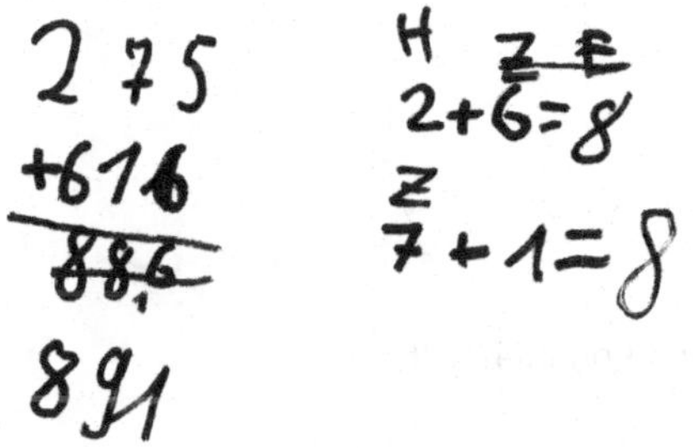

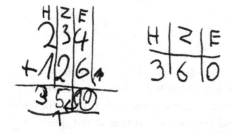

Abbildung 6.31 Andreas' Lösung zur Aufgabe 275+616

Bei ihm stellte sich im anschließenden Gespräch heraus, dass er nicht wusste, wie er die Einerstelle verarbeiten sollte und deshalb einfach die Ziffer des zweiten Summanden notierte. Die nachfolgende Reflexion über die entstehenden Stellenwerte konnte ihm helfen, die richtige Lösung zu finden. Dabei musste herausgearbeitet werden, dass der Übertrag in der schriftlichen Addition zweier Zahlen im Tausenderraum (die ›kleine Eins‹) einen Wechsel zum nächst höheren Stellenwert bedeutet. Im Rahmen einer bewussten Thematisierung der Umdeutung von Zahlen in der Stellenwerttafel (vgl. Kap. 6.1.3) kann die ›kleine Eins‹ einsichtsvoll begründet werden. Es kann bspw. erforderlich sein, die einzelnen Stellenwerte der Summanden, aber auch des Ergebnisses sowie den Umtausch von zehn Einern in einen Zehner noch einmal zu verdeutlichen (vgl. Abb. 6.32).

Abbildung 6.32 Verdeutlichung des Übertrags durch die Stellenwerttafel

Insbesondere beim Auftreten der Null an einem Stellenwert können Unsicherheiten und Fehler entstehen. So berechnete Christian (4. Schuljahr, Förderschule Schwerpunkt Lernen) die Einerstelle eigentlich korrekt, erhielt die Summe 10, notierte aber dort fälschlicherweise nicht die 0, sondern die 1 (Abb. 6.33). Auch hier konnte im anschließenden Gespräch der Fehler aufgeklärt werden.

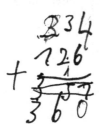

Abbildung 6.33 Christians schriftliche Addition 234+126

Für die anderen Operationen ist der Übergang vom halbschriftlichen zum schriftlichen Rechnen deutlich anspruchsvoller und aufwendiger, und wir verweisen hier auf einige konzeptionelle Vorschläge (Subtraktion: Schipper 2009; Schmassmann/Moser Opitz 2008b, 113 ff.; Söbbeke 2006; Wittmann/Müller 1990, 34 ff.; Multiplikation: Treffers 1983; Wittmann/Müller 1992, 134 ff.; Division: Wittmann/Müller 1992, 151 ff.; bzw. für verschiedene Operationen: Gerster 2007).

Man kann nicht davon ausgehen, dass schon bei der Einführung des ersten schriftlichen Verfahrens umfassende Einsichten, ein flexibler Umgang mit den Stellenbeziehungen und angemessene Beschreibungen und Bezeichnungen vorhanden sind und fehlerfrei beherrscht werden. Diese Prozesse brauchen insbesondere mit lernschwachen Schülerinnen und Schülern viel Zeit. Eine einsichtsvolle Thematisierung mit dem Nutzen operativer Beziehungen von Anfang an wird jedoch die Wahrscheinlichkeit erhöhen, dass auch lernschwache Schülerinnen und Schüler Rechenwege, ob individuelle Strategien oder schriftliche Verfahren, mit tieferer Einsicht und sicherer verwenden.

6.2 Sachrechnen

Nach den Ausführungen zur Arithmetik, dem zentralen Inhaltsbereich der Grundschulmathematik, wollen wir uns in diesem Kapitel mit dem Lernen von Mathematik in Sachzusammenhängen, dem sogenannten Sachrechnen, beschäftigen. Dabei werden konkrete Lern- und Bearbeitungsprozesse mit ihren Möglichkeiten, aber auch Schwierigkeiten genauer beleuchtet.

6.2.1   Rechnen mit der Sache - Hilfe oder Hindernis?

Lernen allgemein und das Mathematiklernen speziell können in unterschiedlichen Kontexten stattfinden, die als solche die Lernprozesse und Lernerfolge beeinflussen. Einen mathematischen Inhalt konktextbezogen oder aber kontextfrei zu bearbeiten, kann für die Schülerinnen und Schüler eine Lernerleichterung sein, es kann den Lernprozess aber auch erschweren (vgl. van den Heuvel-Panhuizen 2005).

Lernen in Kontexten findet im Mathematikunterricht der Primarstufe vor allem in Form von Sachaufgaben statt, d. h. in anwendungsorientierten Aufgaben, und bietet die Möglichkeit, lebensweltliche Erfahrungen aufzugreifen. Anwendungsorientierte Beispiele werden häufig als Ausgangspunkt für die Erarbeitung mathematischer Inhalte genutzt (vgl. Winter 1996b). Gleichzeitig bietet die Umwelt ein Feld für die Anwendung mathematischer Inhalte und kann so den Nutzen der Mathematik verdeutlichen (ebd.). Insofern scheinen Kontextbezüge das Verständnis mathematischer Sachverhalte zu erleichtern.

Die Bewältigung kontextbezogener Problemstellungen bzw. von Sachaufgaben scheint aber auch ein schwieriger Bereich des Mathematikunterrichts zu sein, sowohl für Lehrpersonen als auch für Schülerinnen und Schüler (vgl. z. B. Bender 1980; Radatz 1983; Klieme et al. 2001). Häufig wird dabei Sachrechnen vorrangig auf das Bearbeiten von Textaufgaben reduziert (zu unterschiedlichen Aufgabentypen vgl. z. B. Krauthausen/Scherer 2007; Kap. 6.2.5) und ist zudem möglicherweise mit negativen Erfahrungen der Lehrpersonen verbunden, die diese auch in ihre spätere Unterrichtspraxis hineintragen.

Die mathematikdidaktische Forschung hat sich in der Vergangenheit mit verschiedensten Aspekten beschäftigt, um Erkenntnisse für auftretende Schwierigkeiten, aber auch für Möglichkeiten der Veränderung und Verbesserung der Sachrechenpraxis zu erlangen:

- Durchgeführt wurden verschiedene Untersuchungen zu Schülerleistungen im Bereich des Sachrechnens (z. B. Bender 1980). In neueren Veröffentlichungen zeigte sich bspw. im tendenziellen Vergleich zu arithmetischen oder geometrischen Leistungen (vgl. z. B. Grassmann 1999), dass insbesondere bei der Bearbeitung kontextbezogener Aufgabenstellungen viele Schülerinnen und Schüler Probleme haben (vgl. auch Kap. 1).

- Mehrere Studien untersuchten detaillierter den Umgang mit der Sache und zeigten auf, dass Schülerinnen und Schüler den in den Aufgaben gegebenen Kontext gar nicht ernst nahmen und erfassten (vgl. z. B. Greer 1993; Verschaffel et al. 2000) und u. a. auch Textaufgaben lösen, die überhaupt keinen Sinn machen und unlösbar sind (sogenannte Kapitänsaufgaben; Baruk 1981; Radatz 1983; Selter 1994b).

- Untersuchungen zu den jeweiligen Aufgabentypen, bspw. unter geschlechtsspezifischer Perspektive (van den Heuvel-Panhuizen/Vermeer 1999) oder ihrer semantischen Struktur (Stern 1994), verdeutlichen, dass auch diese Aspekte einen wichtigen Einflussfaktor darstellen.

- In verschiedenen Studien zeigten sich negative Einstellungen zum Sachrechnen (z. B. Eidt 1987; Radatz 1983).

Die nähere Beschäftigung mit konkreten Lernprozessen im Bereich des Sachrechnens und entsprechenden Aufgaben stellt somit einen zentralen Faktor dar für die mathematische Förderung.

6.2.2 Bearbeitungsprozess bei Sachaufgaben

Was ist nun das Besondere, möglicherweise auch das besonders Schwierige des Sachrechnens? Zu nennen ist zunächst die Relevanz der Sache, die Relevanz eines *gegebenen* Kontextes. Auch zu arithmetischen Aufgaben bilden sich Kinder häufig ihren eigenen Kontext, dieser ist jedoch nicht vorgegeben. Deshalb kann es Kindern schwerfallen, wenn sie sich mit einem möglicherweise wenig bekannten oder unbekannten Kontext auseinandersetzen müssen. Das Bewältigen von Sachsituationen mit mathematischen Mitteln erfordert des Weiteren die Übersetzung der Sache (bzw. der Welt oder Umwelt) auf die Ebene der Mathematik, den sogenannten Modellbildungsprozess (Abb. 6.34).

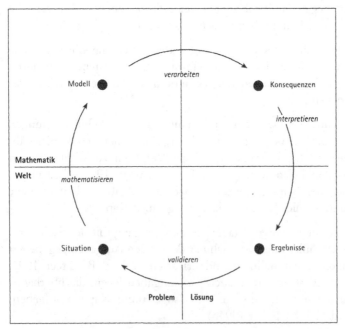

Abbildung 6.34 Lösungsprozess (Klieme et al. 2001, 144)

Oftmals durchlaufen Schülerinnen und Schüler diesen Prozess nicht vollständig, sondern sind ausschließlich auf das Finden/Lösen einer passenden Rechnung fixiert (z. B. Sowder 1989, 105) und nehmen keine angemessene Mathematisierung vor. Hollenstein/Eggenberg nennen diesen unvollständigen Prozess »kurzgeschlossenes Schema« (ebd. 1998, 120).

Genauso ist es nötig, die auf der mathematischen Ebene erhaltenen Ergebnisse zu interpretieren und zu validieren, ob es sich bspw. um ein realistisches Ergebnis handelt oder ob die Sachsituation möglicherweise eine weitere arithmetische Operation erfordert wie etwa das Auf- oder Abrunden bei einer erhaltenen Dezimalzahl. Das Bewältigen von Sachsituationen ist also charakterisiert durch ein wechselweises Arbeiten auf den Ebenen der Sache und der Mathematik.

Die Beziehung zwischen Mathematik und Welt stellt dabei keine einfache ›Gleichheit‹ dar. Es gilt, sowohl in der Sachsituation‹ als auch in der Mathematik Strukturen und Beziehungen herauszufinden und diese miteinander zu vergleichen. Diese Beziehungen sind keine direkten, unmittelbaren Abbilder, sondern Modelle und Idealisierungen (Winter 1994, 11), die aktiv konstruiert werden müssen.

Im Folgenden werden Fördermöglichkeiten einerseits bezogen auf die Art der Bearbeitung, andererseits bezogen auf die Art der Aufgabenstellung diskutiert. Im Anschluss daran werden weitere Aspekte für die Förderung im Mathematikunterricht im Bereich des Sachrechnens vorgestellt.

6.2.3 Schwierigkeiten im Bearbeitungsprozess

Will man den Umgang mit Sachaufgaben genauer analysieren, dann sind die einzelnen Phasen des Bearbeitungsprozesses (vgl. Abb. 6.34) zu betrachten. Dies erfolgt an ausgewählten Aufgabenbeispielen.

Probleme bei der Mathematisierung bzw. Modellierung

Zunächst sei ein Beispiel zur Bearbeitung einer kontextbezogenen Aufgabe aus Scherer (2003a; vgl. auch Scherer 2005b, 11 ff.) vorangestellt. Im Rahmen einer diagnostischen Überprüfung wurden verschiedene Aufgaben zur Multiplikation und Division sowohl in Form von schriftlichen Tests als auch in Form von Einzelinterviews gestellt (vgl. auch Kap. 4.1.2). Die kontextbezogene Multiplikation wurde im Kontext eines Wurfspiels überprüft (vgl. Abb. 6.35) mit der Aufgabenstellung: ›Wie viele Punkte hat der Junge beim Wurfspiel insgesamt?‹. Vladimir, ein Viertklässler der Förderschule, gab im Interview als erstes Ergebnis 24 an. Vermutlich hat er alle Zahlen des Spielbretts addiert, wobei ihm ein Rechenfehler unterlief (3+4+5+6+7; Abweichung um 1). Diese Hypothese liegt nahe, da Vladimir im schriftlichen Test für verschiedene Zahlenbeispiele dieses Aufgabentyps (andere Anzahl von Pfeilen auf anderen Ringen platziert) immer dasselbe Ergebnis angab (dort: 23). Während des Interviews gab die Interviewerin einen Hinweis auf die Pfeile, indem sie fragte wie viele Punkte der Junge für einen geworfenen Pfeil erhält, was Vladimir zum Weiterzählen eines Punktes pro Pfeil und zum neuen Ergebnis 29 führte. Die Interviewerin thematisierte anschließend den Kontext genauer:

I: So, jetzt stell Dir das noch mal genau vor, wir würden jetzt so ein Spiel machen. Du wirfst diese Pfeile an diese Wand, ja. So, und jeder Pfeil gibt ja Punkte, je nachdem, wo er auf diesem Brett landet. Und hier gibt es für jeden Pfeil drei Punkte, ja. [deutet auf den zugehörigen Ring]

Vladimir interpretierte nun den Kontext korrekt, rechnete die Punkte zusammen und kam – bedingt durch einen Rechenfehler – zum Ergebnis 16.

I: Warum hast du's jetzt anders gemacht?

Vladimir: Wegen … Wir haben gespielt. Jetzt eben gerade.

I: Was ist denn jetzt das richtige Ergebnis? Wenn man wissen will, wie viele Punkte der Junge gesammelt hat, bei diesem Spiel?

Vladimir: [deutet auf sein erstes Ergebnis] Neunundzwanzig.

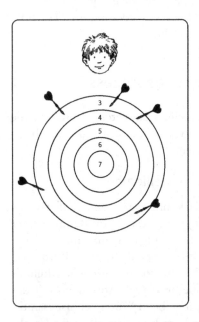

Abbildung 6.35 Kontextbezogene Multiplikation (Scherer 2005b, 41)

Es wird deutlich, dass für Vladimir die simulierte Spielsituation in einer bestimmten Welt stattfindet und das Lösen der gegebenen Aufgabe in einer anderen Welt, möglicherweise eher in einer Art ›Rechenwelt‹, und es ihm nicht gelingt, die beiden Welten miteinander zu verbinden. Bezogen auf den Prozess der Modellierung scheinen für Vladimir die Zahlen, hier Zahlsymbole in der Abbildung, das dominante Merkmal einer Aufgabe zu sein, die er direkt verarbeitet, ohne den Kontext zu beachten. Dass er die gegebene Situation grundsätzlich versteht und auch modellieren kann, macht das Simulieren der Spielsituation klar. Das dort erhaltene Ergebnis ist jedoch für ihn nicht die mathematische Lösung der Aufgabe.

Wir wollen nun den Modellierungsprozess etwas genauer beleuchten: Abb. 6.36 zeigt eine kontextbezogene Aufgabe zur Division und Multiplikation aus einem Lehrwerk für das 3. Schuljahr der Förderschule Schwerpunkt Lernen. Beim vorliegenden Aufgabentyp handelt es sich um eine sogenannte eingekleidete Aufgabe (vgl. Krauthausen/Scherer 2007, 84 f.). In der ersten Aufgabe des oberen Aufgabenpaars ist den Schülerinnen und Schülern der Prozess der Modellbildung vollständig abgenommen, und das Ergebnis 7 könnte ohne Beachtung der gegebenen Situation bestimmt werden. Auch bei den weiteren Aufgaben müssen sie die Modellierung nur bedingt selbst vollziehen, da die Operation durch den lückenhaften Zahlensatz bereits vorgegeben ist und für die Schülerinnen und Schüler klar ist, dass nur eine einzige Rechnung erforderlich ist. Dies kann die Lernenden langfristig dazu verleiten, bei Sachaufgaben nur nach passenden Rechnungen zu suchen und nicht die Sachsituation zu durchdringen. Wären sie gefordert, eigenständig die Modellierung vorzunehmen, würde u. U. eine weitere Anforderung deutlich, nämlich das Sprach- und Textverständnis: So beinhalten die beiden Aufgabenstellungen in Abb. 6.36 Formulierungen wie ›mit je 7 Kindern‹ oder ›5 Murmeln in jeder Dose‹, die für das Aufgabenverständnis zentral, aber für Kinder keineswegs trivial sind (vgl. z. B. Radatz/ Schipper 1983, 137 f.). Gerade Kinder, deren Erstsprache nicht Deutsch ist, stellt allein die sprachliche Gestaltung einer Sachaufgabe, u. U. bei gleichem Kontext, oft vor große Schwierigkeiten (Radatz 1983; vgl. auch Penner 1996). Derartige sprachliche Anforderungen müssen explizit geklärt werden (s. u.), und ggf. sind auch Umformulierungen vorzunehmen (›Frau Müller ruft zwei Mannschaften zusammen. In einer (bzw. jeder) Mannschaft sind 7 Kinder‹). Es wäre nur eine kurzfristige Lösung, den Schülerinnen und Schülern diese Anforderung durch Vorgabe der Struktur der Rechnung abzunehmen.

In der Klasse sind 14 Schüler.
Frau Müller teilt die Klasse in zwei
Mannschaften.

Frau Müller ruft zwei Mannschaften
mit je 7 Kindern zusammen.

14 : 2 = ■

■ · ■ = ■

Murat soll 10 Murmeln in 2 Dosen
verteilen.

Er hat 5 Murmeln in jeder Dose.

■ : ■ = ■

■ · ■ = ■

Abbildung 6.36 Kontextbezogene Aufgabe (Burkhart et al. 2008, 81)

Nimmt man den Prozess der Modellbildung ernst, dann geht es um weit mehr als um das Finden einer passenden Rechnung. Vielmehr erfordert der Prozess das Erfassen und Verstehen der Situation und ggf. auch eine ausdrückliche Diskussion der Aufgabenstellungen mit den Schülerinnen und Schülern.

Mögliche Vorgehensweisen, bevor mit dem Rechnen oder allgemein mit der Verarbeitung der gegebenen Daten begonnen wird:

- Die Lernenden, bzw. einzelne Lernende, werden gefragt, *wie* sie die Aufgabe verstehen, und geben die Situation in eigenen Worten wieder. Sie müssen dabei nicht sofort alle numerischen Details aufführen, sondern könnten zunächst die Situation an sich beschreiben (z. B. ›Es sollen gleich große Mannschaften gebildet werden‹). Dies kann der Lehrperson bereits wertvolle Hinweise geben, ob der Kontext bekannt ist und die Situation grundsätzlich verstanden wurde oder ob das Textverständnis vorhanden ist. An noch unvollständigen Äußerungen der Schülerinnen und Schüler kann dann auch weiter gearbeitet werden.

- Daneben besteht die Möglichkeit, eine gegebene Aufgabe auf andere Repräsentationsebenen zu übersetzen, etwa in Handlung oder Grafiken. Gerade das Nachspielen von Sachsituationen, auch mit Material, sollte im mathematischen Anfangsunterricht eine zentrale Rolle spielen (vgl. auch

Schmassmann/Moser Opitz 2008, 48b; Wittmann/Müller 2004, 13; s. u. Verarbeitung der Daten).

- Des Weiteren kann die Lehrperson gezielte Fragen zur Aufgabe stellen, um die Bedeutung und die Beziehung der relevanten Daten zu klären (›Wie viele Kinder sind in einer Mannschaft?‹, ›Wie viele Mannschaften werden gebildet?‹).

Über die spezifische Aufgabe hinaus, können Übungen zur Förderung der Modellierungskompetenz durchgeführt werden (vgl. auch Nestle 1999):

- So können bspw. durch Fragen, Alternativen und Handlungen neue Perspektiven entwickelt und die Vorstellungen der Schülerinnen und Schüler gefördert werden (z. B. ›Was wäre, wenn drei Mannschaften gebildet werden sollen?‹).

- Die Schülerinnen und Schüler können selbst Veränderungen am Text vornehmen, ihn verkürzen oder verlängern. Möglich ist darüber hinaus auch eine Veränderung der Struktur, des Zahlenmaterials oder auch der vorgegebenen Situation (z. B. ›Wie würde die Aufgabe für unsere Klasse heißen?‹).

Grundsätzlich sollten bei gegebenen Daten, bspw. auch in bildlicher Form, die individuelle Sichtweise und Interpretation der Schülerinnen und Schüler erfragt werden, um langfristig die Modellierungskompetenz zu fördern. So bietet sich für Unterricht und Förderung neben den eher standardisierten Darstellungen (vgl. Abb. 6.36; vgl. auch Krauthausen/Scherer 2007, 83 ff.; Steinbring 1994) der bewusste Einsatz offener Darstellungen an, in denen verschiedene Deutungen und Aufgaben möglich sind (vgl. z. B. Pust 2006). Aufgabe der Schülerinnen und Schüler wäre dann, eine gegebene, komplexere Situation vielfältig zu erfassen und viele verschiedene Aspekte mathematisch umzusetzen und zu erläutern. Ein Beispiel liefert Abb. 6.37, die von den Kindern unter numerischen Aspekten betrachtet werden soll. Wir werden diese Abbildung in Kap. 6.3 noch einmal unter geometrischen Gesichtspunkten ansprechen, wollen hier aber bewusst den Blick auf numerische Zusammenhänge lenken.

Die Schülerinnen und Schüler könnten zunächst Anzahlen erfassen, wie etwa zwei Bäume, ein Auto, ein Ballon, zwei Frauen, drei Jungen mit Ball, drei Kinder an der Schaukel, zwei Fenster, eine Tür, insgesamt neun Kinder etc.

Des Weiteren können die dargestellten Situationen auch in Form von Situationsbeschreibungen und Zahlensätzen gedeutet werden, wie z. B.:

$3+3 = 6$ oder $2 \cdot 3 = 6$ (drei Kinder, die Ball spielen und drei Kinder, die von der Seite kommen)

$2+1 = 3$ oder $1+2 = 3$ (zwei Erwachsene, die vor dem Gebäude stehen und ein Erwachsener, der im Auto sitzt)

Auch sichtbare und unsichtbare Objekte können in die Überlegungen mitein-
bezogen werden:

2+2 = 4 oder 2·2 = 4 (zwei Räder des Autos, die man sieht und zwei, die
man nicht sieht)

Abbildung 6.37 ›Formen in der Umwelt‹ (Moser Opitz al. 2008; 137; Waldow/Wittmann
2001, 251)

Dies sind nur einige Interpretationen, und die Lehrperson sollte diese bewusst
herausfordern und nicht vorschnell nur auf die Operation fokussieren, die gerade im Unterricht thematisiert wird (vgl. auch Steinbring 1994).

Solche Mathematisierungen bzw. Modellbildungen sollten von Beginn an im
Unterricht stattfinden, um auch eine grundsätzlich aktive und konstruktive Einstellung zum Sachrechnen anzubahnen und die Kinder nicht zum schemati-
schen Arbeiten zu verleiten. So waren im Anfangsunterricht Förderschülerinnen und -schüler aufgefordert, eigene Rechengeschichten zu zeichnen und anschließend ihre Geschichte der Lehrperson zu erzählen. Matteo (7 Jahre) zeichnete mehrere Tiere und notierte die noch nicht vollständige Rechnung ›2 − 1 1‹
(Abb. 6.38). Er erzählte dazu die folgende Geschichte: »Zwei kleine Angorakat-
zen spielen miteinander. Da kommt ein Tiger und frisst eine.« Solche Aktivitäten können in natürlicher Weise die verschiedenen Repräsentationenebenen sowie die Ebene der Sache und der Mathematik vernetzen. Das Riesenbilderbuch
Kinder begegnen Mathematik (Keller/Noelle Müller 2008) bietet dazu viele Anregungen.

Abbildung 6.38 Zeichnung von Matteo

Probleme bei der Verarbeitung der Daten

Für die Bearbeitung von Sachaufgaben existieren i. d. R. verschiedene Repräsentationsebenen, die von den Schülerinnen und Schülern genutzt werden können. So wurden bspw. von Wittmann/Müller (2004, 13) folgende Möglichkeiten herausgearbeitet: Legen (z. B. mit Material), Zeichnen und Aufschreiben (z. B. eine Rechnung oder eine Tabelle). Die Autoren betonen bei allen Ebenen, dass diese immer mit ›Überlegung‹ durchzuführen und nicht hierarchisch zu verstehen sind, sondern sich auch kombinieren lassen (ebd.). Die Repräsentationsebenen enaktiv, ikonisch und symbolisch (vgl. Bruner 1974) finden sich hierbei natürlich wieder (vgl. auch Kap. 5.3), dürfen jedoch nicht als fest einzuhaltender hierarchischer Lernweg verstanden werden.

Erfahrungen zeigen, dass Kinder häufig sehr stark auf die Symbole fixiert sind (vgl. z. B. Baruk 1981; vgl. auch das obige Beispiel von Vladimir) und vergleichsweise selten Zeichnungen spontan von sich aus nutzen (Radatz 1991; für geometrische Inhalte z. B. Bender 1980). Die handelnde und die ikonische Ebene sollten daher explizit im Unterricht thematisiert und die Verbindung zur symbolischen Ebene aufgezeigt werden. Nur wenn den verschiedenen Ebenen hinreichende und gleiche Wertschätzung beigemessen wird, besteht die Chance eines veränderten Umgangs mit Sachaufgaben. Es sei angemerkt, dass bspw. die Ebene des Zeichnens im Vergleich zur symbolischen Bearbeitung nicht minderwertig ist; man denke etwa an Skizzen, Funktionen etc. als hilfreiche und notwendige Werkzeuge in den Sekundarstufen. Fokussieren die Schülerinnen und Schüler einseitig auf die rechnerische Ebene, dann kann z. B. die Frage nach alternativen Wegen und Ebenen der Aufgabenlösung auf unterschiedlichen Repräsentationsebenen dieses starre Vorgehen aufbrechen.

Wir wollen auch hier anhand einer konkreten Aufgabe exemplarische Erfahrungen mit lernschwachen Schülerinnen und Schülern schildern, um die diesbezüglichen Schwierigkeiten, aber auch Chancen für erfolgreiche Lernprozesse zu dokumentieren. Fokussiert wird vorrangig auf die Darstellung des Lösungswegs, daneben aber auch auf das Aufgabenverständnis, die Modellierung und die arithmetischen Kompetenzen.

Aufgabe (aus Verschaffel et al. 2000, 19 f.): »Carsten hat 4 Bretter gekauft. Jedes Brett ist 2,5 Meter lang. Wie viele Bretter von 1 Meter Länge kann er daraus machen?«

Bei der Modellierung und der Datenverarbeitung dieser Aufgabe ist zu unterscheiden zwischen einem eindeutig falschen Verständnis von Begriffen, Zusammenhängen oder der gesamten Aufgabe einerseits und einer individuellen Deutung andererseits.

Manche Kinder fokussieren nur auf die Zahlen, suchen nach einer symbolischen Lösung und rechnen ohne wirkliche Berücksichtigung der gegebenen Situation möglicherweise: ›4·2,5 m = 10 m, damit also 10 Bretter‹. Diese ausschließliche Orientierung an den Zahlen liefert eine unrealistische Lösung.

Wie eingangs verdeutlicht, geht es bei Sachaufgaben nicht nur um die symbolische Notation eines Zahlensatzes, und bei der vorliegenden Aufgabe bietet sich u. a. eine Lösung auf der ikonischen Ebene an. So zeichnete Daniel die vier Bretter und trug die Länge 2,5 ein (Abb. 6.39 links). Das Sägen wurde jeweils durch eine horizontale Abtrennung verdeutlicht. Anschließend wurden die jeweils verbleibenden Längen der Reste eingetragen und die korrekte Lösung als Antwortsatz notiert. Die Zeichnung ist sehr konkret, der Prozess der Datenverarbeitung kann nachvollzogen werden und dem Schüler als Protokoll seiner Lösungsstrategie dienen. Zu bedenken ist, dass Daniel die Längen mit keinerlei Einheiten versehen hat, was die Lehrperson in unterschiedlichen Phasen im Lernprozess unterschiedlich bewerten wird: Wenn es darum geht, dass die Schülerinnen und Schüler erste Erfahrungen mit eigenständigen Darstellungen machen und diese Kompetenz erst noch entwickeln sollen, dann wird man nicht sofort perfekte und komplette Darstellungen einfordern. Ist das Darstellen von Kontextsituationen aber bereits fester Bestandteil bei der Bearbeitung von Sachaufgaben und sind die verwendeten Größen ein wichtiger Lerninhalt, dann wird man zusammen mit den Schülerinnen und Schülern diskutieren, dass die Längenbezeichnungen vollständig notiert werden sollten und von anderen Zahlen zu unterscheiden sind. So kann in Abb. 6.39 links nur vermutet werden, dass Daniel mit der eingekreisten 1 die 1-m-Stücke meinte und nicht die jeweiligen Zählmarken für jedes Brett.

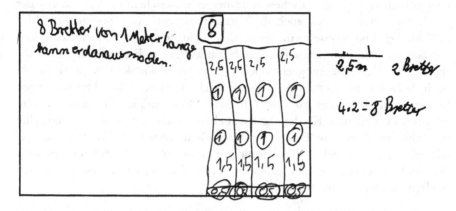

Abbildung 6.39 Daniels (links) und Lenas (rechts) Lösungen

Lena zeichnete nur ein Brett, welches ihr als Modell für alle vier Bretter diente (Abb. 6.39 rechts). Sie fertigte eine maßstabsgetreue Zeichnung (1:100) an, in die sie das Maß 2,5 m sowie die erforderlichen Schnitte einzeichnete. Das gezeichnete Brett lieferte zwei Bretter und sie folgerte, dass insgesamt 4·2 = 8 Bretter entstehen.

Für diese beiden Lernenden wären vermutlich ausschließlich symbolische Lösungen weitaus schwieriger gewesen (verschiedene Operationen; Umgang mit dem Rest). Die Schwierigkeit beim Sachrechnen kann also manchmal in der Datenverarbeitung, hier der Notation, bestehen und weniger in der Bewältigung der Sache. Im weitesten Sinne handelt es sich dann um Schwierigkeiten mit der ›Didaktik‹. Natürlich ist das Operieren auf der mathematischen Ebene ein wichtiges Ziel des Sachrechnens, jedoch darf dies nicht zu einem völligen Ausblenden der Sache führen. Das Nutzen alternativer Notationsformen, wie oben beschrieben, kann hier helfen.

Manche Fehllösungen lassen vermuten, dass bestimmte Begriffe oder Situationen unklar sind, bzw. zeigen mangelnde Erfahrung mit der Verarbeitung komplexerer Daten. Senad erhielt die Lösung ›4 Bretter‹ (Abb. 6.40), wobei keinerlei Rechnung oder Zeichnung angefertigt wurde. Er hatte von jedem vorhandenen Brett 1,5 m entfernt, dann jedoch den Prozess nicht fortgeführt.

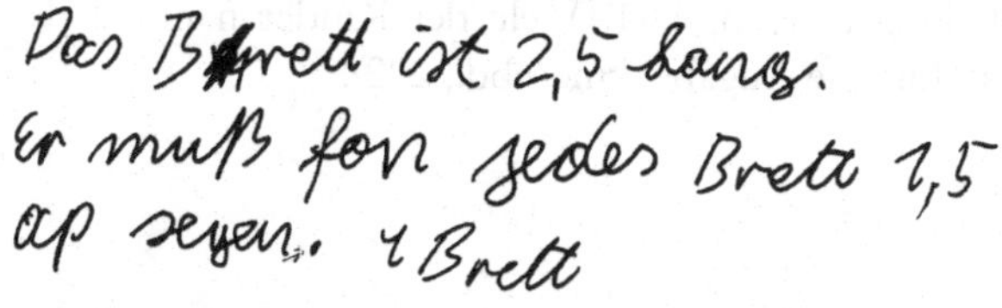

Das Brett ist 2,5 lang.
Er muß von jedes Brett 1,5
ap segen. 4 Brett

Abbildung 6.40 Senads Lösung

Hier offenbart sich ein ›falsches‹ oder besser ›abweichendes‹ Verständnis der gegebenen Situation (vgl. auch die vorangegangenen Ausführungen zur Modellbildung). Die Konsequenz sollte nun nicht sein, zur Unterstützung des Schülers einfach nach ›besseren‹, sprich ›eindeutigeren‹ Formulierungen zu suchen (z. B. ›Versuche, möglichst viele Bretter zu erhalten!‹, ›Überprüfe, ob du noch weitere Bretter erhalten kannst!‹). Solche vermeintlichen Hilfestellungen führen nicht unbedingt zu einem besseren Verständnis der Situation, und manchmal verleiten sie Kinder sogar zu Fehllösungen. Angestrebt werden sollte vielmehr eine bewusste Diskussion über Deutungen und das Aufgabenverständnis (z. B. ›Ich habe ich noch nicht verstanden, wie du das gemeint hast. Beschreibe und zeichne, was Carsten macht!‹). Dies ist erfahrungsgemäß auch mit lernschwachen Kindern möglich.

Beachtet werden muss auch der Umgang mit den Notationen der Ergebnisse und Strategien. Grundsätzlich ist das eigenständige Notieren einer Lösungsstrategie, z. B. einer Rechnung und eines Antwortsatzes, nicht unproblematisch. Oftmals weisen durchaus korrekte Lösungen unvollständige Notationen auf (vgl. bspw. Häsel 2001, 154 ff.). Bereitet das Verschriftlichen des Lösungswegs (und damit vermutlich das eigene Erfinden von Aufgaben) noch größere Schwierigkeiten, bieten sich Übergangsformen an, wie bspw. die Zuordnung von Gleichungen zu einer bestimmten Aufgabe (vgl. Mengel 2004). Insbesondere bei jüngeren Kindern kann es auch notwendig sein, dass sie ihre Notationen und Darstellungen mündlich erläutern. Das bietet der Lehrperson einen vertieften Einblick in die Mathematisierungs- und Modellierungskompetenzen der Schülerinnen und Schüler.

Probleme beim Interpretieren

Die beiden Phasen des Interpretierens und Validierens werden bei der Bearbeitung von Sachaufgaben häufig außer Acht gelassen, da in der Unterrichtspraxis das Operieren auf der numerischen Ebene dominiert. Wie schon in Kap. 6.2.2 ausgeführt, ist bei Sachaufgaben der Bezug zur Sache ein wesentlicher Aspekt. Dies sind u. a. Bezüge zu Größen mit den relevanten Einheiten, aber auch die Frage, welche Art von Zahlen bei einem bestimmten Kontext überhaupt infrage kommt. So wurde Förderschülerinnen und -schülern die folgende Aufgabe im Kontext Ausflug gestellt: »Lisa und Karl machen eine Radtour nach Soest. Das sind 50 Kilometer. Nach siebenundzwanzig Kilometern machen sie eine Pause. Wie viele Kilometer müssen sie noch fahren?« (Häsel 2001, 165 f.), ergänzt durch die Darstellung in Abb. 6.41. Viele der Kinder nannten das rein arithmetische Ergebnis ohne die Angabe ›km‹ (ebd., 222).

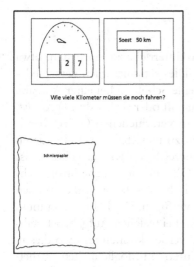

Abbildung 6.41 Unterstützende Darstellung zu einer Sachaufgabe (Häsel 2001, 355)

In derartigen Fällen kann man nicht sicher sein, ob der Kontext vollständig ausgeblendet wurde oder bspw. bei Nachfrage die Längenangabe ohne Probleme ergänzt werden könnte. Grundsätzlich sollte die Lehrperson diese mit den Schülerinnen und Schüler thematisieren und dabei die Unterschiede zwischen kontextbezogenen Aufgaben und rein arithmetischen Aufgaben herausarbeiten und die jeweilige Bedeutung der Zahlen (bspw. Anzahl von Objekten, Längen, Gewichten o. Ä.) einfordern.

Bei Aufgaben, in denen das numerische Ergebnis noch nicht die Lösung der Kontextsituation liefert, sind ein zu isoliertes Operieren auf der symbolischen Ebene und damit ein fehlender Bezug zum Kontext bzw. eine fehlende Interpretation schon deutlicher zu identifizieren. So liefert die Aufgabe ›34 Eier werden in 6er-Kartons verpackt. Wie viele Kartons werden benötigt?‹ auf der numerischen Ebene u. a. die folgenden möglichen Ergebnisse:

$34 : 6 = 5$ Rest 4 (Restschreibweise)

$34 = 5 \cdot 6 + 4$ (Zerlegungsschreibweise)

Für die gegebene Kontextsituation müsste das numerische Ergebnis jetzt interpretiert und ausgedrückt werden, dass sechs Kartons benötigt werden, um auch die verbleibenden vier Eier noch zu verpacken.

Als Konsequenz für Unterricht und Förderung bleibt festzuhalten, dass genau solche Aufgaben die Schülerinnen und Schüler zum Nachdenken anregen, da sie nicht routinemäßig zu bearbeiten sind, sondern eine Auseinandersetzung mit dem Kontext zwingend erfordern. Aufgabe der Lehrperson dabei ist, solche Aufgaben immer wieder einzusetzen, zu diskutieren und die Schülerinnen und Schüler anzuregen, sich aktiv mit der Sache auseinanderzusetzen.

Probleme beim Validieren

Auch die Phase des Validierens ist explizit im Unterricht zu erarbeiten, etwa durch die Frage ›Kann das Ergebnis stimmen?‹. Dies setzt natürlich verschiedene Kompetenzen voraus: Hat ein Schüler oder eine Schülerin bei einer Aufgabe das Ergebnis erhalten, dass ein Mensch 400 Jahre alt oder sechs Meter groß ist, so sind Erfahrungswerte bzw. Kenntnisse in den verschiedenen Größenbereichen erforderlich, um diese Lösungen als falsch zu identifizieren. Bei anderen Kontexten, die nicht zum direkten Erfahrungsbereich der Kinder gehören, ist eine solche Bewertung mitunter nicht möglich. Ob eine monatliche Stromrechnung einer Familie über 70 € oder 110 € realistisch ist, setzt spezielles Wissen voraus, über das auch Erwachsene nicht immer verfügen. Die Lehrperson muss somit in der jeweiligen Situation berücksichtigen, bei welchen Aufgaben Erfahrungswerte als Validierungskriterium eingesetzt werden können und wo dies u. U. nicht möglich ist. Grundsätzlich sollten im Unterricht Möglichkeiten erarbeitet werden, Ergebnisse von Kontextaufgaben zu bewerten. Dies kann bspw. so umgesetzt werden, dass die Schülerinnen und Schüler angehalten werden, ihre Modellbildung und die Datenverarbeitung grundsätzlich zu kontrollieren, Proberechnungen durchzuführen oder alternative Modellbildungen und Datenverarbeitungen vorzunehmen. Dies kann auch in Partnerarbeit geschehen, in dem die Schülerinnen und Schüler diese Kontrolle für den Partner bzw. die Partnerin vornehmen. In jedem Fall sollten die Phasen des Interpretierens und Validierens explizit thematisiert und durch geeignete Aufgabenstellungen immer wieder herausgefordert werden.

6.2.4 Veränderte Aufgaben

Alternative Aufgabentypen bzw. Lernumgebungen für den Bereich des Sachrechnens sind mittlerweile in vielen Lehrwerken und didaktischen Vorschlägen zu finden, etwa Sachtexte (vgl. Erichson 2003) oder offene Sachsituationen im Mathematikunterricht (vgl. Eggenberg/Hollenstein 1998–2000; zu weiteren Ausführungen hinsichtlich der Aufgabentypen bzw. Bearbeitungsmöglichkeiten vgl. z. B. Krauthausen/Scherer 2007, 83 ff.; Franke 2003, 31 ff.; Rasch 2003). Wir wollen im Folgenden zwei veränderte Aufgabentypen vorstellen, die sich aus unserer Sicht für die Förderung bei mathematischen Lernschwierigkeiten besonders eignen.

Geöffnete Textaufgaben

Ahmed/Williams (1997) schlagen unvollständige Textaufgaben vor (Abb. 6.42). Hier gilt es für die Schülerinnen und Schüler, *selbst* vernünftige bzw. adäquate Zahlen einzutragen und zu verarbeiten. Dabei können dies zunächst fiktive Werte sein, dann aber auch Größen (im Beispiel die Körpergröße eines Kindes bzw. des größeren Bruders), bei denen durchaus nur gewisse Werte bzw. Intervalle angemessen sind. Derartig geöffnete Sachaufgaben liefern zusätzlich auch Informationen über vorhandene Größenvorstellungen der Schülerinnen und Schüler. Zudem besteht die Hoffnung, dass durch das *bewusste* Einsetzen der Zahlen diese auch anschließend *bewusster* verarbeitet werden und nicht sofort der Rechenautomatismus in Gang gesetzt wird (zu weiteren Beispielen vgl. auch Scherer 2003b, 156 f.).

Jens ist _____ cm groß.

Sein jüngerer Bruder ist _____ cm groß.

Wie viel größer ist Jens?

Abbildung 6.42 Geöffnete Textaufgabe (übersetzt aus Ahmed/Williams 1997, 10)

Weiter sind die vorhandenen arithmetischen Kompetenzen für das Lösen von Sachaufgaben bedeutsam. Um Schülerinnen und Schülern auch bei einge-schränkten Rechenfertigkeiten das Bearbeiten von Sachaufgaben zu ermögli-chen, sollte unterschiedliches Zahlenmaterial (leichtes und anspruchsvolles) ge-nutzt werden, damit alle Lernenden die Möglichkeit haben, Sachaufgaben ge-mäß ihren individuellen arithmetischen Kenntnissen zu lösen. Insbesondere bei solchen geöffneten Aufgabenstellungen ist dies gut möglich.

Empirische Erprobungen dieses Aufgabentyps konnten zeigen, dass Grund-schülerinnen und Grundschüler die geforderten Werte umso besser einsetzen konnten, je vertrauter ihnen die jeweilige Situation war. Daten zum eigenen Körper (Größe oder Gewicht) wurden besser geschätzt/angegeben als etwa die eines Erwachsenen oder größeren Bruders (vgl. Scherer/Scheiding 2006). Da-bei muss ein ›vernünftiger‹ Wert nicht unbedingt ›arithmetisch anspruchsvoller‹ Wert bedeuten. So setzten Zweit- und Drittklässler bei diesen Aufgabentypen häufig glatte Zehnerzahlen als leichte Zahlenwerte ein (z. B. 80 kg oder 90 kg für das Gewicht des Vaters). Diese Werte sind an sich sinnvoll und zeigen, dass eine angemessene Auseinandersetzung mit dem Kontext stattgefunden hat (ebd.). Die Wahl des Zahlenmaterials kann von verschiedenen Faktoren beein-flusst sein, z. B. durch den im Unterricht behandelten Zahlenraum, die eigenen arithmetischen Kompetenzen oder die Kenntnisse in den verschiedenen Grö-ßenbereichen, aber auch einfach durch die Motivation, sich die Aufgabe mög-lichst einfach oder aber möglichst schwierig zu gestalten. Dies kann insbeson-dere für lernschwache Schülerinnen und Schüler von Vorteil sein (vgl. auch die offene Lernumgebung zum Kontext ›Einkaufen‹ in Kap. 5.1.3), da durch das offene Aufgabenformat Individualisierung in hohem Maß ermöglicht wird.

Aufgaben, die die Berücksichtigung der Sache erfordern

Ein weiterer Typ sind vollständige Aufgaben, die zwingend das Berücksichtigen der Sache erfordern und die Auseinandersetzung mit dem Kontext fördern bzw. herausfordern. Hierzu ein Beispiel (Verschaffel et al. 2000, 19 f.; siehe auch die Beispielaufgabe zur Datenverarbeitung in Kap. 6.2.3), das keine eindeutige Lösung hat, sondern vielmehr individuell gedeutet und bearbeitet werden sollte: »Sebastians schnellste Zeit für 100 Meter ist 17 Sekunden. Wie lange braucht er für 1000 Meter?«

Die unreflektierte Verarbeitung der gegebenen Zahlen würde hier zu Fehllösungen führen und könnte leicht als solche identifiziert werden. Manche Schülerinnen und Schüler rechnen bspw. bei der zweiten Aufgabe, dass 10·100 m = 1000 m sind und folgern fälschlicherweise, dass auch die Zeit mit 10 multipliziert werden muss: 10·17 sec = 170 sec = 2 min 50 sec. Mögliche angemessene Bearbeitungen dieser Aufgaben wären etwa ›Sebastian benötigt auf jeden Fall mehr als 170 Sekunden‹, ›Ich schätze, er wird auf 1000 Metern langsamer und benötigt vielleicht vier Minuten‹. Akzeptabel wäre aber sicherlich auch die Aussage ›Man kann nicht sagen, wie viel Zeit er für die längere Strecke benötigt‹.

Solche Lösungen setzen – wie schon an mehreren Stellen betont – immer auch Kenntnisse im jeweiligen Kontext voraus. Gegebenenfalls müssen solche Kenntnisse erst noch geschaffen werden, bspw. auch durch Simulation eines solchen Kontexts, indem diskutiert (oder sogar ausprobiert) wird, was geschieht, wenn man eine längere Strecke rennt. Es ist noch hervorzuheben, dass sich bei geöffneten oder mehrdeutigen Aufgaben immer Differenzierungen anbieten. Neben der individuellen Entscheidung über das arithmetische Material können die Kinder einerseits entscheiden, ob sie Veranschaulichungen zu Hilfe nehmen oder die Aufgaben im Kopf lösen. Andererseits bieten sich unterschiedliche Strategien an, die letztlich leichte oder anspruchsvollere Rechnungen nach sich ziehen.

6.2.5 Weitere grundsätzliche Aspekte zur Förderung

Für eine Sachrechenpraxis, die sowohl die Auseinandersetzung mit der Sache als auch die individuellen Lernvoraussetzungen in den Blick nimmt, sind weitere grundsätzliche Aspekte zu beachten, unabhängig von bestimmten Aufgabentypen oder Bearbeitungsebenen. Diese Aspekte treffen bedingt auch für die Bereiche Arithmetik und Geometrie zu, insbesondere jedoch für das Sachrechnen.

Vermeiden von Aversionen und mechanischen Arbeitsweisen

Gerade gegenüber Sachaufgaben haben viele Schülerinnen und Schüler eine ablehnende Haltung. Dies liegt häufig an den komplexen Anforderungen aus den Bereichen Mathematik, Sache und Sprache, kann aber auch in dauernden Misserfolgserlebnissen beim Bearbeiten von Sachaufgaben begründet liegen. Es erscheint erforderlich, ein gewisses Spektrum an Aufgaben und an Bearbeitungsebenen anzubieten, um negative und mechanische Einstellungen zu verhindern oder ggf. aufzubrechen. Hilfreich sind dazu sicherlich die genannten unterschiedlichen Niveaus der Bearbeitung, z. B. Nachspielen einer Sachsituation oder das Arbeiten auf der ikonischen Ebene oder auch reale Anwendungen von Erkenntnissen. Daneben bieten sich offene Aufgaben an, um den Schwierigkeitsgrad selbst zu bestimmen und Fragestellungen nach individuellem Interesse auszuwählen (s. o.). Empfehlenswert sind darüber hinaus auch lebenspraktisch orientierte Lernumgebungen. Schülerinnen und Schüler können dann erworbenes Wissen in realen Situationen einbringen, so dass auch hier positive Einstellungen zu erwarten sind.

Einbeziehen der sachrechnerischen Vorkenntnisse

Das Einbeziehen vorhandenen Wissens ist für jede Art von Lernprozess entscheidend, um Neues in Beziehung zu Bekanntem zu setzen und langfristig nutzen zu können. Von daher sollte bewusst Zeit und Raum einkalkuliert werden, sachrechnerisches Vorwissen der Kinder zu thematisieren. So können die Kontexte für Sachaufgaben zum einen aus den Erfahrungsbereichen der Schülerinnen und Schüler entnommen werden (an Bekanntes anknüpfen bzw. Bekanntes flexibel anwenden), zum anderen sollen natürlich durch das Sachrechnen neue Kontexte erschlossen werden. Die Neuartigkeit der Kontexte ist bei der Behandlung sorgfältig zu berücksichtigen.

Förderung der Basisfertigkeiten

Zum Lösen von Sachaufgaben sind sowohl Kenntnisse im Bereich der Arithmetik und der Geometrie als auch ein Verständnis der Sache erforderlich. Diese Kompetenzen müssen zudem kombiniert werden, und so ist verständlich, dass Sachaufgaben immer sowohl Lernhilfe als auch ein Problem sein können. Daher erscheint es sinnvoll, auch für den Bereich des Sachrechnens sogenannte Basisfertigkeiten in den Blick zu nehmen. Mangelnde Basisfertigkeiten z. B. im Bereich der Arithmetik können die Auseinandersetzung mit Sachaufgaben erschweren. Besonders zu fördern sind etwa Kompetenzen im Bereich der Größen (z. B. jeweilige Einheiten und Beziehungen dieser untereinander in einem bestimmten Größenbereich; entsprechende Größenvorstellungen), um sie bei komplexeren Sachaufgaben sicher anzuwenden. Wir nennen an dieser Stelle beispielhaft die Sachrechenkartei ›Größen‹ (Abb. 6.43), die zu den verschiedenen relevanten Größenbereichen einfache Aufgaben, Darstellungen und Schätzaufgaben anbietet (vgl. Müller/Wittmann 2002). Die Aufgabenstellungen beinhalten durch die Verwendung von Bildern und nur wenig Text keine hohen sprachlichen Anforderungen, so dass eine Konzentration auf den jeweiligen Größenbereich (im Beispiel Gewicht) mit der arithmetischen Anforderung ermöglicht wird. Gleichzeitig wird das Entwickeln von Größenvorstellungen gefördert: Beim Fluggepäck sind häufig 20 kg als maximales Gewicht erlaubt. Dieses realitätsnahe Beispiel erlaubt es den Schülerinnen und Schülern, diese Sachinformation mit entsprechenden Vorstellungen zu verbinden.

Fluggepäck 20 kg

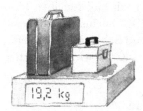

? kg weniger als 20 kg

Abbildung 6.43 Beispielaufgabe zum Größenbereich ›Gewicht‹ (Müller/Wittmann 2002)

Anwendungs- und Strukturorientierung

Dass der Anwendungsorientierung für das Sachrechnen besondere Bedeutung zukommt, liegt auf der Hand. Dies kann einerseits durch die Verwendung von realitätsnahen Kontexten geschehen. Es ist dabei aber andererseits auch durchaus legitim und sinnvoll, mit dem Ziel der Denkförderung unrealistische Aufgaben oder fiktive Kontexte zu präsentieren. Wichtig ist, dass Kinder einschätzen lernen, ob etwas realistisch ist oder nicht (vgl. Krauthausen/Scherer 2007, 85 ff.).

Die Strukturorientierung hat auch für das Sachrechnen zentrale Bedeutung: Es geht um das Aufdecken von Strukturen in der Umwelt und das Ausnutzen mathematischer Strukturen. Letztlich bietet die Struktur den Schülerinnen und Schülern eine Hilfe, manchmal sogar eher als die Realitätsbezüge (vgl. Hasemann/Stern 2002). Das Ineinandergreifen beider Bereiche ist unabdingbar und kann eine Lernerleichterung darstellen.

In diesem Kapitel wurden verschiedene Beispiele für ein verändertes Sachrechnen beleuchtet und Hinweise für die Förderung sachrechnerischer Kompetenzen gegeben. Förderlich sind sicherlich Spaß an Sachaufgaben und ein echtes Interesse, so dass auch über den Mathematikunterricht hinaus Lerneffekte zu erzielen sind.

6.3 Geometrie

Der Inhaltsbereich ›Geometrie‹ läuft nach wie vor Gefahr, im Mathematikunterricht nicht hinreichend gewürdigt zu werden (vgl. Krauthausen/Scherer 2007, 55 ff.), obwohl die zentrale Bedeutung geometrischer Fähigkeiten immer wieder betont wird (vgl. u. a. Bauersfeld 1992; Franke 2000; Krauthausen/Scherer 2007, 59 ff.; Radatz/Rickmeyer 1991; Winter 1976). Gerade für lernschwache Schülerinnen und Schüler kann eine unzureichende Berücksichtigung geometrischer Inhalte vielfältige negative Konsequenzen haben: Viele Situationen des alltäglichen Lebens erfordern geometrische Kompetenzen (vgl. z. B. Hellmich 2007; Werner 2009, 226 f.). Daneben muss gerade für die Geometrie die fächer- bzw. inhaltsübergreifende Relevanz gesehen werden: So ist bspw. die Raumvorstellung bedeutsam für das Erkennen/Anwenden von Schrift (Maier 1999) und bei älteren Schülerinnen und Schülern für die kognitive Flexibilität im Zusammenhang mit dem Problemlösen (Lehmann/Jüling 2002). Auch die Beziehung allgemein für die Arithmetik steht außer Frage: »Das Ausbilden arithmetischer Begriffe hängt eng mit der Entwicklung geometrischer Grundvorstellungen zusammen« (Bauersfeld 1992, 7). Insofern sind in beiden Inhaltsbereichen wichtige Kompetenzen zu fördern. Zu bedenken ist auch, dass Schülerinnen und Schüler mit Schwierigkeiten im Bereich der Arithmetik möglicherweise Erfolge im Bereich der Geometrie haben könnten.

Wir wollen in Kapitel 6.3.1 zunächst die unterrichtliche Behandlung geometrischer Inhalte genauer in den Blick zu nehmen. Da sich für diesen Inhaltsbereich im Vergleich zur Arithmetik kein hierarchischer Aufbau, wie etwa entsprechend der Zahlenräume oder auch der Operationen, findet, werden wir zunächst den Bezug zu den Bildungsstandards herstellen (vgl. KMK 2005), die eine Orientierung für die Gestaltung des Geometrieunterrichts liefern können, und werden einzelne geforderte Kompetenzen durch konkrete Aufgabenbeispiele illustrieren (Kap. 6.3.1). In Kap. 6.3.2 werden wir uns genauer mit dem räumlichen Vorstellungsvermögen (kurz: Raumvorstellung) befassen und einige ausgewählte Forschungsergebnisse zu diesbezüglichen Kompetenzen lernschwacher Schülerinnen und Schüler präsentieren. In Kap. 6.3.3 folgen dann konkrete Beispiele zur Förderung geometrischer Kompetenzen.

6.3.1 Zur Leitidee ›Raum und Form‹

Wie bereits angedeutet, ist für den Geometrieunterricht im Primarbereich kein strikter hierarchischer Aufbau vorzufinden. Einen Orientierungsrahmen können etwa die »Rahmenthemen« von Radatz/Rickmeyer (1991, 9 f.), die »Kernbereiche« von de Moor/van den Brink (1997, 17) oder auch die »fundamentalen Ideen der Geometrie« (Wittmann 1999) bieten (vgl. hierzu auch Krauthausen/Scherer 2007, 58 ff.). Wir wollen im Folgenden die Leitidee ›Raum und Form‹

der Bildungsstandards (KMK 2005) beleuchten, deren Konkretisierungen sich auch in vielen Lehrplänen widerspiegeln (vgl. z. B. MSW 2008b, 63 ff.).

Aus der Leitidee ›Raum und Form‹ werden die folgenden inhaltsbezogenen Kompetenzen in Form von Standards für das Ende der Grundschulzeit formuliert (KMK 2005, 10), die wir durch einige Aufgabenstellungen und Bearbeitungen konkretisieren werden.

Orientierung im Raum

Die Schülerinnen und Schüler sollen

- über räumliches Vorstellungsvermögen verfügen,

- räumliche Beziehungen erkennen, beschreiben und nutzen (Anordnungen, Wege, Pläne, Ansichten),

- zwei- und dreidimensionale Darstellungen von Bauwerken (z. B. Würfelgebäuden) zueinander in Beziehung setzen (nach Vorlage bauen, zu Bauten Baupläne erstellen, Kantenmodelle und Netze untersuchen).

Ein Beispiel zum Erkennen und Nutzen räumlicher Beziehungen zeigen etwa die Sitzplanaufgabe in Abb. 6.49 oder auch die Würfelkomplexaufgabe in Abb. 6.50 bzw. Abb. 6.51. Das Erkennen und Einzeichnen von Wegen ist in Abb. 6.44 gefordert. Ivo (2. Schuljahr, Grundschule) kann das gegebene Raster nutzen, um einen kürzeren Weg zu finden. Vermutlich hat er zunächst seinen Weg nur ungenau eingezeichnet und diesen anschließend noch einmal korrigiert.

Der gezeichnete Weg ist lang.
Zeichne einen kürzeren Weg von A nach B.

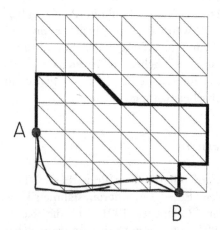

Abbildung 6.44 Kürzere Wege

Erkennen, Benennen und Darstellen geometrischer Figuren

Die Schülerinnen und Schüler sollen

- Körper und ebene Figuren nach Eigenschaften sortieren und Fachbegriffe zuordnen,

- Körper und ebene Figuren in der Umwelt wiedererkennen,

- Modelle von Körpern und ebenen Figuren herstellen und untersuchen (bauen, legen, zerlegen, zusammenfügen, ausschneiden, falten, …),

- Zeichnungen mit Hilfsmitteln sowie Freihandzeichnungen anfertigen.

Zum Erkennen von Körpern und Figuren in der Umwelt haben wir in Kap. 6.2.3 ein Beispiel aufgeführt (Abb. 6.37). In Abb. 6.45 sollen Schülerinnen und Schüler die korrekte Bezeichnung der dargstellten Formen notieren. Der Schüler verwendete korrekte Bezeichnungen (Viereck für Rechteck und Quadrat). Die Begriffe ›lange fireg‹ und ›fireg‹ weisen zudem darauf hin, dass er Rechteck und Quadrat unterschieden hat, obwohl er noch nicht die geometrischen Fachbegriffe verwendet. Hier muss auch bedacht werden, dass die Rechtschreibkompetenz die Lösung beeinflusst haben kann. ›Viereck‹ ist z. B. einfacher zu schreiben als ›Quadrat‹. Es kann also sein, dass ein Kind diesen Begriff kennt, ihn aber nicht schreibt, weil die Verschriftung (*Qua*drat) zu anspruchsvoll ist (vgl. Moser Opitz 2007c).

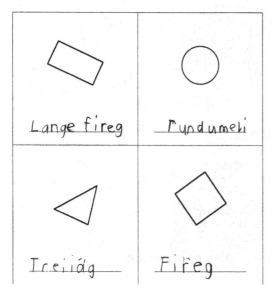

Abbildung 6.45 ›Wie heißen die Formen?‹ (Moser Opitz 2007c, 13)

Erkennen, Benennen und Darstellen einfacher geometrischer Abbildungen

Die Schülerinnen und Schüler sollen

- ebene Figuren in Gitternetzen abbilden (verkleinern und vergrößern),

- Eigenschaften der Achsensymmetrie erkennen, beschreiben und nutzen,

- symmetrische Muster fortsetzen und selbst entwickeln.

Abb. 6.46 zeigt eine Aufgabe zur Verkleinerung einer vorgegebenen Figur im Gitterplan. Michelle (2. Schuljahr, Förderschule Schwerpunkt Lernen) scheint die Aufgaben grundsätzlich verstanden zu haben. Allerdings stimmen die Proportionen der einzelnen Strecken nicht immer, und auch die grafomotorische Umsetzung gelingt nur teilweise.

Zeichne das Gebäude so, dass es genau gleich aussieht, aber kleiner ist.

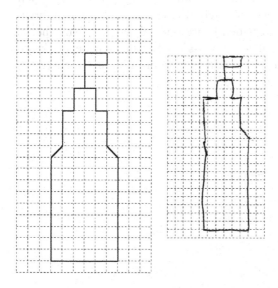

Abbildung 6.46 Verkleinern einer Form im Gitterplan

Flächen- und Rauminhalte vergleichen und messen

Die Schülerinnen und Schüler sollen

- die Flächeninhalte ebener Figuren durch Zerlegen vergleichen und durch Auslegen mit Einheitsflächen messen,

- Umfang und Flächeninhalt von ebenen Figuren untersuchen,

- Rauminhalte vergleichen und durch die enthaltene Anzahl von Einheitswürfeln bestimmen.

Der Flächeninhaltsvergleich durch Zerlegen wird etwa durch Legespiele wie Tangram gefördert (vgl. Abb. 6.58).

Folgerungen für die unterrichtliche Gestaltung

Für den Unterricht erscheint grundsätzlich die Orientierung an diesen inhaltsbezogenen Kompetenzen sinnvoll, auch für lernschwache Schülerinnen und Schüler (vgl. Hellmich 2007, 636 ff.), wobei es immer wieder zu einer Auswahl von Inhalten kommen wird. Im Mathematikunterricht sollten geometrische Aktivitäten von Anfang an integriert werden, und zwar unter Berücksichtigung vorhandener bzw. nur teilweise vorhandener Kompetenzen: »Als Voraussetzung für den Erwerb geometrischer Kompetenz werden insbesondere in den ersten Schuljahren visuelle Wahrnehmungsfähigkeiten – wie die visuomotorische Koordination, die Figur-Grund-Unterscheidung, die Wahrnehmungskonstanz, die Wahrnehmung der Raumlage sowie die Wahrnehmung räumlicher Beziehungen – und visuelle Gedächtnisleistungen erachtet. Diese Fähigkeiten gilt es zunächst [...] zu entwickeln und zu fördern« (Hellmich 2007, 636; vgl. auch Lorenz 2003a, 51 ff.). Zudem sollten sowohl die Handlungsorientierung als auch das Spiralprinzip als grundlegende Prinzipien berücksichtigt werden (vgl. Franke 2000, 21 ff.).

6.3.2 Raumvorstellung

Bevor wir im Detail auf den Bereich der Raumvorstellung eingehen, möchten wir einige grundsätzliche Vorbemerkungen zu Leistungen im geometrischen Bereich und den diesbezüglichen Aufgabenstellungen anführen. Wie bereits in Kap. 1.3 ausgeführt, wurde auch im Rahmen nationaler wie internationaler Vergleichsstudien die Bearbeitung geometrischer Aufgabenstellungen überprüft. Hier zeigten sich bspw. im Bereich Geometrie im Vergleich zur Arithmetik bessere Leistungen (vgl. z. B. MSW 2008a; Walther et al. 2008a, 74), wobei die geometrischen Leistungen insgesamt im mittleren Bereich lagen. Es zeichnete sich auch ab, dass der Bereich Geometrie (neben dem Bereich Daten) den Mädchen eher liegt als der Bereich Arithmetik (vgl. Walther et al. 2008a, 75 ff.). Zu berücksichtigen ist bei diesen Ergebnissen jedoch, dass die einzelnen Inhaltsbereiche nicht immer gleichmäßig, d. h. durch die gleiche Anzahl an Aufgaben abgedeckt ist (vgl. z. B. ebd., 58). Darüber hinaus wurde in Kap. 1.3 angemerkt, dass immer auch die Umsetzung eines bestimmten mathematischen Inhalts, d. h. die konkrete Aufgabenstellung (z. B. mit ihren sprachlichen Anforderungen), kritisch zu reflektieren ist (vgl. auch Scherer 2004a).

An einem Aufgabenbeispiel aus der Geometrie wird nachfolgend illustriert, dass vermeintlich ›marginale‹ Unterschiede erhöhte Anforderungen stellen und sehr unterschiedliche Ergebnisse in der Lösungshäufigkeit bewirken können (vgl. Scherer 2004a, 275 ff.): In einer Untersuchung zu Vorkenntnissen von Schulanfängerinnen und -anfängern sollten zwei räumlich abgebildete Würfelkonfigurationen hinsichtlich ihrer Anzahl verglichen werden (Abb. 6.47).

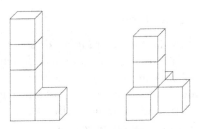

Abbildung 6.47 Testaufgabe (Scherer 2004a, 275, nach Grassmann et al. 2002, 13)

Die Aufgabe wurde von insgesamt 25 % der Kinder korrekt bewältigt (N = 830). In einer früheren Studie (im Jahre 1995) wurde eine ähnliche Aufgabe eingesetzt (vgl. Abb. 6.48), die damals immerhin 57 % der Kinder bewältigten. Grassmann et al. vermuten als Ursache für die unterschiedlichen Lösungshäufigkeiten, »dass in der Abbildung von 1995 alle Würfel beider Gebäude zu sehen waren, während bei der neuen Aufgabenstellung ein ›unsichtbarer‹ Würfel zu berücksichtigen war« (ebd. 2002, 33). Das Erfassen unsichtbarer Würfel spricht somit für ein weiterentwickeltes Raumvorstellungsvermögen. Geht man jedoch von der Kompetenz ›Umsetzen einer ebenen Darstellung in ein mentalräumliches Bild‹ aus, gehören beide Varianten in ein und dieselbe Kategorie.

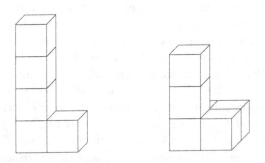

Abbildung 6.48 Testaufgabe der früheren Studie (Scherer 2004a, 276, nach Grassmann 2000, 7)

Auch in der IGLU/E-Studie wurde eine vergleichbare – für Viertklässlerinnen und Viertklässler komplexere – Aufgabe zur räumlichen Geometrie eingesetzt. Sie gehörte dort zur zweithöchsten Kompetenzstufe IV. Die Schülerinnen und

Schüler müssen »bei Würfeln oder Würfelbauwerken, die im Schrägbild dargestellt sind, mit begrifflichem Wissen ›hinter‹ die sichtbaren Elemente gehen und
solche verdeckten Elemente bei Anzahlbestimmungen berücksichtigen« (Walther et al. 2003, 203). Auch entsprechend dem Niveau der Viertklässlerinnen
und Viertklässler könnte man sicherlich verschiedene Aufgaben konstruieren,
die alle der genannten Kompetenzstufe zuzuordnen wären, jedoch einen unterschiedlichen Schwierigkeitsgrad darstellen.

Umfassende Forschungsergebnisse für Schülerinnen und Schüler mit erheblichen Schwierigkeiten im mathematischen Bereich liegen noch nicht in systematischer Form vor (vgl. Hellmich 2007), schwerpunktmäßig wurden Kompetenzen und Schwierigkeiten für den Bereich der Raumvorstellung erhoben. Daher
werden wir im Folgenden die Teilkomponenten der Raumvorstellung erläutern
(vgl. Franke 2000, 32 ff.) und hierzu begleitend einige exemplarische Ergebnisse
herausgreifen, die beleuchten, welche spezifischen Probleme Kinder (verschiedener Leistungsniveaus) im Bereich der Raumvorstellung haben können.

Teilkomponenten der Raumvorstellung

Der Begriff ›räumliches Vorstellungsvermögen‹ bzw. ›Raumvorstellung‹ wird
nicht immer einheitlich verwendet, und auch die zugehörigen Strukturmodelle
weisen diverse Variationen auf (vgl. etwa Franke 2000, 32 ff.; Maier 1999, 31
ff.). Wir folgen der Darstellung von Franke (2000, 33 ff.), basierend auf den
Subfaktoren von Thurstone, bei der fünf Teilkomponenten zugrunde gelegt
werden (vgl. dazu auch Maier 1999):

- *Räumliche Wahrnehmung (spatial perception):* Diese Teilkomponente beschreibt
  die Fähigkeit, räumliche Beziehungen in Bezug auf den eigenen Körper zu
  erfassen.

- *Räumliche Beziehungen (spatial relations):* Diese Komponente beinhaltet das
  Erfassen räumlicher Gruppierungen von Objekten bzw. Teilen der Gruppierung und deren Beziehungen untereinander.

- *Veranschaulichungen (visualization):* Diese Komponente umfasst die gedankliche Vorstellung von räumlichen Bewegungen, z. B. Verschieben, Falten
  von Objekten, ohne Verwendung anschaulicher Hilfen.

- *Räumliche Orientierung (spatial orientation):* Hierbei handelt es sich um die Fähigkeit, sich real oder mental im Raum zurechtzufinden.

- *Vorstellungsfähigkeit von Rotationen (mental rotation):* Diese Komponente umfasst die Fähigkeit, sich schnell und exakt Rotationen von zwei- und drei-
  dimensionalen Objekten vorzustellen.

Die Entwicklung der Raumvorstellung hängt eng mit der Entwicklung geometrischer Kompetenz allgemein zusammen und erfordert den Einsatz und die
Koordination verschiedener Fähigkeiten und Kompetenzen (Fähigkeit zur Per-

spektivübernahme, Grafomotorik, diverse Wahrnehmungsaspekte, Zeichnungs-entwicklung; vgl. Hellmich 2007, 636; Moser Opitz et al. 2008). Bestimmte Kompetenzen sind altersabhängig: So entwickeln sich bspw. die verbalen Bezeichnungen für links und rechts im Verlauf der ersten Schuljahre (Lohaus et al. 1999, 49), und auch die Grafomotorik wird zunehmend sicherer.

Wir werden im Folgenden an einigen Stellen aufzeigen, welche Bedeutung diese Komponenten für die Bearbeitung geometrischer Aufgabenstellungen haben.

Ausgewählte Forschungsergebnisse

Moser Opitz et al. (2008) setzten einen Geometrietest (Waldow/Wittmann 2001) bei 89 Kindergartenkindern ein. Überprüft wurden in Form eines Gruppentests die Grundideen ›geometrische Formen und ihre Konstruktion‹, ›Operieren mit Formen‹, ›Koordinaten‹, ›Maße‹, ›geometrische Gesetzmäßigkeiten und Muster‹, ›Formen in der Umwelt‹ sowie ›Übersetzung in die Sprache der Geometrie‹ (ebd.). Bei dieser Studie zeigte sich, dass Aufgaben zum räumlichen Denken unterschiedlich gut gelöst wurden. Am schwierigsten erwies sich dabei die ›Sitzplanaufgabe‹ (Abb. 6.49): Aufgabe für die Kinder war, den freien Stuhl zu finden und anschließend den Namen des Kindes einzukreisen, das fehlt (Waldow/Wittmann 2001, 252). Diese Aufgabe erfordert neben basalen Lesekompetenzen etwa die Fähigkeit zur Perspektivübernahme und die Rechts-Links-Unterscheidung (Moser Opitz et al. 2008, 146), eine Kompetenz, die in Kap. 2 bereits als bedeutsam herausgearbeitet wurde. Die Aufgabe verlangt neben der Deutung derartiger Pläne und Darstellungen das Herstellen räumlicher Beziehungen.

Abbildung 6.49 ›Sitzplanaufgabe‹ (Waldow/Wittmann 2001, 250)

Grassmann (1996) stellte knapp 600 Schulanfängerinnen und Schulanfängern u. a. auch geometrische Aufgaben. Schwierigkeiten bereiteten insbesondere Aufgabenstellungen, die begriffliche Anforderungen stellten oder auch sichere Kompetenzen bezüglich der räumlichen Orientierung sowie der Lagebeziehungen erforderten.

Junker (1999) untersuchte in einer Interviewstudie mit Förderschülerinnen und Förderschülern (Schwerpunkt Lernen, 4. bis 7. Schuljahr), wie sogenannte Würfelkomplexaufgaben (de Moor 1991, 127) gelöst werden. Aus den gegebenen Ansichten (Abb. 6.50) ist mit Würfeln das passende Würfelgebäude zu bauen, was sowohl das Erkennen räumlicher Beziehungen als auch die räumliche Orientierung erfordert.

Junker variierte diesen Aufgabentyp zum einen hinsichtlich der Darstellungsform, bei der die einzelnen Würfel in allen Ansichten zu erkennen waren (Abb. 6.51). Zum anderen konnten die jeweiligen Karten der Vorder- und Seitenansicht aufrecht in Schienen und in die entsprechende Position gestellt werden, um die jeweilige Perspektive nicht ausschließlich mental vornehmen zu müssen.

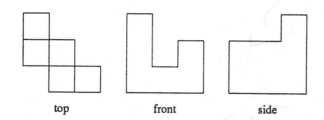

Abbildung 6.50 Würfelkomplexaufgabe (de Moor 1991, 127)

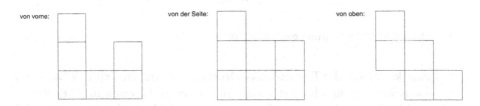

Abbildung 6.51 Würfelkomplexaufgabe (Junker 1999)

Es zeigte sich, dass den jüngeren Schülerinnen und Schülern das ›richtige Sehen‹ und das Einnehmen der verschiedenen Perspektiven Probleme bereiteten, während die älteren Schülerinnen und Schüler eher in der Lage waren, flexibel und gedanklich mit den räumlichen Inhalten umzugehen (Junker 1999, 23 f.). Die gewählte Variation erforderte damit unterschiedliche Komponenten der

Raumvorstellung: Während eine Präsentation der Karten in der ursprünglichen Form (alle drei Ansichten liegen vor dem Kind auf dem Tisch) die räumliche Orientierung erfordern, kann dies mit dem Positionieren einer Karte in aufrechter Position und bspw. passender Platzierung an der Seite umgangen werden.

Lorenz (2003a) berichtet von zahlreichen Fallbeispielen lernschwacher Schülerinnen und Schüler, die Wahrnehmungsschwächen, Schwierigkeiten im visuellen Bereich, im Sprachverständnis (bspw. in der Unterscheidung ›rechts‹ und ›links‹) oder auch hinsichtlich geometrischer Vorläuferkompetenzen aus dem Kindergartenalter aufweisen. Ivo (2. Schuljahr, Grundschule) kann das in Abb. 6.52 vorgegebene Muster nicht fortführen. Seine Probleme scheinen weniger im grafomotorischen Bereich zu liegen (vgl. seine Lösung in Abb. 6.44), sondern eher in der konkreten Wahrnehmung und Ausführung der verschiedenen Richtungswechsel. Seine diesbezüglichen Fähigkeiten müssten genauer überprüft werden.

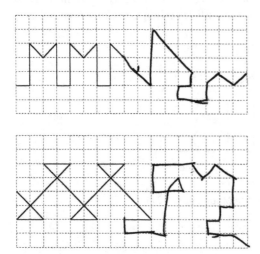

Abbildung 6.52 Weiterführung eines Musters

Schwierigkeiten bei der Rechts-Links-Orientierung können sich u. a. auch bei arithmetischen Inhalten bemerkbar machen, etwa im Umgang mit Arbeitsmitteln und Veranschaulichungen. So erfordert der Zahlenstrahl, der in Kap. 5.3 und 6.1.3 unter verschiedenen Aspekten genauer vorgestellt wurde, eine sichere Rechts-Links-Orientierung (vgl. Schmassmann/Moser Opitz 2008a, 9f.; 2008b, 8 f. und 79 f.). Es kann nun Kinder geben, die bspw. mit der üblichen Form Schwierigkeiten haben, aber bspw. problemlos mit dem Thermometer – und damit der senkrechten Ausrichtung dieser Veranschaulichung – umgehen. In solchen Fällen kann trotz intensiver, aber erfolgloser Förderung der Rechts-

Links-Orientierung überlegt werden, eine senkrecht orientierte Variante des Zahlenstrahls einzusetzen.

6.3.3 Ausgewählte Aspekte für die Förderung

Wir wollen im folgenden Kapitel Förderaktivitäten für ausgewählte geometrische Ideen vorstellen, die sich für verschiedene Altersstufen eignen und damit der Forderung nach geöffneten Aktivitäten im Sinne des geforderten Spiralcurriculums (s. o.) gerecht werden.

Förderaktivitäten im Anfangsunterricht

Im Anfangsunterricht können u. a. vorschulische, z. T. spielerische, Aktivitäten aufgegriffen werden (z. B. Keller/Noelle Müller 2007c; 2007d). Eingesetzt werden können bspw. mathematikhaltige Bilderbücher (vgl. z. B. Keller/Noelle Müller 2008; Scherer et al. 2007; van den Heuvel-Panhuizen et al. 2007), in denen sich neben arithmetischen Aspekten (vgl. auch Kap. 6.1.1) häufig auch geometrische Aspekte finden. Im Bilderbuch *fünfter sein* (Jandl/Junge 1997; Abb. 6.53) sind sowohl räumliche Beziehungen als auch geometrische Formen und Körper dargestellt, und auch der zugehörige Text fokussiert auf den Aspekt der räumlichen Orientierung.

Abbildung 6.53 Zwei Seiten aus dem Bilderbuch *fünfter sein* (Jandl/Junge 1997)

Die Kinder können auf den Bildern geometrische Formen oder Körper beschreiben (›Die Lampe oder das Rad der Ente sind rund, die Tür bzw. deren Schatten sind eckig‹ etc.). Daneben können sie räumliche Beziehungen erkennen und beschreiben (›Die Tür ist *auf*‹; ›Die Lampe schwingt *zur Seite* oder hängt *nach unten*‹; ›Der Frosch sitzt *auf* dem Stuhl‹ etc.). Bei den Beschreibungen sollte berücksichtigt werden, dass unterschiedliche Perspektiven eingenommen werden können, bspw. in der Form ›Der Frosch sitzt neben Pinocchio‹ oder auch ›Pinocchio sitzt neben dem Frosch‹. Bei gewissen Beschreibungen kann eine eher äußere, neutrale Perspektive (›Pinocchio sitzt ganz rechts‹) oder aber

Pinocchios Perspektive bzw. Position eingenommen werden (›Der Frosch sitzt links von Pinocchio‹; vgl. Scherer et al. 2007). In diesem Buch ist die Perspektive auch beim Fortgang der Geschichte relevant, wenn sich die einzelnen Spielzeuge ins Behandlungszimmer begeben bzw. dieses wieder verlassen. Nimmt ein Kind die Perspektive des Wartezimmers ein, dann ›gehen die Tiere hinaus‹ (aus dem Wartezimmer) und ›kommen wieder herein‹ (ins Wartezimmer). Der Text hingegen nimmt die Perspektive des Behandlungszimmers ein: ›einer rein‹ (ins Behandlungszimmer) bzw. ›einer raus‹ (aus dem Behandlungszimmer). Hier kann es zu Irritationen und Konflikten kommen (vgl. Scherer et al. 2007; van den Heuvel-Panhuizen et al. 2007; van den Heuvel-Panhuizen/van den Boogaard 2008), die aber für die Entwicklung geometrischen Denkens fruchtbar sind.

Förderaktivitäten zur Orientierung im Raum

In Kap. 6.3.1 wurden im Rahmen einer diagnostischen Studie bereits die ›Würfelkomplexaufgaben‹ vorgestellt, die auch für die Förderung geeignet sind. Eine spielerische Variante zu Würfelgebäuden stellt PotzKlotz (Spiegel/Spiegel 2003) dar: Verschiedene Würfelgebäude mit genau fünf Würfeln sind auf Karten abgebildet (Abb. 6.54), und alle Spieler erhalten eine bestimmte Anzahl von Karten. Ein Gebäude wird mit Würfeln auf einem Gitterplan aufgebaut, und es muss reihum versucht werden, durch Umlegen von genau einem Würfel ein Gebäude auf einer eigenen Karte herzustellen. Es ist dabei nicht erlaubt, den Gitterplan zu drehen oder Würfel probeweise umzusetzen. D. h. hier ist die räumliche Orientierung erforderlich. Falls notwendig, kann dies aber bspw. beim Einsatz mit lernschwachen Schülerinnen und Schülern zunächst erlaubt werden.

Abbildung 6.54 Spielkarten aus PotzKlotz (Spiegel/Spiegel 2003)

Ist der Umgang mit Würfelgebäuden neu und müssen die Schülerinnen und Schüler zunächst Erfahrungen mit der Darstellung räumlicher Objekte sammeln, dann könnte eine erste zentrale Aktivität im Nachbauen der verschiedenen Gebäude auf der Grundlage der Karten bestehen. Dabei beinhalten die einzelnen Gebäude durchaus unterschiedliche Schwierigkeitsgrade (etwa durch teilweise verdeckte Würfel bzw. wenn die Würfel nicht alle in einer Ebene liegen wie in Abb. 6.54 rechts). Da aber immer fünf Würfel verbaut werden müssen, können die Schülerinnen und Schüler selbst die Lösung finden.

Hingewiesen sei an dieser Stelle auch auf die zweidimensionale Variante ›Digit‹, die mit Streichholzmehrlingen (hier: Vierlinge) gespielt wird (vgl. Carniel et al. 2002, 65 ff.). Auch bei dieser spielerischen Idee wird versucht, durch Umlegen genau eines Objekts (hier: eines Streichholzes) einen anderen Vierling herzustellen.

Förderaktivitäten zu geometrischen Abbildungen

Ein Beispiel zum Fortsetzen von Mustern wurde bereits in Abb. 6.52 präsentiert. Abb. 6.55 zeigt ein unvollständiges Muster aus Trapezen, das von den Kindern zu komplettieren ist. Sieht man zunächst von der Färbung der kleinen Trapeze ab, dann zeigt die gegebene Abbildung verschiedene Symmetrien: eine horizontale Achsensymmetrie und eine vertikale Punktsymmetrie. Die gleich gefärbten Trapeze sind durch Verschiebung ineinander zu überführen. Ardian, ein Zweitklässler, hat Schwierigkeiten, mit dieser Komplexität umzugehen.

Der Fussboden ist noch nicht fertig. Zeichne den Fussboden fertig.

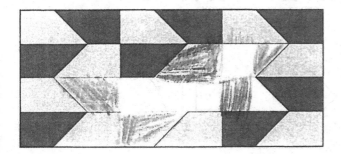

Abbildung 6.55 Vervollständigen eines Musters

Als wichtige Abbildung sollte in jedem Fall die Achsensymmetrie thematisiert werden. Vielfältige Erfahrungen können Schülerinnen und Schüler durch Faltaktivitäten sowie Aktivitäten mit dem Spiegel sammeln (vgl. z. B. Carniel et al. 2002, 15 ff.; Franke 2000, 212 f.; Radatz/Rickmeyer 1991, 79 ff.). Eine spielerische Variante stellt das Spiegelmemory, bei dem zwei spiegelgleiche Hälften einer Figur ein Pärchen bilden (Carniel et al. 2002, 15 ff.; Abb. 6.56).

Abbildung 6.56 Beispielkarte ›Schmetterling‹ des Spiegelmemory (Carniel et al. 2002, 21)

Das Erzeugen symmetrischer Figuren oder das Erkennen von Symmetrien kann aber auch im Rahmen anderer Materialien erfolgen, wie etwa bei Aktivitäten zum Geobrett. Hier könnte eine Spiegelachse markiert werden, und die Schülerinnen und Schüler spannen zu vorgegebenen Figuren die gespiegelte Figur. Oder aber die Schülerinnen und Schüler suchen bei gespannten Figuren nach Symmetrieachsen (Abb. 6.57).

Spanne die vorgegebene Figur nach.
Bestimme die Spiegelachse / Spiegelachsen.
Zeichne die Spiegelachse / Spiegelachsen ein.

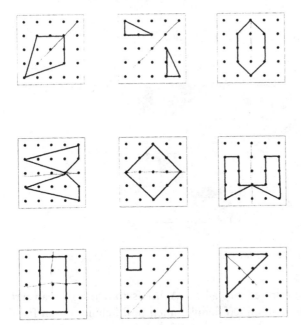

Abbildung 6.57 Spiegelachsen bei Figuren am Geobrett

Hierbei ist oftmals festzustellen, dass lediglich eine Achse gefunden wird oder dass der Fokus eher auf horizontalen und vertikalen Achsen liegt und diagonale Achsen vergessen werden. Verstanden werden muss darüber hinaus, dass Spiegelachsen innerhalb einer Figur zu finden sind oder dass auch eine Figur komplett gespiegelt wird. Daher sind vielfältige Beispiele einzusetzen, um die Flexibilität im Umgang mit symmetrischen Figuren zu fördern.

Förderaktivitäten zum Messen von Flächen- und Rauminhalten

Empfehlenswert sind für diesen Inhaltsbereich Legespiele wie Tangram bzw. die vereinfachte Variante ›Lege schlau‹ (Müller/Wittmann 2006) oder auch Ubongo (Kosmos Verlag). Das klassische Tangram besteht aus sieben verschiedenen Formen: einem Quadrat, einem Parallelogramm sowie fünf gleichschenklig rechtwinkligen Dreiecken (zwei große, ein mittleres, zwei kleine). Diese Formen entstehen aus einem großen Quadrat durch Halbierung von Strecken und geeigneter Verbindung von Teilpunkten (vgl. z. B. Wittmann 1997, 19). In Abbildung 6.58 sind die einzelnen Teile mit Zahlen versehen, die das Verhältnis der Flächeninhalte zeigen, ausgehend vom kleinen Dreieck mit dem Inhalt 1.

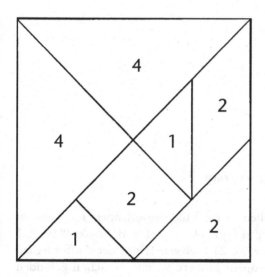

Abbildung 6.58 Legespiel Tangram

Eine erste Aktivität mit dem Tangram kann das Kennenlernen und Benennen der einzelnen Formen sein. Daneben können weitere geometrische Grundformen mit einzelnen Tangram-Teilen erzeugt werden (z. B. ein Rechteck oder ein Trapez mit dem Quadrat und zwei kleinen Dreiecken). Die bekannteste Tätigkeit besteht im Auslegen von vorgegebenen Figuren mit allen Teilen. Je nach

Vorgabe kann dies unterschiedlich anspruchsvoll sein. Abbildung 6.59 zeigt eine eher einfache Variante (hier von einer Schülerin nachgezeichnet), da die Konturen der Figur sehr unregelmäßig und mehrere Einzelteile erkennbar sind. Sinnvoll kann es aber auch sein, eine beliebige Anzahl an Teilen zuzulassen bzw. bewusst die Zerlegung der Formen untereinander zu untersuchen (etwa in der Art: ›Mit zwei kleinen Dreiecken lässt sich das Quadrat auslegen oder das Parallelogramm oder das mittlere Dreieck‹. Oder: ›Das große Dreieck lässt sich mit dem mittleren und zwei kleinen Dreiecken auslegen‹ usw.). Hier machen die Schülerinnen und Schüler erste Erfahrungen zur Flächeninhaltsgleichheit durch Zerlegungsgleichheit. Kennzeichnet man die einzelnen Grundformen des Tangrams (wie in Abb. 6.58), so kann eine elementare Form der ›Berechnung‹ von Flächeninhalten erfahren werden.

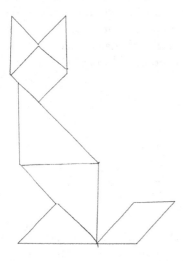

Abbildung 6.59 Gelegte Figur mit Tangram-Teilen

Auch zum Messen von Rauminhalten ist ein handlungsorientierter Zugang zu empfehlen, der dann zu Berechnungen führen kann (vgl. z. B. Franke 2000, 257 ff.; Prediger 2009): Gegeben sind z. B. 24 Holzwürfel mit der Aufforderung ›Welche Quader könnt ihr damit bauen? Notiert, welche ihr schon gefunden habt. Wie viele findet ihr?‹ (Prediger 2009; vgl. zu ähnlichen Problemstellungen auch Franke 2000, 258 f.). Auch hierbei wird deutlich, dass eine gewisse Offenheit der Problemstellungen und die damit verbundenen Differenzierungsmöglichkeiten wichtig sind.

Computergestützte Förderaktivitäten

Zur Effektivität computerunterstützter Förderung von räumlich-geometrischen Fähigkeiten liegen verschiedene Studien vor (für einen Überblick vgl. Hellmich 2007, 648 ff.). Die Ergebnisse sind allerdings uneinheitlich: Während etwa in der Studie von Souvignier (2000) eine Verbesserung der räumlichen Fähigkeiten bei lernbehinderten Sekundarstufenschülerinnen und -schülern durch einen computerunterstützten, spielerischen Umgang mit räumlichem Material nachgewiesen werden konnte, zeigte sich in anderen Studien und Förderprogrammen kein genereller positiver Effekt: Festzustellen waren u. U. lediglich Effekte bei Testaufgaben, die eng mit dem Trainingsmaterial verknüpft waren, oder aber kein nachweisbarer Effekt (vgl. Hellmich 2007, 649 f.).

Ein geeignetes Programm für die Förderung geometrischer Kompetenzen stellt das Computerprogramm *Bauwas* (Meschenmoser 1997) dar (vgl. z. B. Kösch 1997; Sander 2003). Durch Mausklick können in diesem Programm beliebige Würfelgebäude aus gleich großen Einheitswürfeln konstruiert werden. Es handelt sich um ein recht offenes Programm, und der Konstruktionsraum lässt sich bis zu einem 10·10·10-Würfel frei definieren. Neben der Darstellung im Schrägbild (Abb. 6.60) sind weitere Ansichten möglich. Um Aufgabenstellungen zur räumlichen Orientierung zu bearbeiten, ist darüber hinaus auch die Möglichkeit gegeben, die Würfelgebäude in alle Richtungen zu drehen (daneben auch zu vergrößern, zu verkleinern, zu animieren und auszudrucken).

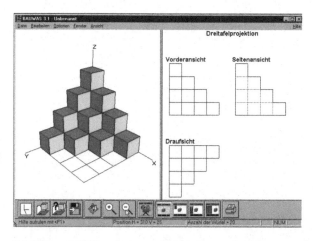

Abbildung 6.60 Screenshot aus dem Computerprogramm *Bauwas*

Diese Möglichkeit der Perspektiveinnahme mithilfe des Computers kann einerseits ein Vorteil sein, um eigene Ergebnisse zu kontrollieren, aber auch um die Vorstellung zu schulen. Als vorteilhaft erachten wir auch, dass die Möglichkeit der Hinzunahme von Material zur Unterstützung gegeben ist und somit wiederum ein handlungsorientiertes Vorgehen ermöglicht wird. Die Programmoption kann sich u. U. aber als problematisch erweisen, wenn die mögliche Kontrolle durch das Programm von den Schülerinnen und Schülern zum Finden der Lösung eingesetzt wird, d. h., letztendlich findet dann keine Aktivität zur Förderung der Raumvorstellung statt.

Wir haben in diesem Kapitel aufgezeigt, dass der Förderung geometrischer Kompetenzen im Mathematikunterricht des Primarbereichs zentrale Bedeutung zukommt und dies Folgerungen für die Lernprozesse in anderen Bereichen haben kann. Nicht unterschätzt werden sollte auch der motivationale Aspekt: Oftmals sammeln lernschwache Schülerinnen und Schüler im geometrischen Bereich Erfolgserlebnisse, die positive Effekte auf den gesamten Mathematikunterricht haben können (vgl. Hellmich 2007, 652). Die unzureichenden Forschungserkenntnisse hinsichtlich der Diagnose und präziseren Aussagen, was etwa räumliche Fähigkeiten ausmacht (vgl. etwa Lohaus et al. 1999, 13) sowie auch die fehlende Evaluation von unterrichtlichen Interventionen und Förderprogrammen stellen nach wie vor ein Problem dar.

7 Rückblick und Ausblick

Wir haben in Kapitel 1 aufgezeigt, dass die heterogenen mathematischen Leistungen von Schülerinnen und Schülern einen veränderten Mathematikunterricht erfordern, einen Unterricht, der sich vermehrt mit individuellen Schwierigkeiten und Problemen befasst. Auch wenn es kein einheitliches Profil von sogenannten Risikokindern gibt und der Begriff Rechenschwäche kritisch diskutiert wird (vgl. Kap. 2.1), ist unbestritten, dass es unabhängig vom Förderort eine große Anzahl von Lernenden gibt, die auf besondere Unterstützung und Förderung beim Mathematiklernen angewiesen sind (vgl. Kap. 2.2). Diese findet optimalerweise im Rahmen des regulären Unterrichts statt und erfordert von den Lehrpersonen vielfältige Kompetenzen auf unterschiedlichen Ebenen (Kap. 3). Im vorliegenden Buch haben wir den Versuch unternommen, diese Kompetenzen genauer zu beschreiben und konkrete Hinweise zu geben für einen fördernden Mathematikunterricht. Gemäß der Komplexität der Thematik und der vielfältigen mathematischen Inhalte, die im Primarbereich behandelt werden, konnte dies nicht für jeden Lerninhalt ausführlich erfolgen. Wir haben uns deshalb auf ausgewählte Themen beschränkt und versucht, an diesen exemplarisch aufzuzeigen, welche grundsätzlichen Aspekte es in einem Mathematikunterricht, der aktiv-entdeckendes Lernen für *alle* Schülerinnen und Schüler anstrebt, zu beachten gilt. Auf diese wollen wir zusammenfassend eingehen und davon ausgehend Folgerungen ziehen.

7.1 Kompetenzen der Lehrpersonen

Für die Realisierung eines fördernden Mathematikunterrichts spielen *die Kompetenzen der Lehrperson* und deren Haltung eine wichtige Rolle. Hier nimmt die Ausbildung der Lehrerinnen und Lehrer einen wichtigen Stellenwert ein. Zukünftige Lehrpersonen sollen lernen, Leistungen von Schülerinnen und Schülern angemessen wahrzunehmen, den Leistungen der Lernenden zu vertrauen und ihnen etwas zuzutrauen. Das ist insbesondere wichtig für lernschwache Schülerinnen und Schüler. Wenn diese die Erfahrung machen können, dass sie anhand geeigneter Aufgaben selbst Entdeckungen machen und Lösungen finden, gibt das einerseits Vertrauen in die eigenen Leistungen und fördert andererseits die Motivation. Hier gilt es auch zu berücksichtigen, dass gerade diese Lernenden nicht alles entdecken müssen, sondern dass es zuerst darum gehen kann, dass sie mit Unterstützung der Lehrperson und mithilfe geeigneter Materialien zu eigenen Lösungen und Lösungswegen kommen. Damit dies gelingen kann, muss die Lehrperson die Lerninhalte gezielt auswählen und sich anhand geeigneter Unterlagen einen Überblick verschaffen, welche Inhalte zum basalen Lernstoff bzw. zum mathematischen Basisstoff gehören. Wir haben an den entsprechenden Stellen auf solche Unterlagen hingewiesen.

Die Auswahl der Lerninhalte erfordert einerseits diagnostische, andererseits fachliche und fachdidaktische Kompetenzen. Kennzeichen einer professionellen Diagnostik sind die Durchführung von intersubjektiv nachvollziehbaren Diagnosen sowie eine Beurteilung bzw. Interpretation der Ergebnisse anhand vorgegebener Kategorien, Theorien, Begriffe oder Konzepte (Kap. 4). Dabei gilt es, unterschiedliche Zielsetzungen von diagnostischen Überprüfungen zu berücksichtigen: Im Unterrichtsalltag geht es i. d. R. um eine lernprozessbegleitende bzw. -orientierte Diagnostik, deren Ziel das Optimieren von Lernprozessen ist. Eine andere Zielsetzung kann in der Erteilung von Qualifikationen oder der Zuweisung zu bestimmten Fördermaßnahmen oder -orten bestehen. Wichtig ist, dass Instrumente und Methoden passend zur angestrebten Zielsetzung ausgewählt und dass bei der Durchführung die Gütekriterien berücksichtigt werden. Zur Diagnosekompetenz gehört ferner ein positiver und produktiver Umgang mit Fehlern (vgl. Kap. 5.2.3), der es den Lernenden erlaubt, sich mit ihren – auch fehlerhaften – Lernprozessen und Lernwegen konstruktiv auseinanderzusetzen.

Bei den fachlichen und fachdidaktischen Kompetenzen geht es einerseits um Wissen zum Curriculum, zu den Lerninhalten und zu deren Aufbau, andererseits aber auch um Wissen, was bestimmte Inhalte einfach oder schwierig macht, welche Strategien geeignet sind, was günstige Vorgehensweisen und Materialien sind usw. Diese Kompetenzen können in erster Linie in der eigenen Auseinandersetzung mit mathematischen Inhalten und konkreten Lernprozessen erworben werden, und in der Ausbildung von Lehrpersonen sollen dazu vielfältige Möglichkeiten angeboten werden.

7.2 Förderung

Fördernder Mathematikunterricht umfasst eine Vielzahl von wichtigen Inhalten und Aspekten, die wir nur exemplarisch dargestellt haben.

7.2.1 Grundsätzliche Überlegungen

Der anspruchsvollen Aufgabe, Schülerinnen und Schüler auf unterschiedlichen Leistungsniveaus zu fördern, kann mit verschiedenen Formen der Differenzierung begegnet werden. Besonders geeignet sind Maßnahmen der inneren Differenzierung und darunter die natürliche Differenzierung. Innere Differenzierung wird oft mit Formen offenen Unterrichts realisiert. Hier ist zu beachten, dass diese bestimmten Anforderungen bezüglich Strukturierung und Qualität der Aufgaben genügen müssen. Besonders gut lassen sich Formen der natürlichen Differenzierung für einen individualisierenden Mathematikunterricht einsetzen, bei der die Lernenden am gleichen Lerngegenstand, jedoch auf verschiedenen Stufen bzw. Anspruchsniveaus arbeiten. Offene Aufgaben und komplexe Lernumgebungen, deren Anforderungsniveaus von der Sache her vielfältig sind und die sich damit in natürlicher Weise an die Voraussetzungen der lernschwachen Schülerinnen und Schüler anpassen können, bieten dazu vielfältige Möglichkeiten (vgl. Kap. 5.1.3).

Ein wichtiger Bestandteil des Mathematikunterrichts – gerade für lernschwache Schülerinnen und Schüler – stellt das produktive Üben dar, weil dadurch das Gedächtnis entlastet wird und diese Formen des Übens bei der Konstruktion generalisierbarer, beweglicher, kognitiver Strukturen helfen können (vgl. Kap. 5.2). Produktive Übungen können in unterschiedlicher Form vorliegen. Bedeutsam ist erstens der Strukturierungsgrad der Aufgaben, d. h. der Zusammenhang der Aufgaben, der das Herstellen von Beziehungen ermöglicht. Zweitens ist insbesondere bei lernschwachen Schülerinnen und Schülern darauf zu achten, dass gestütztes Üben stattfinden kann, d. h. dass Aufgaben mithilfe geeigneter Veranschaulichungen gelöst werden können. Die jeweiligen Aktivitäten sollen zum langfristigen Ziel beitragen, tragfähige Vorstellungen aufzubauen.

Damit ist die Bedeutung von Arbeitsmitteln und Veranschaulichungen für den mathematischen Lernprozess angesprochen (vgl. Kap. 5.3). Zum einen ist darauf zu achten, dass – abgestimmt auf den Lerninhalt – geeignete Materialien eingesetzt werden. Günstig sind insbesondere Arbeitsmittel und Veranschaulichungen die das Erfassen der dezimalen Struktur (mit der Unterstruktur der 5) ermöglichen. Zum anderen ist wichtig, dass die Arbeitsmittel und Veranschaulichungen so eingesetzt werden, dass Vorstellung aufgebaut werden kann. Das kann durch geeignete Aufgabenstellungen erreicht werden, indem die Sprache als handlungsbegleitendes Mittel eingesetzt wird.

Die Ablösung vom zählenden Rechnen ist ein spezifisches, jedoch zentrales Thema im mathematischen Anfangsunterricht (vgl. Kap 5.4), mit dem wir exemplarisch aufgezeigt haben, wie fördernder Mathematikunterricht präventiv gestaltet werden kann. Das Fördern der Zählkompetenzen und das Fokussieren der strukturierten Anzahlerfassung und der Beziehung Teil-Ganzes können dazu beitragen, dass auch lernschwache Schülerinnen und Schüler zuverlässigere Strategien als das Abzählen erwerben.

7.2.2 Förderhinweise zu verschiedenen Inhaltsbereichen

In Kap. 6 haben wir exemplarisch Förderhinweise zu den drei Inhaltsbereichen Arithmetik, Geometrie und Sachrechnen bzw. zu entsprechenden Leitideen gegeben.

Arithmetik

In der Arithmetik haben wir uns an zentralen Themen der Schuljahre 1 bis 4 im Primarbereich orientiert und für jedes Schuljahr exemplarisch einen Inhaltsbereich ausgewählt. Für den Anfangsunterricht haben wir uns für die Thematik des Zahlbegriffserwerbs entschieden. Aktuelle Forschungsergebnisse legen für die Förderung nahe, vor allem mengen- und zahlspezifische Inhalte zu behandeln (vgl. Kap. 6.1.1). Pränumerische Kompetenzen haben für den mathematischen Lernprozess nicht die Bedeutung, die ihnen lange Zeit zugeschrieben wurden, sind jedoch in Verbindung mit numerischen Inhalten auch zu berücksichtigen. Diese sollen im ganzheitlich angebotenen Zahlenraum, unter der Berücksichtigung der verschiedenen Zahlaspekte und im Kontext vielfältiger Zahlbeziehungen, thematisiert werden. Wichtig ist die Zählkompetenz als Voraussetzung zum Erwerb des Anzahlaspekts.

Im 2. Schuljahr stellt die Behandlung der Multiplikation einen zentralen Lerninhalt dar. Schwierigkeiten zeigen sich hier oft bezüglich des Herstellens von Beziehungen zwischen den Aufgaben und Operationen, der Nutzung von Rechengesetzen sowie hinsichtlich der Automatisierung (vgl. Kap. 6.1.2). Für einen ganzheitlichen Einstieg in die Multiplikation sind das räumlich-simultane Modell bzw. reale Objekte mit Felderstrukturen geeignet. Die Schülerinnen und Schüler sollen sich diesen Inhalt in aktiv-entdeckender Weise aneignen und ihre individuellen Sichtweisen einbringen können. Auf dem Weg zur Automatisierung ist darauf zu achten, dass diese in Form produktiver und beziehungsreicher Übungen erfolgt, da ein reines Auswendiglernen der Einmaleinsreihen i. d. R. nur kurzfristig zum Erfolg führt.

Im 3. Schuljahr stellt der Tausenderraum und damit verbunden das dezimale Stellenwertsystem einen der wichtigsten Lerninhalte dar. Viele lernschwache Schülerinnen und Schüler – auch in höheren Schuljahren – weisen hier Schwierigkeiten auf. Das Bündelungs- und Stellenwertprinzip müssen deshalb sorgfältig und mit geeigneten Veranschaulichungen erarbeitet werden (Kap. 6.1.3). Auch hier ist der Zahlenraum ganzheitlich anzubieten, da dies die Einsicht ins Stellenwertsystem erleichtert. Insbesondere für den Förderschwerpunkt Lernen ist dabei zu beachten, dass der Tausenderraum nicht erst in höheren Schuljahren bearbeitet werden sollte, weil den Lernenden sonst wichtige Voraussetzungen zur Bewältigung von Alltagsanforderungen – z. B. im Umgang mit Geld – fehlen.

Die Bedeutung informeller Rechenstrategien haben wir – gerade auch im Hinblick auf die schriftlichen Verfahren – für das 4. Schuljahr exemplarisch am

Beispiel der Addition aufgezeigt. Wir haben dargelegt, dass *alle* Schülerinnen und Schüler auf dem Weg zu eher konventionellen Vorgehensweisen Gelegenheit erhalten sollen, ihre eigenen Lösungswege und Darstellungsweisen zu entwickeln und dadurch notwendige Voraussetzungen zum Verständnis der schriftlichen Verfahren zu erwerben (Kap. 6.1.4). Das ist insbesondere für lernschwache Schülerinnen und Schüler anzustreben, da diese die schriftlichen Algorithmen häufig fehlerhaft anwenden.

Sachrechnen

Die Bewältigung von Sachaufgaben scheint sowohl für die Lehrpersonen als auch für die Schülerinnen und Schüler ein schwieriger Bereich des Mathematikunterrichts zu sein, insbesondere für lernschwache Lernende. Dies kann verschiedene Gründe haben: Erstens müssen sich die Schülerinnen und Schüler mit einer Sache und mit Kontexten auseinandersetzen, was sich erschwerend auf den Bearbeitungsprozess auswirken kann. Weiter ist die Übersetzung der Sache (bzw. der Welt oder Umwelt) auf die Ebene der Mathematik anspruchsvoll. An beide Anforderungen müssen die Lernenden sorgfältig herangeführt werden. Damit dies gelingen kann, ist die Aufgabenauswahl wichtig, und es ist ein breites Spektrum an Aufgaben und an Bearbeitungsebenen (z. B. Nachspielen einer Sachsituation, Arbeiten auf der ikonischen Ebene) anzubieten. Auch hier sind offene Aufgaben besonders geeignet.

Geometrie

Förderung im Geometrieunterricht ist für lernschwache Schülerinnen und Schüler aus verschiedenen Gründen von Bedeutung. Zum einen gibt es einige Lernende, die hier weniger Schwierigkeiten haben als in der Arithmetik und deshalb bei geometrischen Aufgaben besonders motiviert sind. Zum anderen erfordern viele Situationen des alltäglichen Lebens geometrische Kompetenzen, und die Raumvorstellung ist bedeutsam für verschiedenste Bereiche im Alltag und im Lernprozess. Die Leitideen zu den inhaltsbezogenen Kompetenzen in Form von Standards für das Ende der Grundschulzeit bieten vielfältige Hinweise zu Fördermöglichkeiten.

7.3   Ausblick

Unsere Ausführungen haben gezeigt: Förderung im Mathematikunterricht ist nicht in erster Linie vom Einsatz bestimmter Förderprogramme oder Methoden abhängig, sondern es geht um einen guten und zeitgemäßen Mathematikunterricht: einen Mathematikunterricht, der u. a. die Voraussetzungen der Lernenden einbezieht, das Lernen auf eigenen Wegen ermöglicht, lernprozessorientiert ist, Zahlenräume ganzheitlich anbietet, produktive Übungen sowie geeignete Veranschaulichungen und Arbeitsmittel zur Verfügung stellt und eine lernbegleitende Unterstützung durch die Lehrperson anbietet. Dabei kann es durchaus auch erforderlich sein, für lernschwache Schülerinnen und Schüler besondere Entscheidungen zu treffen. So ist es u. U. sinnvoll, mit einem bestimmten Kind halbschriftliche Strategien zu thematisieren, aber dann früher als üblich schriftliche Rechenverfahren oder den Taschenrechner einzusetzen (vgl. Schipper 2009, 132 f.). Bei einem anderen Kind kann es im Gegensatz dazu angebracht sein, die schriftlichen Verfahren gar nicht zu thematisieren. Auch der generelle Taschenrechnereinsatz kann im Bereich des Sachrechnens für lernschwache Schülerinnen und Schüler ein zulässiges Hilfsmittel sein, um wichtige Sachthemen trotz eingeschränkter arithmetischer Kompetenzen erfolgreich bewältigen zu können.

Die Umsetzung eines aktiv-entdeckenden Unterrichts mit lernschwachen Schülerinnen und Schülern wird in der Primarstufe zum Teil realisiert und ist dort in Lehrplänen und Schulbüchern zumindest teilweise umgesetzt. Für den Förderschwerpunkt Lernen gibt es diesbezüglich noch Entwicklungsmöglichkeiten, und zwar auf der Ebene der Lehrpläne, der Schulbücher und auch der Ausbildung von Lehrpersonen. Im Kontext der aktuellen Bestrebungen zu vermehrter integrativer Schulung kommt dieser Forderung besondere Bedeutung zu.

Grundsätzlich gilt es zu beachten, dass es trotz vielfältiger Fördermaßnahmen und eines zeitgemäßen und guten Mathematikunterrichts immer Schülerinnen und Schüler geben wird, die beim Mathematiklernen Schwierigkeiten haben, und dass nicht alle Probleme behoben werden können. In jedem Fall geht es aber darum, die Lernenden zu unterstützen, mit ihren Schwierigkeiten bestmöglich umzugehen, mathematische Einsichten zu erwerben, dadurch Vertrauen in die eigenen Leistungen und damit verbunden auch Freude am mathematischen Lernen zu entwickeln.

Abbildungsnachweis

Abb. 1.1 aus MSW – Ministerium für Schule und Weiterbildung des Landes Nordrhein-Westfalen (2008): Ergebnisse der Vergleichsarbeiten (VERA), Klasse 3, 2008, Abb. S. 6 (http://www.standardsicherung.schulministerium.nrw.de/vera3/upload/download/mat _07-08/VERA-Ergebnisbericht_1009-2008.pdf [09.01.10])

Abb. 5.2 aus Hirt, U./Wälti, B. (2008): Lernumgebungen im Mathematikunterricht. Natürliche Differenzierung für Rechenschwache und Hochbegabte. Kallmeyer, Seelze-Velber, Abb. S. 173

Abb. 5.4 aus E. C. Wittmann (1992): Üben im Lernprozess. In: E. C. Wittmann & G. N. Müller (Eds.), Handbuch produktiver Rechenübungen, Band 2: Vom halbschriftlichen zum schriftlichen Rechnen, 175-182. © Ernst Klett Verlag GmbH, Stuttgart 1992, Abb. S. 178

Abb. 5.5 aus Lorenz, J.H. (2003): Wider die rote Tinte. Wie man aus Fehlern klug wird. Praxis Grundschule 2, 2-18, 29. Westermann, Abb. S. 17

Abb. 5.10 aus Schmassmann, M./Moser Opitz, E. (2008b): Heilpädagogischer Kommentar zum Schweizer Zahlenbuch 3. Vollständig überarb. Neuausgabe. Klett und Balmer, Zug, Abb. S. 47

Abb. 5.11 aus Werner, B. (2007) (Hrsg.): Klick! Mathematik 2. Cornelsen Verlag, Berlin, Abb. S. 47

Abb. 5.12 aus Wittmann, E.Ch./Müller, G.N. (2007, Hrsg.): Schweizer Zahlenbuch 1. Schülerbuch. © Klett und Balmer AG, Zug 2007, Abb. S. 53

Abb. 5.13 aus Wittmann, E.Ch./Müller, G.N. (2007, Hrsg.): Schweizer Zahlenbuch 1. Schülerbuch. © Klett und Balmer AG, Zug 2007, Abb. S. 60

Abb. 5.14 aus Burkhart, S./Franz, P.,/Gerling, C.,/Jenert, E./Lange, S./Weisse, S. (2008): Klick! Mathematik 4. Cornelsen Verlag, Berlin, Abb. S. 19

Abb. 6.1 aus Krajewski, K. (2007): Vorschulische Förderung mathematischer Kompetenzen. In Petermann, F. & Schneider, W. (Hrsg.): Enzyklopädie der Psychologie, Reihe Entwicklungspsychologie, Bd. Angewandte Entwicklungspsychologie, 275-304. Hogrefe, Göttingen, Abb. S. 276. Modifiziert nach Krajewski, K. (2007). Prävention der Rechenschwäche. In W. Schneider & M. Hasselhorn (Hrsg.), Handbuch der Pädagogischen Psychologie. Hogrefe, Göttingen

Abb. 6.3 modifiziert nach Wittmann, E.CH./ Müller, G.N. (2004): Das Zahlenbuch, 1. Schuljahr, Lehrerband. © Ernst Klett Verlag GmbH, Stuttgart 2004, Abb. S. 16

Abb. 6.4 modifiziert nach Wittoch, M. (1983). Erstrechnen. In H. Baier & U. Bleidick (Eds.), Handbuch der Lernbehindertendidaktik, 291-299. Kohlhammer, Stuttgart, Abb. S. 298

Abb. 6.5 aus Wittmann, E.Ch./Müller, G.N. (2007, Hrsg.): Schweizer Zahlenbuch 1. Schülerbuch. © Klett und Balmer AG, Zug 2007, Abb. S. 8 f

Abb. 6.6 aus Scherer, P. (1997a): Schülerorientierung UND Fachorientierung – notwendig und möglich! Mathematische Unterrichtspraxis, 18(1), 37–48. Kallmeyer, Seelze-Velber, Abb. S. 39 f

Abb. 6.11 aus Klauer, K. J. (1991, Hrsg.): Mathematik – Unterstufe. Cornelsen Verlag Schwann-Girardet, Düsseldorf, Abb. S. 211, 223

Abb. 6.16 aus Krauthausen, G./Scherer, P. (2007): Einführung in die Mathematikdidaktik. 3. Aufl. Spektrum Akad. Verlag, Heidelberg, Abb. S. 252

Abb. 6.21 aus Freesemann, O./Wittich, C. (2009): Zahlen bilden eine Reihe. Integrationsklassen lernen am gemeinsamen Gegenstand. Praxis Grundschule 9, 33–38. Westermann, Abb. S. 35

Abb. 6.26 aus Menne, J. J. M. (2001): Met Sprongen Voorut. Freudenthal Institute, Utrecht, Abb. S. 89

Abb. 6.27 aus Menne, J. J. M. (2001): Met Sprongen Voorut. Freudenthal Institute, Utrecht, Abb. S. 196)

Abb. 6.34 aus Klieme, E./Neubrand, M./Lüdtke, O. (2001): Mathematische Grundbildung: Testkonzeption und Ergebnisse. In: J. Baumert et al. (Hrsg.), PISA 2000. Basiskompetenzen von Schülerinnen und Schülern im internationalen Vergleich, 139–190. Leske + Budrich, Opladen. © Springer, Dordrecht, Abb. S. 144

Abb. 6.35 aus Scherer, P. (2005b): Produktives Lernen für Kinder mit Lernschwächen. Fördern durch fordern. Band 3: Multiplikation und Division im Hunderterraum. Persen Verlag, Horneburg, Abb. S. 41

Abb. 6.36 aus Burkhart, S./Franz, P./Gerling, C./Jenert, E./Lange, S./Weisse, S. (2008): Klick! Mathematik 3. Cornelsen Verlag, Berlin, Abb. S. 81

Abb. 6.37 aus Wittmann, E. C. (1999): Konstruktion eines Geometriecurriculums ausgehend von Grundideen der Elementargeometrie. In: Henning, H.: Mathematik lernen durch Handeln und Erfahrung. Festschrift für Heinrich Besuden. Bültmann & Gerriets, Oldenburg, 205-223

Abb. 6.41 aus Häsel, U. (2001): Sachaufgaben im Mathematikunterricht der Schule für Lernbehinderte. Theoretische Analyse und empirische Studien. Franzbecker, Hildesheim, Abb. S. 355

Abb. 6.42 übersetzt aus Ahmed, A./Williams, H. (1997): Number & Measures. Philip Allan Publishers, Oxfordshire, Abb. S.10

Abb. 6.43 illustriert von Ines Rarisch, Düsseldorf, aus Müller, G. N./Wittmann, E. C. (2002): Mündliches Rechnen in Kleingruppen. Der Förderkurs. Teil 4: Größen. © Ernst Klett Verlag GmbH, Stuttgart 2002

Abb. 6.45 aus Moser Opitz, E. (2007): Bildungsstandards und Sonderpädagogik. Schweizerische Zeitschrift für Heilpädagogik 9, 10–17. SZH/CSPS, Abb. S. 13

Abb. 6.47 aus Scherer, P. (2004). Was »messen« Mathematikaufgaben? – Kritische Anmerkungen zu Aufgaben in den Vergleichsstudien. In H. Bartnitzky & A. Speck-Hamdan (Eds.), Leistungen der Kinder wahrnehmen – würdigen – fördern, 270–280.

Arbeitskreis Grundschule, Frankfurt/M., Abb. S. 275. Modifiziert nach: Grassmann, M./Klunter, M./Köhler, E./Mirwald, E./Raudies, M./ Thiel, O. (2002): Mathematische Kompetenzen von Schulanfängern. Teil 1: Kinderleistungen – Lehrererwartungen. Potsdamer Studien zur Grundschulforschung, 30. Universität Potsdam, Potsdam, Abb. S. 13

Abb. 6.48 aus Scherer, P. (2004). Was »messen« Mathematikaufgaben? – Kritische Anmerkungen zu Aufgaben in den Vergleichsstudien. In H. Bartnitzky & A. Speck-Hamdan (Eds.), Leistungen der Kinder wahrnehmen – würdigen – fördern, 270–280. Arbeitskreis Grundschule, Frankfurt/M., Abb. S. 276. Modifiziert nach: Grassmann, M./Klunter, M./Köhler, E./Mirwald, E./Raudies, M./ Thiel, O. (2002): Mathematische Kompetenzen von Schulanfängern. Teil 1: Kinderleistungen – Lehrererwartungen. Potsdamer Studien zur Grundschulforschung, 30. Universität Potsdam, Potsdam, Abb. S. 7

Abb. 6.49 aus Wittmann, E. C. (1999): Konstruktion eines Geometriecurriculums ausgehend von Grundideen der Elementargeometrie. In: Henning, H.: Mathematik lernen durch Handeln und Erfahrung. Festschrift für Heinrich Besuden. Bültmann & Gerriets, Oldenburg, 205–223

Abb. 6.50 aus De Moor, E. (1991): Geometry-instruction (age 4–14) in The Netherlands – the realistic approach –. In: L. Streefland (Hrsg.): Realistic Mathematics Education in Primary School: On the occasion of the opening of the Freudenthal Institute, 119–138. Freudenthal Institute, Utrecht, Abb. S. 127

Abb. 6.51 aus Junker, B. (1999): Räumliches Denken bei lernbeeinträchtigten Schülern. Die Grundschulzeitschrift 121, 22–24. Friedrich Verlage, Seelze

Abb. 6.53 aus Junge, N./Jandl, E. (1997): fünfter sein. © 1997 Beltz & Gelberg in der Verlagsgruppe Beltz, Weinheim & Basel

Abb. 6.54 aus Spiegel, H./Spiegel, J. (2003): PotzKlotz. Die Grundschulzeitschrift 163, 50–55. Friedrich Verlage, Seelze

Abb. 6.56 aus Carniel, D./Knapstein, K./Spiegel, H. (2002): Räumliches Denken fördern. Erprobte Unterrichtseinheiten und Werkstätten zur Symmetrie und Raumgeometrie. Auer, Donauwörth, Abb. S. 21

Abb. 6.60 aus Meschenmoser, H./Gusen, M./Krugmann, F./Quentel, H./Schmidt, E./Windhaus, M./Zikoll, W.: Computerprogramm ›Bauwas‹. MACH MIT: Multimediale Bildung e.V.

Literatur

Ahmed, A. (1987): *Better Mathematics. A Curriculum Development Study.* London: HMSO

Ahmed, A./Williams, H. (1997): *Number & Measures.* Oxfordshire: Philip Allan Publishers

Anderson, J. (2002): Gender-related differences on open and closed assessment tasks. *International Journal of Mathematical Education in Science and Technology*, 33(4), 495–503

Andersson, U./Lyxell, B. (2007): Working memory deficit in children with mathematical difficulties: a general or specific deficit? *Journal of Experimental Child Psychology*, 96, 197–228

Angendohr, A./Augustin, L./Bauhoff, E./Breiter, R./Fehrmann, H./Gotsche-Drötboom, A./Kaub, W./Schauerte, A./Stefener, S. (2000): *Stark in Mathematik Mittelstufe.* Braunschweig: Schroedel

Anghileri, J. (1997): Uses of counting in multiplication and division. In: Thompson, I. (Hrsg.), *Teaching and Learning Early Number.* Buckingham: Open University Press, 41–51

Anghileri, J./Beishuizen, M./van Putten, K. (2002): From informal strategies to structured procedures: mind the gap! *Educational Studies in Mathematics*, 49, 149–170

Anthony, G./Knight, G. (1999): Basic facts: The role of memory and understanding. *The New Zealand Mathematics Magazine*, (3), 28–40

Armbruster, G. (2005): *Rechnen Schritt für Schritt. Band 5.* Troisdorf: Dürr + Kessler

Bach, H. (1969): Unterrichtslehre (Sonderschule für Lernbehinderte [Hilfsschule]). In: Heese, G./Wegener, H. (Hrsg.), *Enzyklopädisches Handbuch der Sonderpädagogik und ihrer Grenzgebiete.* Berlin: Marhold, 3623–3643

Baddeley, A. D. (1999): *Essentials of Human Memory.* Hove: Psychology Press

Baier, H. (1983): Theorie und didaktische Organisation der Schule für Lernbehinderte. In: Baier, H./Bleidick, U. (Hrsg.), *Handbuch der Lernbehindertendidaktik.* Stuttgart: Kohlhammer, 15–20

Bardy, P. (2007): *Mathematisch begabte Grundschulkinder. Diagnostik und Förderung.* Heidelberg: Spektrum Akademischer Verlag

Baroody, A. J. (1985): Mastery of basic number combinations: internalization of relationships or facts? *Journal for Research in Mathematics Education*, 16(2), 83–98

Baroody, A. J. (1987): *Children's mathematical thinking. A developmental framework for preschool, primary and special education teachers.* New York: Teachers College Press

Baroody, A. J. (1999): The roles of estimation and the commutativity principle in the development of third graders' mental multiplication. *Journal of Experimental Child Psychology*, 74, 157–193

Bartnitzky, H./Brinkmann, E./Brügelmann, H./Burk, K./Hergarten, M./Roffmann, L./Kahlert, J./Polzin, M./Ramseger, J./Scherer, P./Selter, C. (2003): Bildungsansprüche von Grundschulkindern – Standards zeitgemäßer Grundschularbeit. *Grundschulverband aktuell*, (81), 1–24

Baruk, S. (1989): *Wie alt ist der Kapitän? Über den Irrtum in der Mathematik.* Berlin: Birkhäuser

Bauersfeld, H. (1992): Drei Gründe, Geometrisches Denken in der Grundschule zu fördern. In: Schumann, H. (Hrsg.), *Beiträge zum Mathematikunterricht 1992.* Hildesheim: Franzbecker, 7–33

Baumert, J./Klieme, E./Neubrand, M./Prenzel, M./Schiefele, U./Schneider, W./Stanat, P./Tillmann, K.-J./Weiß, M. (Hrsg., 2001): *PISA 2000. Basiskompetenzen von Schülerinnen und Schülern im internationalen Vergleich.* Opladen: Leske + Budrich

Beeler, A. (1999): *Wir helfen zu viel. Lernen lernen in der Volksschule als Erziehung zur Selbständigkeit.* Zug: Klett & Balmer

Beishuizen, M./van Putten, C. M./van Mulken, F. (1997): Mental arithmetic and strategy use with indirect number problems up to one hundred. *Learning and Instruction*, (7), 87–106

Bender, P. (1980): Analyse der Ergebnisse eines Sachrechentests am Ende des 4. Schuljahres, Teil 1 – 3. *Sachunterricht und Mathematik in der Primarstufe*, 8(4–6), 150–155 & 191–198 & 226–233

Blankenagel, J. (1999): Vereinfachen von Zahlen. *mathematik lehren*, (93), 10–13

Bleidick, U. (1975): Empirische Untersuchungen der Rechenleistungen von Lernbehinderten im Hinblick auf die Didaktik des Rechenunterrichts. In: Kanter, G. O./Langenohl, H. (Hrsg.), *Didaktik des Mathematikunterrichts.* Berlin: Marhold, 1–25

Bleidick, U./Heckel, G. (1968): *Praktisches Lehrbuch des Unterrichts in der Hilfsschule (Lernbehindertenschule).* Berlin: Marhold

Böhm, O. (1980): Zur Problematisierung der Lernbehindertenschule. *Zeitschrift für Heilpädagogik*, 31(2), 116–126

Böhm, O. (1984): Selbstdifferenzierung durch »offene Aufgaben« im Unterricht der Schule für Lernbehinderte (Teil 1 & 2). *Ehrenwirth Sonderschulmagazin*, (2 & 3), 5–8 & 5–7

Böhm, O. (1987): Handlungsorientierte Kulturtechniken in der Unterstufe der Schule für Lernbehinderte. Ein Basiscurriculum mit ›anspruchsvollem Lernen‹. *Zeitschrift für Heilpädagogik*, 38, 17–24

Böhm, O. (1988): Die Übung im Unterricht der Schule für Lernbehinderte. *Zeitschrift für Heilpädagogik*, 39(2), 73–85

Böhm, O./Dreizehnter, E./Eberle, G./Reiß, G. (1990): *Die Übung im Unterricht bei lernschwachen Schülern*. Heidelberg: Edition Schindele

Bos, W./Bonsen, M./Baumert, J./Prenzel, M.,/Selter, C./Walther, G. (2008): TIMSS 2007 Grundschule – Wichtige Ergebnisse im Überblick. In: Bos, W. et al. (Hrsg.), TIMSS 2007. *Mathematische und naturwissenschaftliche Kompetenzen von Grundschulkindern in Deutschland im internationalen Vergleich*. Münster: Waxmann, 9–17

Brainerd, C. J. (1979): *The Origins of Number Concept*. New York: Praeger

Bromme, R. (1994): Beyond subject matter: A psychological topology of teachers' professional knowledge. In: Biehler, R. et al. (Hrsg.), *Didactic of Mathematics as a Scientific Discipline*. Dordrecht: Kluwer, 73–88

Brügelmann, H. (2005): *Schule verstehen und gestalten*. Konstanz: Libelle Verlag

Bruner, J. S. (1970): *Der Prozeß der Erziehung*. Düsseldorf: Schwann

Bruner, J. S. (1974): *Entwurf einer Unterrichtstheorie*. Düsseldorf: Schwann

Bundschuh, K. (2007): *Förderdiagnostik konkret. Theoretische und praktische Implikationen für die Förderschwerpunkte Lernen, geistige, emotionale und soziale Entwicklung*. Bad Heilbrunn: Klinkhardt

Burkhart, S./Franz, P./Gerling, C./Jenert, E./Lange, S./Weisse, S. (2008): *Klick! Mathematik 3. Schülerbuch*. Berlin: Cornelsen

Burkhart, S./Franz, P./Gerling, C./Jenert, E./Lange, S./Weisse, S. (2009): *Klick! Mathematik 4. Schülerbuch*. Berlin: Cornelsen

Calkins, T. (1998): Memories are made of this: Learning number facts – a continuing struggle. *Vector*, (3), 17–22

Camos, V. (2003): Counting strategies from 5 years to adulthood: adaptation to structural features. *European Journal of Psychology of Education*, 18(3), 251–265

Carniel, D./Knapstein, K./Spiegel, H. (2002): *Räumliches Denken fördern. Erprobte Unterrichtseinheiten und Werkstätten zur Symmetrie und Raumgeometrie*. Donauwörth: Auer

Carpenter, T. P./Franke, M. L./Jacobs, V. R./Fennema, E./Empson S. B. (1997): A longitudinal study of invention and understanding in children's multidigit addition and subtraction. *Journal for Research in Mathematics Education*, 29(1), 3–20

Cawley, J. F./Parmar, R. S./Yan, W./Miller, J. H. (1998): Arithmetic computation performance of students with learning disabilities: implications for curriculum. *Learning Disabilities Research & Practice*, 13(2), 68–74

Cawley, J./Parmar, R./Foley, T. E./Salmon, S./Roy, S. (2001): Arithmetic performance of students with mild disabilities and general education students on selected arithmetic tasks: implications for standards and programming. *Exceptional Children*, 67(3), 311–328

Cawley, J. F./Parmar, R. S./Lucas-Fusco, L. M./Kilian, J. D./Foley, T. E. (2007): Place value and mathematics for students with mild disabilities: data and suggested practices. *Learning Disabilities: A Contemporary Journal*, 5(1), 21–39

Condry, K./Spelke, E. (2008): The development of language and abstract concepts: the case of natural number. *Journal of Experimental Psychology*, 137, 22–38

Desoete, A./Ceulemans, A./Roeyers, H./Huylebroeck, A. (2009): Subitizing or counting as possible screening variables for learning disabilities in mathematics education or learning? *Educational Research Review*, 4(1), 55–66

Devlin, K. J. (1998): *Muster der Mathematik*. Heidelberg: Spektrum Akademischer Verlag

Dewey, J. (1970): *Interest and Effort in Education*. Boston: Houghton Mifflin

Dewey, J. (1976): The child and the curriculum. In: Boydston, J. A. (Hrsg.), *The Middle Works 1899-1924, Vol. 2: 1902-1903*. Carbondale: Southern Illinois University Press, 271–291

Dilling, H./Mombour, W./Schmidt, M. H. (Hrsg., 2005): *Internationale Klassifikation psychischer Störungen. ICD-10. Klinisch-diagnostische Leitlinien* (5. durchgesehene und ergänzte Auflage). Bern: Huber

Donaldson, M. (1991): *Wie Kinder denken – Intelligenz und Schulversagen*. München: Piper

Dröge, R. (1991): Kinder schreiben Sachaufgaben selbst. *Die Grundschulzeitschrift*, (42), 14–15

Ebhardt, A. (2003): *Fröhliche Wege aus der Dyskalkulie. Kindern mit Rechenschwäche erfolgreich helfen*. 2. Auflage. Dortmund: modernes lernen

Eckhart, M. (2008): Zwischen Programmatik und Bewährung – Überlegungen zur Wirksamkeit des offenen Unterrichts. In: Aregger, K./Waibel, E. M. (Hrsg.), *Entwicklung der Person durch Offenen Unterricht. Das Kind im Mittelpunkt: Nachhaltiges Lernen durch Persönlichkeitserziehung*. Augsburg: Pädagogik Verlag, 77–110

Eggenberg, F./Hollenstein, A. (1998 – 2000): *mosima 1 – 6. Materialien für offene Situationen im Mathematikunterricht. Unterrichtsvorschläge für das 6. bis 9. Schuljahr*. Zürich: Orell Füssli

Eggert, D. (2007): *Von den Stärken ausgehen … : Individuelle Entwicklungspläne (IEP) in der Lernförderdiagnostik. Ein Plädoyer für andere Denkgewohnheiten und eine veränderte Praxis*. 5. verbesserte und überarbeitete Auflage. Dortmund: borgmann

Eidt, H. (1987): Schülermeinung zum Sachrechnen. *Grundschule*, 19(10), 10–12

Ennemoser, M./Krajewski, K. (2007): Effekte der Förderung des Teil-Ganzes-Verständnisses bei Erstklässlern mit schwachen Mathematikleistungen. *Vierteljahresschrift für Heilpädagogik und ihre Nachbargebiete*, 76, 228–240

Erath, P. (1989): Kooperation zwischen Grund- und Sonderschullehrern. *Grundschule*, 21(1), 32–34

Erichson, C. (2003): *Von Giganten, Medaillen und einem regen Wurm. Geschichten, mit denen man rechnen muss.* Hamburg: vpm

Ezawa, B. (1992): Die Förderung mathematischer Fähigkeiten bei Geistigbehinderten mit spezifischen Lernstörungen – ein Fallbericht und therapeutische Vorschläge. *Zeitschrift für Heilpädagogik,* 43(2), 73–83

Ezawa, B. (2002): Mathematische Ideen statt mechanischer Rechenfähigkeiten im Unterricht mit lernschwachen Schülern! *Zeitschrift für Heilpädagogik,* 53(3), 98–103

Fischer, F. E./Beckey, R. D. (1990): Beginning kindergartners' perception of number. *Perceptual and Motor Skills,* 70, 419–425

Flexer, R. (1989): Conceptualizing addition. Arithmetic instruction for children in special education classes can be more than drill on number facts and computation. *Teaching Exceptional Children,* 21(4), 20–25

Floer, J. (1982): Möglichkeiten zur Förderung lernschwacher Kinder im (und durch) Mathematikunterricht. In: Reinartz, A./Sander, A. (Hrsg.), *Schulschwache Kinder in der Grundschule.* Weinheim: Beltz, 162–180

Francis, D. J./Fletcher, J. M./Stuebing, K./Lyon, G. R./Shaywitz, B. A./Shaywitz, S. E. (2005): Psychometric approaches to the identification of LD: IQ and achievement scores are not sufficient. *Journal of Learning Disabilities,* 38, 98–108

Franke, M. (2000): *Didaktik der Geometrie.* Heidelberg: Spektrum Akademischer Verlag

Franke, M. (2003): *Didaktik des Sachrechnens.* Heidelberg: Spektrum Akademischer Verlag

Freesemann, O./Wittich, C. (2009): Zahlen bilden eine Reihe. Integrationsklassen lernen am gemeinsamen Gegenstand. *Praxis Grundschule,* 9, 33–38

Frein, T./Möller, G. (2004): Jungen werden in der Schule benachteiligt. *SchulVerwaltung NRW,* (7/8), 196–199

Freudenthal, H. (1974): Die Stufen im Lernprozess und die heterogene Lerngruppe im Hinblick auf die Middenschool. *Neue Sammlung,* 14, 161–172

Freudenthal, H. (1977): *Mathematik als pädagogische Aufgabe.* 2. Auflage. Stuttgart: Klett

Freudenthal, H. (1991): *Revisiting Mathematics Education. China Lectures (Vol. 9).* Dordrecht: Kluwer Academic Publishers

Friedrich, G. (2006): Wenn Kinder ihre Nerven bündeln – Lernen im Zahlenland. Download unter: http://www.ifvl.de/Publikationen.html [17.05.2009]

Friedrich, G./de Galgóczy, V. (2004): *Komm mit ins Zahlenland. Eine spielerische Entdeckungsreise in die Welt der Mathematik.* Freiburg: Christophorus Verlag

Friedrich, G./Munz, H. (2003): Zum Projekt »Komm mit ins Zahlenland«. *Kindergartenpädagogik.* Online-Handbuch. Download unter: http://www.ifvl.de/Publikationen.html [17.05.2009].

Fritz, A./Ricken, G./Gerlach, M. (2007): *Kalkulie. Diagnose- und Trainingsprogramm für rechenschwache Kinder.* Berlin: Cornelsen

Fuson, K. (1988): *Children's Number and Counting Concept.* New York: Springer

Fuson, K. C. (1998): Issues in place-value and multidigit addition and subtraction learning and teaching. *Journal for Research in Mathematics Education*, 21, 273–280

Gaidoschik, M. (2003): *Rechenschwäche – Dyskalkulie. Eine unterrichtspraktische Einführung für Lehrerinnen und Eltern.* 2. Auflage. Horneburg: Persen

Gaidoschik, M. (2007): *Rechenschwäche vorbeugen. Das Handbuch für LehrerInnen und Eltern. 1. Schuljahr: Vom Zählen zum Rechnen.* Wien: G&G Buchvertriebsgesellschaft

Gaidoschik, M. (2009): Didaktogene Faktoren bei der Verfestigung des »zählenden Rechnens«. In: Fritz, A. et al. (Hrsg.), *Handbuch Rechenschwäche. Lernwege, Schwierigkeiten und Hilfen bei Dyskalkulie.* 2. erweiterte und aktualisierte Auflage. Weinheim: Beltz, 166–180

Gallin, P./Ruf, U. (1990): *Sprache und Mathematik in der Schule. Auf eigenen Wegen zur Fachkompetenz.* Zürich: LCH

Geary, D. C. (2004): Mathematics and learning disabilities. *Journal of Learning Disabilities*, 37, 4–15

Gelman, C. R./Gallistel, C. R. (1978): *The Child's Understanding of Number.* Cambridge: Harvard University Press

Gerster, H.-D. (1982): *Schülerfehler bei schriftlichen Rechenverfahren. Diagnose und Therapie.* Freiburg: Herder

Gerster, H.-D. (1989): Die Null als Fehlerquelle bei den schriftlichen Rechenverfahren. *Grundschule*, 21(12), 26–29

Gerster, H.-D. (1994): Arithmetik im Anfangsunterricht. In: Abele, A./Kalmbach, H. (Hrsg.), *Handbuch der Grundschulmathematik.* Stuttgart: Klett, 35–46

Gerster, H.-D. (1996): Vom Fingerrechnen zum Kopfrechnen – Methodische Schritte aus der Sackgasse des zählenden Rechnens. In: Eberle, G./Kornmann, R. (Hrsg.), *Lernschwierigkeiten und Vermittlungsprobleme im Mathematikunterricht an Grund- und Sonderschulen. Möglichkeiten der Vermeidung und Überwindung.* Weinheim: Deutscher Studienverlag, 137–162

Gerster, H.-D. (2007): Schriftliche Rechenverfahren. In: Walter, J./Wember, F. B. (Hrsg.), *Handbuch der Sonderpädagogik, Bd. 2. Sonderpädagogik des Lernens.* Göttingen: Hogrefe, 605–633

Gerster, H.-D. (2009): Probleme und Fehler bei den schriftlichen Rechenverfahren. In: Fritz, A. et al. (Hrsg.), *Handbuch Rechenschwäche. Lernwege, Schwierigkeiten und Hilfen bei Dyskalkulie.* 2. erweiterte und aktualisierte Auflage. Weinheim: Beltz, 269–285

Gerster, H.-D./Schultz, R. (2004): *Schwierigkeiten beim Erwerb mathematischer Konzepte im Anfangsunterricht. Bericht zum Forschungsprojekt Rechenschwäche – Erkennen, Beheben, Vorbeugen.* 3. Auflage. Download unter: http://opus.bsz-bw.de/phfr/volltexte/2007/16/ [17.02.2010]

Ginsburg, H. (1977): *Children's Arithmetic: The Learning Process.* New York: D. van Nostrand Company

Ginsburg, H./Opper, S. (1991): *Piagets Theorie der geistigen Entwicklung.* 6. Auflage. Stuttgart: Klett-Cotta

Gölitz, F./Roick, T./Hasselhorn, M. (2006): *DEMAT 4. Deutscher Mathematiktest für vierte Klassen.* Göttingen: Hogrefe

Gomolla, M. (2006): Fördern und Fordern allein genügt nicht! Mechanismen institutioneller Diskriminierung von Migrantenkindern und -jugendlichen im deutschen Schulsystem. In: Auernheimer, G. (Hrsg.), *Schieflagen im Bildungssystem.* 2. Auflage. Opladen: VS Verlag, 87–102

Grassmann, M. (1996): Wir haben »Krokodil, Zelt, Entenschnabel, UFO ... gebaut« Was so alles beim Experimentieren im Grundschulunterricht zutage treten kann. *Grundschulunterricht,* 43(11), 2–4

Grassmann, M. (1999): Zur Entwicklung von Zahl- und Größenvorstellungen als wichtigem Anliegen des Sachrechnens. *Grundschulunterricht,* 46(4), 31–34

Grassmann, M. (2000): *Kinder wissen viel – zusammenfassende Ergebnisse einer mehrjährigen Untersuchung zu mathematischen Vorkenntnissen von Grundschulkindern.* Hannover: Schroedel

Grassmann, M./Klunter, M./Köhler, E./Mirwald, E./Raudies, M./Thiel, O. (2002): *Mathematische Kompetenzen von Schulanfängern. Teil 1: Kinderleistungen – Lehrererwartungen. Potsdamer Studien zur Grundschulforschung, 30.* Potsdam: Universität Potsdam

Grassmann, M./Klunter, M./Köhler, E./Mirwald, E./Raudies, M./Thiel, O. (2003): *Mathematische Kompetenzen von Schulanfängern. Teil 2: Was können Kinder am Ende der Klasse 1? Potsdamer Studien zur Grundschulforschung, 31.* Potsdam: Universität Potsdam

Greer, B. (1993): The mathematical modeling perspective on wor(l)d problems. *Journal of Mathematical Behavior,* 12, 239–250

Grüntgens, W. (2001): Didaktische Prinzipien als Lernbehinderungen. *Die neue Sonderschule,* (1), 25–38

Grüßing, M./Peter-Koop, A. (2008): Effekte vorschulischer mathematischer Förderung am Ende des ersten Schuljahres: Erste Befunde einer Längsschnittstudie. *Zeitschrift für Grundschulforschung,* 1, 65–82

Haffner, J./Baro, K./Parzer, P./Resch, F. (2005): *Heidelberger Rechentest 1-4. Erfassung numerischer Basiskompetenzen im Grundschulalter.* Göttingen: Hogrefe

Hanich, L. B./Jordan, N. C./Kaplan, D./Dick, J. (2001): Performance across different areas of mathematical cognition in children with learning difficulties. *Journal of Educational Psychology,* 93(3), 615–626

Hartke, B. (2002): Offener Unterricht – ein überbewertetes Konzept? *Sonderpädagogik*, 32, 127–139

Häsel, U. (2001): *Sachaufgaben im Mathematikunterricht der Schule für Lernbehinderte: Theoretische Analyse und empirische Studien.* Hildesheim: Franzbecker

Hasemann, K. (2007): *Anfangsunterricht Mathematik.* 2. Auflage. Heidelberg: Spektrum Akademischer Verlag

Hasemann, K./Stern, E. (2002): Die Förderung des mathematischen Verständnisses anhand von Textaufgaben – Ergebnisse einer Interventionsstudie in Klassen des 2. Schuljahres. *Journal für Mathematik-Didaktik*, 23(3/4), 222–242

Heimlich, U. (2007): Gemeinsamer Unterricht im Rahmen inklusiver Didaktik. In: Heimlich, U./Wember, F. B. (Hrsg.), *Didaktik des Unterrichts im Förderschwerpunkt Lernen.* Stuttgart: Kohlhammer, 69–78

Heist, U. (2001): *Die 1x1 Hitparade für Kids.* Ebringen: Contenti music

Hellmich, F. (2007): Geometrie. In: Walter, J./Wember, F. B. (Hrsg.), *Handbuch der Sonderpädagogik, Bd. 2. Sonderpädagogik des Lernens.* Göttingen: Hogrefe, 634–657

Helmke, A. (2007). *Unterrichtsqualität. Erfassen, bewerten, verbessern.* 6. Auflage. Seelze: Kallmeyer

Helmke, A. (2009): *Unterrichtsqualität und Lehrerprofessionalität. Diagnose, Evaluation und Verbesserung.* Leipzig: Klett

Helmke, A./Hosenfeld, I. (2003a): Vergleichsarbeiten (VERA): Eine Standortbestimmung zur Sicherung schulischer Kompetenzen – Teil 1: Grundlagen, Ziele, Realisierung. *SchulVerwaltung, Ausgabe Hessen/Rheinland-Pfalz/Saarland*, (1), 10–13

Helmke, A./Hosenfeld, I. (2003b): Vergleichsarbeiten (VERA): Eine Standortbestimmung zur Sicherung schulischer Kompetenzen – Teil 2: Nutzung für Qualitätssicherung und Verbesserung der Unterrichtsqualität. *SchulVerwaltung, Ausgabe Hessen/Rheinland-Pfalz/Saarland*, (2), 41–43

Hengartner, E. (1992): Für ein Recht der Kinder auf eigenes Denken – Pädagogische Leitideen für das Lernen von Mathematik. *die neue schulpraxis*, (7/8), 15–27

Hengartner, E./Röthlisberger, H. (1995): Rechenfähigkeit von Schulanfängern. In: Brügelmann, H. et al. (Hrsg.), *Am Rande der Schrift. Zwischen Sprachenvielfalt und Analphabetismus.* Lengwil am See: Libelle, 66–86

Hengartner, E./Hirt, U./Wälti, B./Primarschulteam Lupsingen (2006): *Lernumgebungen für Rechenschwache bis Hochbegabte. Natürliche Differenzierung im Mathematikunterricht.* Zug: Klett & Balmer

van den Heuvel-Panhuizen, M. (1991): Ratio in special education. A pilot study on the possibilities of shifting the boundaries. In: Streefland, L. (Hrsg.), *Realistic Mathematics Education in Primary School. On the occasion of the opening of the Freudenthal Institute.* Utrecht: Freudenthal Institute, 157–181 van den Heuvel-Panhuizen, M. (1994): Leistungsmessung im aktiv-entdeckenden Mathematikunterricht. In: Brügelmann, H. (Hrsg.), *Am Rande der Schrift. Zwischen Sprachenvielfalt und Analphabetismus.* Konstanz: Libelle, 87–107

van den Heuvel-Panhuizen, M. (2001): Estimation. In: van den Heuvel-Panhuizen, M. (Hrsg.), *Children Learn Mathematics.* Utrecht: Freudenthal Institute, 173–202

van den Heuvel-Panhuizen, M. (2005): The role of contexts in assessment problems in mathematics. *For the Learning of Mathematics*, (2), 2–9 & 23

van den Heuvel-Panhuizen, M./van den Boogaard, S. (2008): Picture books as an impetus for kindergartners' mathematical thinking. *Mathematical Thinking and Learning*, 10(4), 341–373

van den Heuvel-Panhuizen, M./Vermeer, H. J. (1999): *Verschillen tussen meisjes en jongens bij het vaik rekenen-wiskunde op de basisschool. Eindrapport MOOJ-onderzoek.* Utrecht: Freudenthal Institute

van den Heuvel-Panhuizen, M./van den Boogaard, S./Scherer, P. (2007): A picture book as a prompt for mathematical thinking by kindergartners: when Gaby was read »being fifth«. In: *Beiträge zum Mathematikunterricht 2007.* Hildesheim: Franzbecker, 831–834

Heymann, H. W. (1991): Innere Differenzierung im Mathematikunterricht. *mathematik lehren*, (49), 63–49

Hiebert, J./Wearne, D. (1996): Instruction, understanding and skill in multidigit addition and subtraction. *Cognition and Instruction*, 14(3), 251–283

Hill, H. C./Rowan, B./Loewenberg Ball, D. (2005): Effects of teacher's mathematical knowledge for teaching on student achievement. *American Educational Research Journal*, 42(2), 371–406

Hirt, U./Wälti, B. (2008): *Lernumgebungen im Mathematikunterricht. Natürliche Differenzierung für Rechenschwache und Hochbegabte.* Seelze: Kallmeyer

Hoenisch, N./Niggemeyer, E. (2007): *Mathekings. Junge Kinder fassen Mathematik an.* 2. Auflage. Weimar: verlag das netz

Höhtker, B./Selter, C. (1995): Von der Hunderterkette zum leeren Zahlenstrahl. In: Müller, G. N./Wittmann, E. C. (Hrsg.), *Mit Kindern rechnen.* Frankfurt/M: Arbeitskreis Grundschule, 122–137

Hollenstein, A./Eggenberg, F. (1998): *mosima Grundlagen.* Zürich: Orell Füssli

Holt, J. (1969): *Chancen für unsere Schulversager.* Freiburg: Lambertus

Holt, J. (2003): *Wie kleine Kinder schlau werden. Selbständiges Lernen im Alltag.* Weinheim: Beltz

Huinker, D./Freckman, J. L./Steinmeyer, M. B. (2003): Subtraction strategies from children's thinking: moving toward fluency with greater numbers. *Teaching Children Mathematics*, 9(6), 347–353

Humbach, M. (2008): *Arithmetische Basiskompetenzen in der Klasse 10. Quantitative und qualitative Analysen.* Berlin: Dr. Köster

Humbach, M. (2009): Arithmetisches Basiswissen in Jahrgangsstufe 10. In: Fritz, A./ Schmidt, S. (Hrsg.), *Fördernder Mathematikunterricht in der Sekundarstufe I. Rechenschwierigkeiten erkennen und überwinden.* Weinheim: Beltz, 58–72

Ingenkamp, K./Lissmann, U. (2005): *Lehrbuch der pädagogischen Diagnostik.* 5. vollst. überarbeitete Auflage. Weinheim: Beltz

Jacobs, C./Petermann, F. (2005a): *Diagnostik von Rechenstörungen. Kompendien Psychologische Diagnostik Band 7.* Göttingen: Hogrefe

Jacobs, C./Petermann, F. (2005b): *Rechenfertigkeiten und Zahlverarbeitungsdiagnostikum für die 2.-6. Klasse.* Göttingen: Hogrefe

Jandl, E./Junge, N. (1997): *fünfter sein.* Weinheim: Beltz

Jordan, N. C./Hanich, L. (2000): Mathematical thinking in second-grade children with different forms of learning disabilities. *Journal of Learning Disabilities*, 33, 567–578

Jordan, N. C./Kaplan, D./Locuniak, M. N./Ramineni, C. (2007): Predicting first-grade math achievement from developmental number sense trajectories. *Learning Disabilities & Practice*, 22(1), 36–46

Jost, D. (1989): *Denkvorgänge beim mathematischen Lernprozeß. Neuer Mathematikunterricht in Kleinklassen.* Liestal/CH: Schweizerische Zentralstelle für Heilpädagogik, 5–17

Jost, D./Erni, J./Schmassmann, M. (1992): *Mit Fehlern muss gerechnet werden.* Zürich: sabe AG

Junker, B. (1999): Räumliches Denken bei lernbeeinträchtigten Schülern. *Die Grundschulzeitschrift*, 13(121), 22–24

Kaufmann, S./Wessolowski, S. (2006): *Rechenstörungen. Diagnose und Förderbausteine.* Seelze: Kallmeyer

Kaufmann L./Nuerk H.-C./Graf M./Krinzinger H./Delazer M./Willmes K. (2009): *TEDI MATH. Test zur Erfassung numerisch-rechnerischer Fertigkeiten vom Kindergarten bis zur 3. Klasse.* Bern: Huber

Keller, B./Noelle Müller, B. (Hrsg., 2007a): *Kinder begegnen Mathematik. Erfahrungen sammeln. Arbeitsmappe.* Zürich: Lehrmittelverlag

Keller, B./Noelle Müller, B. (2007b): Zahlen und Ziffern. In: Keller, B./Noelle Müller, B. (Hrsg.), *Kinder begegnen Mathematik. Erfahrungen sammeln. Arbeitsmappe.* Zürich: Lehrmittelverlag

Keller, B./Noelle Müller, B. (2007c): Muster und Regeln. In: Keller, B./Noelle Müller, B. (Hrsg.), *Kinder begegnen Mathematik. Erfahrungen sammeln. Arbeitsmappe.* Zürich: Lehrmittelverlag

Keller, B./Noelle Müller, B. (2007d): Formen und Bewegung. In: Keller, B./Noelle Müller, B. (Hrsg.), *Kinder begegnen Mathematik. Erfahrungen sammeln. Arbeitsmappe.* Zürich: Lehrmittelverlag

Keller, B./Noelle Müller, B. (Hrsg., 2008): *Kinder begegnen Mathematik. Das Bilderbuch.* Zürich: Lehrmittelverlag

Kiper, H. (2006): Rezeption und Wirkung der Psychologischen Didaktik. In: Baer, M. et al. (Hrsg.), *Didaktik auf psychologischer Grundlage. Von Hans Aeblis kognitionspsychologischer Didaktik zur modernen Lehr- und Lernforschung.* Bern: h. e. p, 74–85

Klauer, K. J. (1977): Mathematik. In: Kanter, G. O./Speck, O. (Hrsg.), *Handbuch der Lernbehindertenpädagogik.* Berlin: Marhold, 293–306

Klauer, K. J. (Hrsg., 1991): *Mathematik – Unterstufe.* Düsseldorf: Cornelsen

Kleindienst-Cachay, C./Hoffmann, S. (2009): Bewegungsspiele zur Förderung mathematischer Kompetenzen im Anfangsunterricht. *Sportunterricht,* (4), 1–7

Klieme, E./Neubrand, M./Lüdtke, O. (2001): Mathematische Grundbildung: Testkonzeption und Ergebnisse. In: Baumert, J. et al. (Hrsg.), *PISA 2000. Basiskompetenzen von Schülerinnen und Schülern im internationalen Vergleich.* Opladen: Leske + Budrich, 139–190

KM – Kultusminister des Landes Nordrhein-Westfalen (Hrsg., 1977): *Richtlinien und Beispielplan für die Schule für Lernbehinderte (Sonderschule) in Nordrhein-Westfalen – Mathematik.* Frechen: Ritterbach

KM – Kultusminister des Landes Nordrhein-Westfalen (Hrsg., 1985): *Richtlinien und Lehrpläne für die Grundschule in Nordrhein-Westfalen: Mathematik.* Köln: Greven Verlag

KM – Ministerium für Kultus und Sport (Hrsg., 1990): *Bildungsplan für die Schule für Lernbehinderte. Bd. 1 & 2.* Villingen-Schwenningen: Neckar-Verlag GmbH

KMK – Sekretariat der Ständigen Konferenz der Kultusminister der Länder in der Bundesrepublik Deutschland (Hrsg., 1999): *Empfehlungen zum Förderschwerpunkt Lernen. Beschluss vom 1.10.1999.* Download unter: http://www.kmk.org/fileadmin/pdf/PresseUndAktuelles/2000/sopale.pdf [11.03.2010]

KMK – Sekretariat der Ständigen Konferenz der Kultusminister der Länder in der Bundesrepublik Deutschland (Hrsg., 2005): *Bildungsstandards im Fach Mathematik für den Primarbereich. Beschluss vom 15.10.2004.* München: Luchterhand

KMK – Sekretariat der Ständigen Konferenz der Kultusminister der Länder in der Bundesrepublik Deutschland (Hrsg., 2008): *Ländergemeinsame inhaltliche Anforderungen für die Fachwissenschaften und Fachdidaktiken in der Lehrerbildung. Beschluss der Kultusministerkonferenz vom 16.10.2008 i. d. F. vom 08.12.2008*

Kobel, L./Doebeli, M. (1999): Der Einstieg ins kleine 1x1. Multiplikative Strukturen anschaulich machen. *Die Grundschulzeitschrift,* 13(121), 41–43

König, H.-W. (1976): Die Übung der Grundrechenarten im Mathematikunterricht der Schule für Lernbehinderte. *Zeitschrift für Heilpädagogik,* 27(10), 595–605

Kösch, H. (1997): Raum begreifen – Raumvorstellung entwickeln. *Computer und Unterricht*, 7(27), 14–17

Kornmann, R. (2002): Lernbehindernder Unterricht? Vorschläge zur förderungsorientierten Analyse der Lerntätigkeit einzelner Schülerinnen und Schüler in der konkreten Unterrichtspraxis. In: Mutzeck, W. (Hrsg.), *Förderdiagnostik. Konzepte und Methoden*. 3. überarbeitete Auflage. Weinheim: Beltz, 73–102

Kornmann, R. (2006): Die Überrepräsentation ausländischer Kinder und Jugendlicher in Sonderschulen mit dem Schwerpunkt Lernen. In: Auernheimer, G. (Hrsg.), *Schieflagen im Bildungssystem*. 2. Auflage. Opladen: VS Verlag, 71–86

Kornmann, R./Frank, A./Holland-Rummer, C./Wagner, H. J. (1999): *Probleme beim Rechnen mit der Null. Erklärungsansätze und pädagogische Hilfen*. Weinheim: Beltz

Krajewski, K. (2003): *Vorhersage von Rechenschwäche in der Grundschule*. Hamburg: Dr. Kovač

Krajewski, K. (2007): Vorschulische Förderung mathematischer Kompetenzen. In: Petermann, F./Schneider, W. (Hrsg.), *Enzyklopädie der Psychologie, Reihe Entwicklungspsychologie, Bd. Angewandte Entwicklungspsychologie*. Göttingen: Hogrefe, 275–304

Krajewski, K. (2008): Prävention der Rechenschwäche. In: Schneider, W./Hasselhorn, M. (Hrsg.), *Handbuch der Psychologie, Bd. Pädagogische Psychologie*. Göttingen: Hogrefe, 360–370

Krajewski, K./Schneider, W. (2009): Early development of quantity to number-word linkage as a precursor of mathematical school achievement and mathematical difficulties. Findings from a four-year longitudinal study. *Learning and Instruction*, 19(6), 513–526

Krajewski, K./Küspert, P./Schneider, W. (2002): *DEMAT 1+. Deutscher Mathematiktest für erste Klassen*. Göttingen: Hogrefe

Krapp, A. (1998): Entwicklung und Förderung von Interesse im Unterricht. *Psychologie in Erziehung und Unterricht*, 44, 185–201

Krauthausen, G. (1993): Kopfrechnen, halbschriftliches Rechnen, schriftliche Normalverfahren, Taschenrechner: Für eine Neubestimmung des Stellenwertes der vier Rechenmethoden. *Journal für Mathematik-Didaktik*, 14(3/4), 189–219

Krauthausen, G. (1995): Die »Kraft der Fünf« und das denkende Rechnen. In: Müller, G. N./Wittmann, E. C. (Hrsg.), *Mit Kindern rechnen*. Frankfurt/M: Arbeitskreis Grundschule, 87–108

Krauthausen, G. (1998): *Lernen – Lehren – Lehren Lernen*. Leipzig: Klett

Krauthausen, G. (2009): Entwicklung arithmetischer Fertigkeiten und Strategien – Kopfrechnen und halbschriftliches Rechnen. In: Fritz, A. et al. (Hrsg.), *Handbuch Rechenschwäche. Lernwege, Schwierigkeiten und Hilfen bei Dyskalkulie*. 2. erweiterte und aktualisierte Auflage. Weinheim: Beltz, 100–117

Krauthausen, G./Scherer, P. (2006a): Üben im Mathematikunterricht. Vernetzte Anforderungen an Lehrende und Aufgabenangebote. *Grundschule*, 38(1), 32–35

Krauthausen, G./Scherer, P. (2006b): Was macht ein Übungsbeispiel produktiv? *Praxis Grundschule*, 29(1), 4–5

Krauthausen, G./Scherer, P. (2007): *Einführung in die Mathematikdidaktik*. 3. neu bearbeitete Auflage. Heidelberg: Spektrum Akademischer Verlag

Kretschmann, R. (2007): Lernschwierigkeiten, Lernstörungen und Lernbehinderung. In: Walter, J./Wember, F. B. (Hrsg.), *Sonderpädagogik des Lernens. Band 2 Handbuch Sonderpädagogik*. Göttingen: Hogrefe, 4–32

Kronig, W. (2007): *Die systematische Zufälligkeit des Bildungserfolgs*. Bern: Haupt

Kühnel, J. (1959): *Neubau des Rechenunterrichts*. Düsseldorf: Turm-Verlag

Lampert, M. (1990): Connecting inventions with conventions. In: Steffe, L. P./Wood, T. (Hrsg.), *Transforming Children's Mathematics Education*. Hillsdale/NJ: Erlbaum, 253–265

Landerl, K./Kaufmann, L. (2008): *Dyskalkulie*. München: Reinhardt

Langfeldt, H.-P. (1998): *Behinderte Kinder im Urteil ihrer Lehrkräfte. Eine Analyse der Begutachtungspraxis im Sonderschul-Aufnahme-Verfahren*. Heidelberg: Edition Schindele

Lehmann, R. H./Peek, R. (1997): Aspekte der Lernausgangslage von Schülerinnen und Schülern der fünften Klassen an Hamburger Schulen: Ergebnisse der Erhebung. *Hamburg macht Schule*, (5), 28–30

Lehmann, W./Jüling, I. (2002): Raumvorstellungsfähigkeit und mathematische Fähigkeiten – unabhängige Fähigkeit oder zwei Seiten einer Medaille? *Psychologie in Erziehung und Unterricht*, 49, 31–43

Lembke, E./Foegen, A. (2009): Identifying early numeracy indicators for kindergarten and first-grade students. *Learning Disabilities Research & Practice*, 24(1), 12–20

Loewenberg Ball, D./Hill, H. C./Bass, H. (2005): Knowing for teaching mathematics. Who knows mathematics well enough to teach third grade, and how can we decide? *American Educator*, 29(3), 14–17 & 20–22 & 43–46

Lohaus, A./Schumann-Hengsteler, R./Kessler, T. (1999): *Räumliches Denken im Kindesalter*. Göttingen: Hogrefe

Lorenz, J. H. (1989): Zähler und Fingerrechner – Was tun? *Die Grundschulzeitschrift*, (24), 8–9

Lorenz, J. H. (1995): Arithmetischen Strukturen auf der Spur. *Die Grundschulzeitschrift*, (82), 8–12

Lorenz, J. H. (1998): *Anschauung und Veranschaulichung im Mathematikunterricht. Mentales visuelles Operieren und Rechenleistung*. 2. unveränderte Auflage. Göttingen: Hogrefe

Lorenz, J. H. (2003a): *Lernschwache Rechner fördern*. Berlin: Cornelsen Scriptor

Lorenz, J. H. (2003b): Wider die rote Tinte. Wie man aus Fehlern klug wird. *Praxis Grundschule*, 26, 13–20

Lorenz, J. H. (2004): Mit Fehlern rechnen. Argumente für einen offenen Mathematikunterricht. *Lernchancen*, 39, 46–52

Lorenz, J. H./Radatz, H. (1993): *Handbuch des Förderns im Mathematikunterricht.* Hannover: Schroedel

van Luit, J. E. H./van de Rijt, B. A. M./Hasemann, K. (2001): *Osnabrücker Test zur Zahlbegriffsentwicklung.* Göttingen: Hogrefe

Ma, L. (1999): *Knowing and Teaching Elementary Mathematics.* Mahwah: Lawrence Erlbaum Associates

Mabott, D. J./Bisanz, J. (2003): Developmental change and individual differences in children's multiplication. *Child Development*, 74, 1091–1107

Mabbott, D. J./Bisanz, J. (2008): Computational skills, working memory, and conceptual knowledge in older children with mathematics learning disabilities. *Journal of Learning Disabilities*, 41(1), 15–28

Maier, P. H. (1999): *Räumliches Vorstellungsvermögen.* Donauwörth: Auer

Marwege, G. (2007): Schulrechtliche Ansprüche von Schülerinnen und Schülern mit Legasthenie und Dyskalkulie unter besonderer Berücksichtigung von Art. 3. Abs. 3 S. 2 GG. In: Schulte-Körner, G. (Hrsg.), *Legasthenie und Dyskalkulie.* Hannover: Bundesverband Legasthenie und Dyskalkulie, 283–302

Mazzocco, M. M. M. (2005): Challenges in identifying target skills for math disability screening and intervention. *Journal of Learning Disabilities*, 38, 318–323

McIntosh, A. (1971): Learning their tables – a suggested reorientation. *Mathematics Teaching*, (56), 2–5

McGarrigle, J./Donaldson, M. (1974): Conservation accidents. *Cognition* (3), 341–350

Mengel, W. (2004): Wir erfinden Textaufgaben. Ein motivierender Ansatz zum Umgang mit Textaufgaben in einem 2. Schuljahr. *Grundschulunterricht*, 51(12), 19–24

Menne, J. (1999): Effektiv üben mit rechenschwachen Kindern. *Die Grundschulzeitschrift*, 13(121), 18–21

Menne, J. J. M. (2001): *Met Sprongen Vooruit.* Utrecht: Freudenthal Institute

Meschenmoser, H. (1999): *Computergestützte Konstruktion und Visualisierung. Raumvorstellung fördern mit dem Konstruktionsprogramm BAUWAS.* Berlin: Machmit

Metzner, W. (1991): *Das Zauberdreieck.* Stuttgart: Klett

Möller, G./Prasse, A. (2009): Die Kompetenzen der 15-jährigen beim dritten inner-deutschen PISA-Ländervergleich (PISA-E-2006). *SchulVerwaltung NRW*, (2), 34–37

Montague, M./Applegate, B. (2000): Middle school student's perceptions, persistence and performance in mathematical problem solving. *Learning Disabilities Quarterly*, 23, 215–226

de Moor, E. (1991): Geometry-instruction (age 4-14) in The Netherlands – the realistic approach –. In: Streefland, L. (Hrsg.), *Realistic Mathematics Education in Primary School: On the occasion of the opening of the Freudenthal Institute*. Utrecht: Freudenthal Institute, 119–138

de Moor, E./van den Brink, J. (1997): Geometrie vom Kind und von der Umwelt aus. *mathematik lehren*, (83), 14–17

Moosbrugger, H./Kelava, A. (Hrsg., 2007): *Testtheorie und Fragebogenkonstruktion*. Heidelberg: Springer

Moser Opitz, E. (1999): Mathematischer Erstunterricht im heilpädagogischen Bereich: Anfragen und Überlegungen. *Vierteljahresschrift für Heilpädagogik und ihre Nachbargebiete*, 68(3), 293–307

Moser Opitz, E. (2002): Entdecken des Zahlenraums in Klasse 1 mit dem Goldstück-spiel. *Grundschulunterricht*, (6), 8–11

Moser Opitz, E. (2006): Förderdiagnostik: Entstehung – Ziele – Leitlinien – Beispiele. In: Grüßing, M./Peter-Koop, A. (Hrsg.), *Die Entwicklung des mathematischen Denkens in Kindergarten und Grundschule. Beobachten – Fördern – Dokumentieren*. Offenbach: Mildenberger, 10–28

Moser Opitz, E. (2007a): *Rechenschwäche/Dyskalkulie. Theoretische Klärungen und empirische Studien an betroffenen Schülerinnen und Schülern*. Bern: Haupt

Moser Opitz, E. (2007b): Erstrechnen. In: Heimlich, U./Wember, F. B. (Hrsg.), *Didaktik des Unterrichts im Förderschwerpunkt Lernen. Eine Handreichung für Praxis und Studium*. Stuttgart: Kohlhammer, 253–265

Moser Opitz, E. (2007c): Bildungsstandards und Sonderpädagogik. *Schweizerische Zeitschrift für Heilpädagogik*, (9), 10–17

Moser Opitz, E. (2008): *Zählen, Zahlbegriff, Rechnen. Theoretische Grundlagen und eine empirische Untersuchung zum mathematischen Erstunterricht in Sonderklassen*. 3. Auflage. Bern: Haupt

Moser Opitz, E. (2009a): Erwerb grundlegender Konzepte der Grundschulmathematik als Voraussetzung für das Mathematiklernen in der Sekundarstufe 1. In: Fritz, A./ Schmidt, S. (Hrsg.), *Fördernder Mathematikunterricht in der Sekundarstufe I. Rechenschwierigkeiten erkennen und überwinden*. Weinheim: Beltz, 29–43

Moser Opitz, E. (2009b): Rechenschwäche diagnostizieren: Umsetzung einer entwicklungs- und theoriegeleiteten Diagnostik. In: Fritz, A. et al. (Hrsg.), *Handbuch Rechenschwäche. Lernwege, Schwierigkeiten und Hilfen bei Dyskalkulie*. 2. erweiterte und aktualisierte Auflage. Weinheim: Beltz, 286–307

Moser Opitz, E. (2010, im Druck): Mathematik im Anfangsunterricht. In: Leuchter, M. (Hrsg.), *Unterricht in der Eingangsstufe: Bildungsziele, didaktische Grundlagen und Umsetzungen*. Zug: Klett & Balmer

Moser Opitz, E./Schmassmann, M. (2005): *Heilpädagogischer Kommentar zum Zahlenbuch 5*. Zug: Klett & Balmer

Moser Opitz, E./Schmassmann, M. (2007): Grundoperationen. In: Heimlich, U./ Wember, F. B. (Hrsg.), *Didaktik des Unterrichts im Förderschwerpunkt Lernen. Eine Handreichung für Praxis und Studium*. Stuttgart: Kohlhammer, 266–279

Moser Opitz, E./Christen, U./Vonlanthen Perler, R. (2008): Räumliches und geometrisches Denken von Kindern im Übergang vom Elementar- zum Primarbereich beobachten. In: Graf, E./Moser Opitz, E. (Hrsg.), *Diagnostik und Förderung im Elementarbereich und Grundschulunterricht*. Baltmannsweiler: Schneider Verlag, 133–149

Moser Opitz, E./Reusser, L./Moeri Müller, M./Anliker, B./Wittich, C./Freesemann, O. (2010a, im Druck): *Basis Diagnostik Mathematik 4-8*. Bern: Huber

Moser Opitz, E./Ruggiero, P./Wüest, P. (2010b, im Druck): Verbale Zählkompetenzen und Mehrsprachigkeit: Eine Studie mit Kindergartenkindern. Erscheint in: *Psychologie in Erziehung und Unterricht*, (3)

Moser, U./Bayer, N./Berweger, S. (2008): *Summative Evaluation Grundstufe und Basisstufe. Zwischenbericht zuhanden der EDK-OST*. Zürich: Institut für Bildungsevaluation. Download unter: http://www.ibe.uzh.ch/projekte/grund-undbasisstufe.html [09.01.2010]

Moser, U./Berweger, S./Stamm, M. (2005): Mathematische Kompetenzen bei Schuleintritt. In: Moser, U. et al. (Hrsg.), *Für die Schule bereit? Lesen, Wortschatz, Mathematik und soziale Kompetenzen bei Schuleintritt*, Aarau: Sauerländer, 77–98

MSW – Ministerium für Schule und Weiterbildung Nordrhein-Westfalen (2005): Schulgesetz für das Land Nordrhein-Westfalen. Download unter: http://www.schulministerium.nrw.de/BP/Schulrecht/Gesetze/SchulG_Info/Schulgesetz.pdf [17.02.2010]

MSW – Ministerium für Schule und Weiterbildung des Landes Nordrhein-Westfalen (2008a): *Ergebnisse der Vergleichsarbeiten (VERA), Klasse 3, 2008*. Download unter: http://www.standardsicherung.schulministerium.nrw.de/vera3/upload/download/mat_07-08/VERA-Ergebnisbericht_1009-2008.pdf [09.01.10]

MSW – Ministerium für Schule und Weiterbildung des Landes Nordrhein-Westfalen (Hrsg., 2008b): *Grundschule. Richtlinien und Lehrpläne. Mathematik*. Frechen: Ritterbach

MSW – Ministerium für Schule und Weiterbildung des Landes Nordrhein-Westfalen (2009): *Schulgesetz für das Land Nordrhein-Westfalen.* Download unter: http://www.schulministerium.nrw.de/BP/Schulrecht/Gesetze/SchulG_Info/Schul gesetz.pdf [17.02.2010]

Müller, G. N. (1990): Das kleine 1·1. *Die Grundschulzeitschrift,* 4(31), 13–16

Müller, G. N./Wittmann, E. C. (1984): *Der Mathematikunterricht in der Primarstufe.* 3. Auflage. Braunschweig: Vieweg

Müller, G. N./Wittmann, E. C. (1998): *Die Denkschule 3./4. Schuljahr. Spielen und überlegen.* Leipzig: Klett

Müller, G. N./Wittmann, E. C. (2002): *Mündliches Rechnen in Kleingruppen. Der Förderkurs. Teil 4: Größen.* Leipzig: Klett

Müller, G. N./Wittmann, E. C. (2006): *Die Denkschule 1./2. Schuljahr. Spielen und überlegen.* Leipzig: Klett

Murphy, M. M./Mazzocco, M. M./Hanich, L. B./Early, M. C. (2007): Cognitive characteristics of children with mathematics learning disabilities (MLD) vary as a function of the cutoff criterion used to define MLD. *Journal of Learning Disabilities,* 40, 458–478

Nestle, W. (1999): Auf die Beziehung kommt es an. Rechnen in Sachzusammenhängen. *Lernchancen,* 2(7), 48–54

Noël, M. P./Turconi, E. (1999): Assessing number transcoding in children. *European Review of Applied Psychology,* 49(4), 295–302

Nührenbörger, M./Pust, S. (2006): *Mit Unterschieden rechnen. Lernumgebungen für einen differenzierten Anfangsunterricht Mathematik.* Seelze: Kallmeyer

Oser, F./Hascher, T. (1997): Lernen aus Fehlern. Zur »Psychologie des negativen Wissens«. *Schriftenreihe zum Projekt »Lernen Menschen aus Fehlern?« Zur Entwicklung einer Fehlerkultur in der Schule.* NR. 1. Freiburg/CH: Universität Freiburg

Oser, F./Spychiger, M. (2005): *Lernen ist schmerzhaft. Zur Theorie des Negativen Wissens und zur Praxis der Fehlerkultur.* Weinheim: Beltz

Oser, F./Hascher, T./Spychiger, M. (1999): Zur Psychologie des »negativen Wissens«: Entwicklung einer Fehlerkultur in der Schule. In: Althof, W. (Hrsg.), *Fehlerwelten: vom Fehlermachen und Lernen aus Fehlern. Beiträge und Nachträge zu einem interdisziplinären Symposium aus Anlaß des 60. Geburtstages von Fritz Oser.* Opladen: Leske + Budrich, 11–41

Ostad, S. A. (1998): Developmental differences in solving simple arithmetic word problems and simple number-fact problems: a comparison of mathematically normal and mathematically disabled children. *Mathematical Cognition,* 4, 1–19

Padberg, F. (2005): *Didaktik der Arithmetik für Lehrerausbildung und Lehrerfortbildung.* 3. erweiterte, vollst. überarbeitete Auflage. Heidelberg: Spektrum Akademischer Verlag

Parmar, R. S./Cawley, J. F./Miller, J. H. (1994): Difference in mathematics performance between students with learning disabilities and students with mild retardation. *Exceptional Children*, 60, 549–566

Passolunghi, M. C./Siegel, L. S. (2004): Working memory and access to numerical information in children with disability in mathematics. *Journal of Experimental Child Psychology*, 88, 348–377

Pauen, S./Pahnke, J. (2008): Mathematische Kompetenzen im Kindergarten: Evaluation der Effekte einer Kurzzeitintervention. *Empirische Pädagogik*, 22(2), 193–208

Pedrotty Bryant, D./Bryant, B. R./Gersten, R./Scammacca, N./Chavez, M. M. (2008): Mathematics intervention for first- and second grade students with mathematics difficulties. The effects of Tier 2 intervention delivered as booster lessons. *Remedial and Special Education*, 29, 20–32

Penner, Z. (1996): Sprachverständnis bei Ausländerkindern. *Logopädie*, 19, 195–212

Pepper, M. (2002): Who needs written algorithms? *Equals mathematics and special educational needs*, 8(2), 9–10

Peschel, F. (2006): *Offener Unterricht. Idee, Realität, Perspektive und ein praxiserprobtes Konzept zur Diskussion. Teil I: Allgemeindidaktische Überlegungen.* Baltmansweiler: Schneider Verlag Hohengehren

Peter-Koop, A./Grüßing, M./Schmitman gen. Pothmann, A. (2008): Förderung mathematischer Vorläuferfertigkeiten: Befunde zur vorschulischen Identifizierung und Förderung von potenziellen Risikokindern in Bezug auf das schulische Mathematiklernen. *Empirische Pädagogik*, 22(2), 209–224

Peter-Koop. A./Wollring, B./Spindeler, B./Grüßing, M. (2007): *Elementarmathematisches Basisinterview EMBI.* Offenburg: Mildenberger

Piaget, J. (1994): *Das Weltbild des Kindes.* 4. Auflage. München: Klett-Cotta

Piaget, J. (1999): *Über Pädagogik.* Weinheim: Beltz

Piaget, J./Szeminska, A. (1972): *Die Entwicklung des Zahlbegriffs beim Kinde.* 3. Auflage. Stuttgart: Klett-Cotta

Plunkett, S. (1987): Wie weit müssen Schüler heute noch die schriftlichen Rechenverfahren beherrschen? *mathematik lehren*, (21), 43–46

Prediger, S. (2009): Quader bauen aus 24 Würfeln – Kinder auf dem Weg zur Volumenformel. *MNU Primar*, 1(1), 8–12

Preiss, G. (2004): *Entdeckungen im Zahlenland.* Leitfaden Zahlenland 1. Kirchzarten, Breisgau: Eigenverlag

Prengel, A. D. (1999): *Vielfalt durch gute Ordnung im Anfangsunterricht.* Opladen: Leske + Budrich

Pust, S. (2006): »Ich seh' noch eine andere Aufgabe« Selbstdifferenzierte Auseinandersetzung mit Addition und Subtraktion. *Die Grundschulzeitschrift*, (195/196), 34–39

Radatz, H. (1980): *Fehleranalysen im Mathematikunterricht*. Braunschweig: Vieweg

Radatz, H. (1983): Untersuchungen zum Lösen eingekleideter Aufgaben. *Journal für Mathematik-Didaktik*, (3), 205–217

Radatz, H. (1991): Einige Beobachtungen bei rechenschwachen Grundschülern. In: Lorenz, J. H. (Hrsg.), *Störungen beim Mathematiklernen. Untersuchungen zum Mathematikunterricht.* Köln: Aulis, 74–89

Radatz, H./Rickmeyer, K. (1991): *Handbuch für den Geometrieunterricht an Grundschulen.* Hannover: Schroedel

Radatz, H./Schipper, W. (1983): *Handbuch für den Mathematikunterricht an Grundschulen.* Hannover: Schroedel

Radatz, H./Schipper, W./Dröge, W./Ebeling, A. (1996): *Handbuch für den Mathematikunterricht. 1. Schuljahr. Anregungen zur Unterrichtspraxis.* Hannover: Schroedel

Radatz, H./Schipper, W./Dröge, W./Ebeling, A. (1998): *Handbuch für den Mathematikunterricht 2. Schuljahr. Anregungen zur Unterrichtspraxis.* Hannover: Schroedel

Radatz, H./Schipper, W./Dröge, W./Ebeling, A. (1999): *Handbuch für den Mathematikunterricht 3. Schuljahr. Anregungen zur Unterrichtspraxis.* Hannover: Schroedel

Rasch, R. (2003): *42 Denk- und Sachaufgaben. Wie Kinder mathematische Aufgaben lösen und diskutieren.* Seelze: Kallmeyer

Ratzka, N. (2003): *Mathematische Fähigkeiten und Fertigkeiten am Ende der Grundschulzeit. Empirische Studien im Anschluss an TIMSS.* Hildesheim: Franzbecker

Ross, S. H. (1989): Parts, wholes and place value. A developmental view. *Arithmetic Teacher*, 36(6), 47–51

Rost, J. (2004): *Lehrbuch Testtheorie und Testkonstruktion.* Vollst. überarbeitete und erweiterte Auflage. Bern: Huber

Rottmann, T. (2009): Diagnose von Rechenstörungen. *MNU Primar*, 1(2), 49–52

Rottmann, T./Schipper, W. (2002): Das Hunderterfeld – Hilfe oder Hindernis beim Rechnen im Zahlenraum bis 100? *Journal für Mathematik-Didaktik*, 23(1), 51–74

Ruf, U./Gallin, P. (1998): *Sprache und Mathematik in der Schule.* Seelze: Kallmeyer

Sander, S. (2003): »Man kann ja nicht dahinter sehen« Würfelgebäude – Bauen mit BAUWAS. *Die Grundschulzeitschrift*, (167), 34–37

Sarnecka, B. W./Kamenskaya, V. G./Yamana, Y./Ogura, T./Yudovina, Y. B. (2007): From grammatical number to exact numbers: Early meanings of ›one‹, ›two‹, and ›three‹ in English, Russian, and Japanese. *Cognitive Psychology*, 55(2), 136–168

Schäfer, J. (2005): *Rechenschwäche in der Eingangsstufe der Hauptschule. Lernstand, Einstellungen und Wahrnehmungsleistungen. Eine empirische Studie.* Hamburg: Verlag Dr. Kovač

Scherer, P. (1995): Ganzheitlicher Einstieg in neue Zahlenräume – auch für lernschwache Schüler?! In: Müller, G. N./Wittmann, E. C. (Hrsg.), *Mit Kindern rechnen*. Frankfurt/M: Arbeitskreis Grundschule, 151–164

Scherer, P. (1996a): Evaluation entdeckenden Lernens im Mathematikunterricht der Schule für Lernbehinderte: Quantitative oder qualitative Forschungsmethoden? *Heilpädagogische Forschung*, 22(2), 76–88

Scherer, P. (1996b): »Das kann ich schon im Kopf«. Zum Einsatz von Arbeitsmitteln und Veranschaulichungen im Mathematikunterricht mit lernschwachen Schülern. *Grundschulunterricht*, 43(3), 52–56

Scherer, P. (1997a): Schülerorientierung UND Fachorientierung – notwendig und möglich! *Mathematische Unterrichtspraxis*, 18(1), 37–48

Scherer, P. (1997b): Substantielle Aufgabenformate – jahrgangsübergreifende Beispiele für den Mathematikunterricht, Teil 1 – 3. *Grundschulunterricht*, 44 (1 & 4 & 6), 34–38 & 36–38 & 54–56

Scherer, P. (1999a): *Entdeckendes Lernen im Mathematikunterricht der Schule für Lernbehinderte – Theoretische Grundlegung und evaluierte unterrichtspraktische Erprobung*. 2. Auflage. Heidelberg: Edition Schindele

Scherer, P. (1999b): Lernschwierigkeiten im Mathematikunterricht – Schwierigkeiten mit der Mathematik oder mit dem Unterricht? *Die Grundschulzeitschrift*, 13(121), 8–12

Scherer, P. (1999c): Mathematiklernen bei Kindern mit Lernschwächen – Perspektiven für die Lehrerbildung. In: Selter, C./Walther, G. (Hrsg.), *Mathematikdidaktik als design science. Festschrift für Erich Christian Wittmann*. Leipzig: Ernst Klett Grundschulverlag, 170–179

Scherer, P. (2002): »10 plus 10 ist auch 5 mal 4«. Flexibles Multiplizieren von Anfang an. *Grundschulunterricht*, 49(10), 37–39

Scherer, P. (2003a): Different students solving the same problems – the same students solving different problems. *Tijdschrift voor nascholing en onderzoek van het rekenwiskundeonderwijs (Journal for in-service training and research in mathematics education in primary school)*, 22(2), 11–20

Scherer, P. (2003b): *Produktives Lernen für Kinder mit Lernschwächen. Fördern durch fordern. Band 2: Addition und Subtraktion im Hunderterraum*. Horneburg: Persen Verlag

Scherer, P. (2004a): Was »messen« Mathematikaufgaben? – Kritische Anmerkungen zu Aufgaben in den Vergleichsstudien. In: Bartnitzky, H./Speck-Hamdan, A. (Hrsg.), *Leistungen der Kinder wahrnehmen – würdigen – fördern*. Frankfurt/M.: Arbeitskreis Grundschule, 270–280

Scherer, P. (2004b): Sachrechnen – zu anspruchsvoll für lernschwache Schülerinnen und Schüler? *Lernchancen*, (37), 8–12

Scherer, P. (2005a): *Produktives Lernen für Kinder mit Lernschwächen: Fördern durch Fordern. Band 1*. Horneburg: Persen Verlag

Scherer, P. (2005b): *Produktives Lernen für Kinder mit Lernschwächen. Fördern durch fordern. Band 3: Multiplikation und Division im Hunderterraum.* Horneburg: Persen Verlag

Scherer, P. (2007a). Elementare Rechenoperationen: In: Walter, J./Wember, F. B. (Hrsg.), *Sonderpädagogik des Lernens. Band 2 Handbuch Sonderpädagogik*, Göttingen: Hogrefe, 590–605

Scherer, P. (2007b): Offene Lernumgebungen im Mathematikunterricht – Schwierigkeiten und Möglichkeiten lernschwacher Schülerinnen und Schüler. *Zeitschrift für Heilpädagogik*, 58(8), 291–296

Scherer, P. (2009a): Diagnose ausgewählter Aspekte des Dezimalsystems bei lernschwachen Schülerinnen und Schülern. In: Neubrand, M. (Hrsg.), *Beiträge zum Mathematikunterricht. Vorträge auf der 43. Tagung für Didaktik der Mathematik vom 02.03.2009 bis 06.03.2009 in Oldenburg.* Münter: WTM-Verlag, 835–838

Scherer, P. (2009b): Low achievers solving context problems – opportunities and challenges. *Mediterranean Journal for Research in Mathematics Education*, 8(1), 25–40

Scherer, P. (2009c): Produktives Mathematiklernen – auch in der Förderschule?! In: Fritz, A. et al. (Hrsg.), *Handbuch Rechenschwäche. Lernwege, Schwierigkeiten und Hilfen bei Dyskalkulie.* 2. erweiterte und aktualisierte Auflage. Weinheim: Beltz, 434–447

Scherer, P./Hoffrogge, B. (2004): Informelle Rechenstrategien im Tausenderraum – Entwicklungen während eines Schuljahres. In: Scherer, P./Bönig, D. (Hrsg.), *Mathematik für Kinder – Mathematik von Kindern.* Frankfurt/M.: Arbeitskreis Grundschule, 152–162

Scherer, P./Scheiding, M. (2006): Produktives Sachrechnen – Zum Umgang mit geöffneten Textaufgaben. *Praxis Grundschule*, 29(1), 28–31

Scherer, P./Steinbring, H. (2001): Strategien und Begründungen an Veranschaulichungen – Statische und dynamische Deutungen. In: Weiser, W./Wollring, B. (Hrsg.), *Beiträge zur Didaktik der Mathematik für die Primarstufe – Festschrift für Siegbert Schmidt.* Hamburg: Verlag Dr. Kovač, 11–41

Scherer, P./Steinbring, H. (2004): Übergang vom halbschriftlichen Rechnen zu schriftlichen Algorithmen – Addition im Tausenderraum. In: Scherer, P./Bönig, D. (Hrsg.), *Mathematik für Kinder – Mathematik von Kindern.* Frankfurt/M.: Arbeitskreis Grundschule, 163–173

Scherer, P./Söbbeke, E./Steinbring, H. (2008): *Praxisleitfaden zur kooperativen Reflexion des eigenen Mathematikunterrichts.* Arbeiten aus dem Institut für Didaktik der Mathematik der Universität Bielefeld. Occasional Paper, (189)

Scherer, P./van den Heuvel-Panhuizen, M./van den Boogaard, S. (2007): Einsatz des Bilderbuchs ›Fünfter sein‹ bei Kindergartenkindern – Erste Ergebnisse eines internationalen Vergleichs. In: *Beiträge zum Mathematikunterricht 2007.* Hildesheim: Franzbecker, 921–924

Schipper, W. (1990): Kopfrechnen: Mathematik im Kopf. *Die Grundschulzeitschrift*, 4(31), 22–25 & 45–49

Schipper, W. (1996): Arbeitsmittel für den arithmetischen Anfangsunterricht. Kriterien zur Auswahl. *Die Grundschulzeitschrift*, (96), 26 & 39–41

Schipper, W. (1998): »Schulanfänger verfügen über hohe mathematische Kompetenzen« Eine Auseinandersetzung mit einem Mythos. In: Peter-Koop, A. (Hrsg.), *Das besondere Kind im Mathematikunterricht der Grundschule*. Offenburg: Mildenberger, 119–140

Schipper, W. (2002): Das Dyskalkuliesyndrom. *Die Grundschulzeitschrift*, (158), 48–51

Schipper, W. (2003): Lernen mit Material im arithmetischen Anfangsunterricht. In: Baum, M./Wielpütz, H. (Hrsg.), *Mathematik in der Grundschule. Ein Arbeitsbuch*. Seelze: Kallmeyer, 221–237

Schipper, W. (2009): Schriftliches Rechnen als neue Chance für rechenschwache Kinder. In: Fritz, A. et al. (Hrsg.), *Handbuch Rechenschwäche. Lernwege, Schwierigkeiten und Hilfen bei Dyskalkulie*. 2. erweiterte und aktualisierte Auflage. Weinheim: Beltz, 118–134

Schlee, J. (2008): 30 Jahre »Förderdiagnostik« – eine kritische Bilanz. *Zeitschrift für Heilpädagogik*, (4), 122–133

Schmassmann, M. (2009): »Geht das hier ewig weiter?« Dezimalbrüche. Größen, Runden und der Stellenwert. In: Fritz, A./Schmidt, S. (Hrsg.), *Fördernder Mathematikunterricht in der Sekundarstufe I. Rechenschwierigkeiten erkennen und überwinden*. Weinheim: Beltz, 167–185

Schmassmann, M./Moser Opitz, E. (2007): *Heilpädagogischer Kommentar zum Schweizer Zahlenbuch. 1*. Vollst. überarbeitete Neuausgabe. Zug: Klett & Balmer

Schmassmann, M./Moser Opitz, E. (2008a): *Heilpädagogischer Kommentar zum Schweizer Zahlenbuch. 2*. Vollst. überarbeitete Neuausgabe. Zug: Klett & Balmer

Schmassmann, M./Moser Opitz, E. (2008b): *Heilpädagogischer Kommentar zum Schweizer Zahlenbuch. 3*. Vollst. überarbeitete Neuausgabe. Zug: Klett & Balmer

Schmassmann, M./Moser Opitz, E. (2009): *Heilpädagogischer Kommentar zum Schweizer Zahlenbuch. 4*. Vollst. überarbeitete Neuausgabe. Zug: Klett & Balmer

Schmidt, R. (1982): Die Zählfähigkeit der Schulanfänger. *Sachunterricht und Mathematik in der Primarstufe*, (10), 371–376

Schmidt, S. (1983): Zur Bedeutung und Entwicklung der Zählkompetenz für die Zahlbegriffsentwicklung bei Vor- und Grundschulkindern. *Zentralblatt für Didaktik der Mathematik*, (2), 101–111

Schmidt, S. J. (Hrsg., 1987): *Der Diskurs des Radikalen Konstruktivismus*. Frankfurt: Suhrkamp

Schneider, S. (2008): Heterogene Lerngruppen und Bildungserfolg – Befunde der Lehr- und Lernforschung. In: Lehberger, R./Sandfuchs, U. (Hrsg.), *Schüler fallen auf. Heterogene Lerngruppen in Schule und Unterricht*. Bad Heilbrunn: Klinkhardt, 18–32

Schrader, F.-W./Helmke, A. (2001): Alltägliche Leistungsbeurteilung durch Lehrer. In: Weinert, F. E. (Hrsg.), *Leistungsmessungen in Schulen*. Weinheim: Beltz, 45–58

Schübel, S. (2002): Die Hex mag gern die Sechs. Mit fetziger Musik das Einmaleins lernen. *Westfälische Allgemeine Zeitung WAZ* v. 05.06.2002

Schuchardt, K./Mähler, C./Hasselhorn, M. (2008): Working memory deficits in children with specific learning disorders. *Journal of Learning Disabilities*, 41, 514–523

Schütte, S. (1996): Mehr Offenheit im mathematischen Anfangsunterricht. *Die Grundschulzeitschrift*, 10(96), 16–19

Schwätzer, U. (2007): Mathematik: Misst VERA wirklich die Fähigkeiten der Kinder? *Grundschule aktuell*, (99), 11–15

Schwippert, K./Bos, W./Lankes, E.-M. (2003): Heterogenität und Chancengleichheit am Ende der vierten Jahrgangsstufe im internationalen Vergleich. In: Bos, W. et al. (Hrsg.), *Erste Ergebnisse aus IGLU. Schülerleistungen am Ende der vierten Jahrgangsstufe im internationalen Vergleich*. Münster: Waxmann, 265–302

Seligman, M. E. (1999): *Erlernte Hilflosigkeit*. Weinheim: Beltz

Selter, C. (1994a): *Eigenproduktionen im Arithmetikunterricht der Primarstufe. Grundsätzliche Überlegungen und Realisierungen in einem Unterrichtsversuch zum multiplikativen Rechnen im zweiten Schuljahr*. Wiesbaden: Deutscher Universitätsverlag

Selter, C. (1994b): Jede Aufgabe hat eine Lösung. *Grundschule*, 26(3), 20–22

Selter, C. (2000): Vorgehensweisen von Grundschüler(inne)n bei Aufgaben zur Addition und Subtraktion im Zahlenraum bis 1000. *Journal für Mathematik-Didaktik*, 21(3/4), 227–258

Selter, C./Spiegel, H. (1997): *Wie Kinder rechnen*. Leipzig: Klett

Shulman, L. S. (1986): Those who understand: knowledge growth in teaching. *Educational Researcher*, 15(2), 4–14

van der Sluis, S./de Jong, P. F./van der Leij, A. (2004): Inhibition and shifting in children with learning deficits in arithmetic and reading. *Journal of Experimental Child Psychology*, 87, 239–266

Söbbeke, E. (2005): *Zur visuellen Strukturierungsfähigkeit von Grundschulkindern – Epistemologische Grundlagen und empirische Fallstudien zu kindlichen Strukturierungsprozessen mathematischer Anschauungsmittel*. Hildesheim: Franzbecker

Söbbeke, E. (2006): Vom halbschriftlichen zum schriftlichen Rechnen. Die Entwicklung eines neuen Zahlensinns. *Die Grundschulzeitschrift*, (191), 28–34

Sophian, C. (1995): Representation and reasoning in early numerical development: counting, conservation, and comparison between sets. *Child Development*, 66(2), 559–577

Souvignier, E. (2000): *Förderung räumlicher Fähigkeiten. Trainingsstudien mit lernbeeinträchtigten Schülern*. Münster: Waxmann

Sowder, J./Wearne, D. (2006): What do we know about eighth-grade achievement? *Mathematics Teaching in the Middle School*, 11(6), 285–293

Sowder, L. (1989): Searching for affect in the solution of story problems in mathematics. In: Mc Leod, D. B./Adams, V. M. (Hrsg.), *Affect and Mathematical Problem Solving*. New York: Springer, 104–113

Spiegel, H. (1993): Rechnen auf eigenen Wegen – Addition dreistelliger Zahlen zu Beginn des 3. Schuljahres. *Grundschulunterricht*, 40(10), 6–7

Spiegel, H./Spiegel, J. (2003): PotzKlotz. *Die Grundschulzeitschrift*, (163), 50–55

Spychiger, M./Oser, F./Hascher, T./Mahler, F. (1999): Entwicklung einer Fehlerkultur in der Schule. In: Althof, W. (Hrsg.), *Fehlerwelten: Vom Fehlermachen und Lernen aus Fehlern. Beiträge und Nachträge zu einem interdisziplinären Symposium aus Anlaß des 60. Geburtstages von Fritz Oser*. Opladen: Leske + Budrich, 43–70

Steffe, L. P. (1991): The constructivist teaching experiment: illustrations and implications. In: von Glasersfeld, E. (Hrsg.), *Radical Constructivsm in Mathematics Education*. Dordrecht: Kluwer, 177–194

Steinbring, H. (1994): Die Verwendung strukturierter Diagramme im Arithmetikunterricht der Grundschule. *Mathematische Unterrichtspraxis*, (4), 7–19

Steinbring, H. (1997): »... zwei Fünfer sind ja Zehner...« – Kinder interpretieren Dezimalzahlen mit Hilfe von Rechengeld. In: Glumpler, E./Luchtenberg, S. (Hrsg.), *Jahrbuch Grundschulforschung. Band 1*. Weinheim: Beltz, 286–296

Steinbring, H. (2005): *The Construction of New Mathematical Knowledge in Classroom Interaction – An Epistemological Perspective*. New York: Springer

Steinweg, A. S. (2001): *Zur Entwicklung des Zahlenmusterverständnisses bei Kindern*. Münster: LIT Verlag

Stern, E. (1994): Wie viele Kinder bekommen keinen Mohrenkopf? Zur Bedeutung der Kontexteinbettung beim Verstehen des quantitativen Vergleichs. *Zeitschrift für Entwicklungspsychologie und Pädagogische Psychologie*, 26(1), 79–93

Stern, E. (2005): Kognitive Entwicklungspsychologie des mathematischen Denkens. In: von Aster, M./Lorenz, J. H. (Hrsg.), *Rechenstörungen bei Kindern. Neurowissenschaft, Psychologie, Pädagogik*. Göttingen: Vandenhoeck & Ruprecht, 137–149

Ter Heege, H. (1985): The acquisition of basic multiplication skills. *Educational Studies in Mathematics*, 16, 375–388

Ter Heege, H. (1999): Tafelkost: Wat is ›oefenen van elementaire vermenigvuldigen‹? *willem bartjens*, 18(5), 40–41

Thomas, L. (2007): Lern- und Leistungsdiagnostik. In: Fleischer, T. et al. (Hrsg.), *Handbuch Schulpsychologie. Psychologie für die Schule*. Stuttgart: Kohlhammer, 82–97

Threlfall, J. (2002): Flexible mental calculation. *Educational Studies in Mathematics*, 50(1), 29–47

Tiedemann, J. (2000): Gender-related beliefs of teachers in elementary school mathematics. *Educational Studies in Mathematics*, 41(2), 191–207

Tiedemann, J./Faber, G. (1994): Mädchen und Grundschulmathematik: Ergebnisse einer vierjährigen Längsschnittuntersuchung zu ausgewählten geschlechtsbezogenen Unterschieden in der Leistungsentwicklung. *Zeitschrift für Entwicklungspsychologie und Pädagogische Psychologie*, 26(2), 101–111

Tillmann, K. J. (2008): Viel Selektion – wenig Leistung: Erfolg und Scheitern in deutschen Schulen. In: Lehberger, R./Sandfuchs, U. (Hrsg.), *Schüler fallen auf. Heterogene Lerngruppen in Schule und Unterricht*. Bad Heilbrunn: Klinkhardt, 62–78

Treffers, A. (1983): Fortschreitende Schematisierung. *mathematik lehren*, (1), 16–20

Treffers, A. (1991): Didactical backround of a mathematics program for primary education. In: Streefland, L. (Hrsg.), *Realistic Mathematics Education in Primary School. On the occasion of the opening of the Freudenthal Institute*. Utrecht: Freudenthal Institute, 21–56

Van de Walle, J. A. (2007): *Elementary and middle school mathematics. Teaching developmentally*. Boston: Allyn & Bacon

Verboom, L. (2002): Aufgabenformate zum multiplikativen Rechnen. *Praxis Grundschule*, 25(2), 14–25

Verschaffel, L./Greer, B./De Corte, E. (2000): *Making Sense of Word Problems*. Lisse/NL: Swets & Zeitlinger

von Glasersfeld, E. (1994): Einführung in den radikalen Konstruktivismus. In: Watzlawick, P. (Hrsg.), *Die erfundene Wirklichkeit*. 8. Auflage. München: Piper, 16–38

Waldow, N./Wittmann, E. C. (2001): Ein Blick auf die geometrischen Vorkenntnisse von Schulanfängern mit dem mathe-2000-Geometrie-Test. In: Weiser, W./Wollring, B. (Hrsg.), *Beiträge zur Didaktik der Mathematik für die Primarstufe – Festschrift für Siegbert Schmidt*. Hamburg: Verlag Dr. Kovač, 247–261

Walter, J./Suhr, K./Werner, B. (2001): Experimentell beobachtete Effekte zweier Formen von Mathematikunterricht in der Förderschule. *Zeitschrift für Heilpädagogik*, (4), 143–151

Walther, G./Geiser, H./Langeheine, R./Lobemeier, K. (2003): Mathematische Kompetenzen am Ende der vierten Jahrgangsstufe. In: Bos, W. et al. (Hrsg.), *Erste Ergebnisse aus IGLU. Schülerleistungen am Ende der vierten Jahrgangsstufe im internationalen Vergleich*. Münster: Waxmann, 189–226

Walther, G./Geiser, H./Langeheine, R./Lobemeier, K. (2004): Mathematische Kompetenzen am Ende der vierten Jahrgangsstufe in einigen Ländern der Bunderepublik Deutschland. In: Bos, W. et al. (Hrsg.), *IGLU. Einige Länder der Bundesrepublik Deutschland im nationalen und internationalen Vergleich*. Münster: Waxmann, 117–140

Walther, G./Selter, C./Bonsen, M./Bos, W. (2008a): Mathematische Kompetenz im internationalen Vergleich: Testkonzeption und Ergebnisse. In: Bos, W. et al. (Hrsg.), *TIMSS 2007. Mathematische und naturwissenschaftliche Kompetenzen von Grundschulkindern in Deutschland im internationalen Vergleich.* Münster: Waxmann, 49–85

Walther, G./van den Heuvel-Panhuizen, M./Granzer, D./Köller, O. (Hrsg., 2008b): *Bildungsstandards für die Grundschule: Mathematik konkret. Aufgabenbeispiele, Unterrichtsanregungen, Fortbildungsideen.* Berlin: Cornelsen Scriptor

WAZ – Westfälische Allgemeine Zeitung (2001): Musik macht Mathe leichter. Ausgabe v. 19.10.01

Weinhold Zulauf M./Schweiter, M./von Aster, M. (2003): Das Kindergartenalter: Sensitive Periode für die Entwicklung numerischer Fertigkeiten. *Kindheit und Entwicklung,* 12(4), 222–230

Weißhaupt, S./Peucker, S. (2009): Entwicklung arithmetischen Vorwissens. In: Fritz, A. et al. (Hrsg.), *Handbuch Rechenschwäche. Lernwege, Schwierigkeiten und Hilfen bei Dyskalkulie.* 2. erweiterte und aktualisierte Auflage. Weinheim: Beltz, 52–76

Wember, F. B. (1988): Sonderpädagogische Ansätze zu einer entwicklungspsychologisch begründeten Unterrichtskonzeption nach Piaget. *Zeitschrift für Heilpädagogik,* 39(3), 151–163

Wember, F. B. (1998): Zweimal Dialektik: Diagnose und Intervention, Wissen und Intuition. *Sonderpädagogik,* 28, 106–120

Wember, F. B. (2005): Mathematik unterrichten – eine subsidiäre Aktivität? Nicht nur bei Kindern mit Lernschwierigkeiten! In: Scherer, P., *Produktives Lernen für Kinder mit Lernschwächen. Fördern durch Fordern.* 2. Auflage. Horneburg: Persen, 270–287

Werner, B. (Hrsg., 2007): *Klick! Mathematik 2.* Berlin: Cornelsen

Werner, B. (2009): *Dyskalkulie – Rechenschwierigkeiten. Diagnose und Förderung rechenschwacher Kinder an Grund- und Sonderschulen.* Stuttgart: Kohlhammer

Whitney, H. (1985): Taking responsibility in school mathematics education. *The Journal of Mathematical Behavior,* 4(3), 219–235

Willand, H. (1986): *Didaktik und Methodik des Lernbehinderten-Unterrichts.* Wiesbaden: Quelle & Meyer

Winter, H. (1976): Was soll Geometrie in der Grundschule? *Zentralblatt für Didaktik der Mathematik,* (1), 14–18

Winter, H. (1984a): Begriff und Bedeutung des Übens im Mathematikunterricht. *mathematik lehren,* (2), 4–16

Winter, H. (1984b): Entdeckendes Lernen im Mathematikunterricht. *Grundschule,* 16(4), 26–29

Winter, H. (1987): *Mathematik entdecken.* Frankfurt: Scriptor

Winter, H. (1991): *Entdeckendes Lernen im Mathematikunterricht: Einblicke in die Ideengeschichte und ihre Bedeutung für die Pädagogik*. 2. Auflage. Braunschweig: Vieweg

Winter, H. (1994): Modelle als Konstrukte zwischen lebensweltlichen Situationen und arithmetischen Begriffen. *Grundschule*, (3), 10–13

Winter, H. (1996a): *Praxishilfe Mathematik*. Frankfurt: Scriptor

Winter, H. (1996b): *Sachrechnen in der Grundschule*. 4. Auflage. Berlin: Cornelsen Scriptor

Winter, H. (2001): *Inhalte mathematischen Lernens*. Download unter: http://grundschule.bildung-rp.de/fileadmin/user_upload/grundschule.bildung-rp.de/Downloads/Mathemathik/Winter_Inhalte_math_Lernens.pdf [5.01.2010]

Wittmann, E. C. (1981): *Grundfragen des Mathematikunterrichts*. 6. Auflage. Braunschweig: Vieweg

Wittmann, E. C. (1985): Objekte - Operationen - Wirkungen: Das operative Prinzip in der Mathematikdidaktik. *mathematik lehren*, (11), 7–11

Wittmann, E. C. (1990): Wider die Flut der ›bunten Hunde‹ und der ›grauen Päckchen‹: Die Konzeption des aktiv-entdeckenden Lernens und des produktiven Übens. In: Wittmann, E. C./Müller, G. N., *Handbuch produktiver Rechenübungen, Band 1*. Stuttgart: Klett, 152–166

Wittmann, E. C. (1992): Üben im Lernprozeß. In: Wittmann, E. C./Müller, G. N., *Handbuch produktiver Rechenübungen, Band 2: Vom halbschriftlichen zum schriftlichen Rechnen*. Stuttgart: Klett, 175–182

Wittmann, E. C. (1993): »Weniger ist mehr«: Anschauungsmittel im Mathematikunterricht der Grundschule. In: Müller, K. P. (Hrsg.), *Beiträge zum Mathematikunterricht*. Hildesheim: Franzbecker, 394–397

Wittmann, E. C. (1995): Aktiv-entdeckendes und soziales Lernen im Rechenunterricht – vom Kind und vom Fach aus. In: Müller, G. N./Wittmann, E. C. (Hrsg.), *Mit Kindern rechnen*. Frankfurt/M.: Arbeitskreis Grundschule, 10–41

Wittmann, E. C. (1997): Vom Tangram zum Satz von Pythagoras. *mathematik lehren*, (83), 18–20

Wittmann, E. C. (1998): Design und Erforschung von Lernumgebungen als Kern der Mathematikdidaktik. *Beiträge zur Lehrerbildung*, 16(3), 329–342

Wittmann, E. C. (1999): Konstruktion eines Geometriecurriculums ausgehend von Grundideen der Elementargeometrie. In: Henning, H. (Hrsg.), *Mathematik lernen durch Handeln und Erfahrung. Festschrift zum 75. Geburtstag von Heinrich Besuden*. Oldenburg: Bültmann & Gerrits, 205–223

Wittmann, E. C./Müller, G. (1990): *Handbuch produktiver Rechenübungen, Band 1: Vom Einspluseins zum Einmaleins*. Stuttgart: Klett

Wittmann, E. C./Müller, G. N. (1992): *Handbuch produktiver Rechenübungen. Band 2: Vom halbschriftlichen zum schriftlichen Rechnen*. Stuttgart: Klett

Wittmann, E. C./Müller, G. N. (2004): *Das Zahlenbuch 1. Lehrerband.* Leipzig: Klett

Wittmann, E. C./Müller, G. N. (2005): *Das Zahlenbuch 4. Schülerbuch. Neubearbeitung.* Leipzig: Klett

Wittmann, E. C./Müller, G. N. (Hrsg., 2007): *Schweizer Zahlenbuch 1. Schülerbuch.* Zug: Klett & Balmer

Wittmann, E. C./Müller, G. N. (2009a): *Das Zahlenbuch. Spiele zur Frühförderung 1.* Stuttgart: Klett

Wittmann, E. C./Müller, G. N. (2009b): *Das Zahlenbuch. Spiele zur Frühförderung 2.* Stuttgart: Klett

Wittoch, M. (1983): Erstrechnen. In: Baier, H./Bleidick, U. (Hrsg.), *Handbuch der Lernbehindertendidaktik.* Stuttgart: Kohlhammer, 291–299

Woodward, J./Baxter, J. (1997): The Effects of an innovative approach to mathematics on academically low-achieving students in inclusive settings. *Exceptional Children,* 63(3), 373–388

Wunderlich, G. (2002): *1x1 mit allen Sinnen.* Horneburg: Persen Verlag

Xin, P. Y./Jitendra, A. K. (1999): The effects of instruction in solving mathematical word problems for students with learning problems. A meta-analysis. *The Journal of Special Education,* 32, 207–225

Zieky, M. (2001): So much has changed: How the setting of cutscores has evolved since the 1980s. In: Cizek, G. J. (Hrsg.), *Setting performance standards. Concepts, methods, perspectives.* Mahwah: Erlbaum, 19–51

Zieky, M./Perie, M. (2006). A primer on setting cut scores on tests of educational achievement. Princeton: ETS. Download unter: http://www.ets.org/portal/site/ ets/menuitem.c988ba0e5dd572bada20bc47c3921509/?vgnextoid=17f900be4acf901 0VgnVCM10000022f95190RCRD&vgnextchannel=6a74be3a864f4010VgnVCM100 00022f95190RCRD [17.02.2010]

Zur Oeveste, H. (1987): *Kognitive Entwicklung im Vor- und Grundschulalter.* Göttingen: Hogrefe

Index

Printed in the United States
by Bookmasters

Printed in the United States
By Bookmasters